網路行銷

智慧商務時代

第五版

Internet Marketing

網路行銷(第五版)--智慧商務時代

作　　者：劉文良
企劃編輯：江佳慧
文字編輯：詹祐甯
設計裝幀：張寶莉
發 行 人：廖文良

發 行 所：碁峰資訊股份有限公司
地　　址：台北市南港區三重路 66 號 7 樓之 6
電　　話：(02)2788-2408
傳　　真：(02)2788-1031
網　　站：www.gotop.com.tw
書　　號：AEE039200
版　　次：2020 年 01 月五版
建議售價：NT$440

國家圖書館出版品預行編目資料

網路行銷：智慧商務時代 / 劉文良著. -- 五版. -- 臺北市：碁峰資訊, 2020.01
面；　公分
ISBN 978-986-502-352-2(平裝)
1.網路行銷　2.電子商務
496　　108020098

讀者服務

- 感謝您購買碁峰圖書，如果您對本書的內容或表達上有不清楚的地方或其他建議，請至碁峰網站：「聯絡我們」\「圖書問題」留下您所購買之書籍及問題。(請註明購買書籍之書號及書名，以及問題頁數，以便能儘快為您處理)
http://www.gotop.com.tw
- 售後服務僅限書籍本身內容，若是軟、硬體問題，請您直接與軟、硬體廠商聯絡。
- 若於購買書籍後發現有破損、缺頁、裝訂錯誤之問題，請直接將書寄回更換，並註明您的姓名、連絡電話及地址，將有專人與您連絡補寄商品。

序

非常感謝讀者們對前四版的熱烈支持，使本書持續的快速改版。第五版納入更多「新零售」+「OMO」時代的新元素，例如：SOLOMO、互聯網+、商業 4.0、裂變行銷、KOL 導購、OMO 商務、跨境電商、多元支付、AARRR、直播與網紅、聊天式商務（ChatCommerce）、成長駭客行銷、大數據行銷，並大幅更新了相關案例。

雖然，網際網路不斷進步，但網路行銷的本質並沒有改變，只是更加清晰而已，因此本書依然強調應從策略與經營的觀點切入，將內容分為三大篇 14 章介紹「網路行銷基本概念篇」、「網路行銷規劃與組合篇」、「網路與社群行銷篇」。

要了解網路行銷活動，必須先對網路行銷的背景：數位經濟與電子商務（第 1 章）有所了解，釐清網路行銷在傳統行銷中所扮演的角色（第 2 章），接著從消費者行為的角度（第 3 章），以及新零售與網路行銷科技的演進（第 4 章），設定網路行銷目標，在確立網路行銷目標之後，網路行銷人員可藉由網路行銷規劃程序（第 5 章），訂定網路行銷組合策略（第 6 章），並進而思考網路行銷組合 4P+4C 之決策（第 7~10 章），最後，從網路與社群行銷思維（第 11 章），重新思考社群媒體行銷工具（第 12 章）、網路行銷工具的使用（第 13 章）、以及現今網路行銷的重要議題（第 14 章）。

本書以「理論」與「實務」為主要設計導向，並以企業「策略與經營」的角度深入淺出的探討網路行銷，非常適合企業管理系、行銷管理系、電子商務系或資訊管理系做為「網路行銷」的教學用書，也非常適合對網路行銷有興趣的社會人士作為自修學習之用。

筆者才疏學淺，又加上教學、產學、行政與雜事煩身，雖力求完善，然而難免仍有疏漏之處，尚祈各位先進不吝指正，e-mail：VougeLiu@gmail.com。

劉文良

國立雲林科技大學（資訊）管理所博士

國立雲林科技大學未來學院前瞻學士學位學程專案副教授

國立雲林科技大學智慧商務中心專案副教授

2019/11/25

目錄

網路行銷基本概念篇

第 1 章　網路行銷背景：數位經濟與電子商銷

第 2 章　行銷基本概念與網路行銷

第 3 章　網路消費者行為

第 4 章 新零售與網路行銷科技

網路行銷規劃與組合篇

第 5 章 網路行銷規劃程序

第 6 章 網路行銷組合策略

第 7 章 顧客需要與慾望─產品（Product）決策

第 8 章 顧客溝通─推廣（Promotion）決策

第 9 章 顧客成本─定價（Price）決策

第 10 章 顧客便利—全通路（Omni Channel）決策

網路與社群行銷篇

第 11 章 網路與社群行銷

第 12 章 社群媒體行銷工具

第 13 章 網路行銷工具

第 14 章 網路行銷重要議題

網路行銷背景：數位經濟與電子商銷

隨著網際網路與電子商務的興起，傳統實體有形的市場空間，轉變成虛擬無形的網際空間。在這衝擊下，網路行銷因應而生。因此要了解網路行銷，應先從了解數位經濟與電子商務開始。

1-1 數位經濟時代

一、數位經濟（Digital economy）

《SearchCIO、數位時代》定義，「數位經濟」（Digital economy）是指奠基於數位科技的經濟模式，包含三個關鍵要素：資通訊科技基礎設施（硬體、軟體、網路）、企業運用網路進行商業革新的「電子商業」（e-business）、運用網路進行交易的「電子商務」（e-commerce）。傳統經濟的企業，主要投資在「交易關係」；數位經濟的企業，則投資在「互動關係」－在數位經濟裡，長期小量而多次的交易所產生的價值，要大於一次買足的大血拼交易。更可讓廠商更密切掌握消費者的需求，顧客是企業價值的一部份，有「信任」，網路才有價值。

《資誠創新整合公司》定義，數位經濟是在新經濟時代下，透過各種創新數位科技，並結合跨域整合平台與創新服務模式。數位經濟的發展帶動產業與消費者、競爭者和供應者之間出現更加多元的互動協調模式，也帶動產業朝跨世代、跨境、跨領域、跨虛實等趨勢發展，促使全球產業格局翻轉。

二、眼球經濟（Eyeball Economy）

「眼球經濟」（Eyeball Economy）又稱為「注意力經濟」（Attention Economy），是伴隨著網際網路而產生的一個新名詞。例如：評判一個網站是否成功，首先看每天能吸引多少人上網瀏覽這個網站，這有點類似報紙發行量。瀏覽率高，就像是發行量大，這個網站就值錢。這是依靠吸引公眾注意力獲取經濟收益的一種經濟活動。

邁克爾・戈德海伯（Michael H・Goldhaber）1997 年在美國發表的一篇題為《注意力購買者》的文章中最先提出「注意力經濟」的概念。他認為：「獲得注意力就是獲得一種持久的財富。在新經濟下，這種形式的財富使你在獲取任何東西時都能處於優先的位置。財富能夠延續，有時還能累加，這就是所謂的財產。因此，在新經濟下，注意力本身就是財富。」邁克爾・戈德海伯（Michael H・Goldhaber）認為，相對於過剩的信息，只有一種資源是稀缺的，那就是人們的注意力。因此，有價值的不是信息本身，而是注意力。

因此，在這種經濟狀態中，最重要的資源既不是傳統上的貨幣資本，也不是信息本身，而是大眾的注意力，只有大眾對某種產品注意了，才有可能成為消費者，購買這種產品，而要吸引大眾的注意力，重要的手段之一，就是視覺上的爭奪，也因此「注意力經濟」又被稱為「眼球經濟」。

三、隨經濟：網路最有限的資源是消費者的目光與時間

智慧型手機與行動上網的普及，影響消費者行為。透過行動智慧型手機，消費者可將實體世界的行為轉移到數位環境中，亦可在實體世界透過行動支付完成交易，使購物不再侷限於地點、時間或是交易模式，實體與虛擬之間的界線愈來愈模糊，消費者不再是固定時間與場所消費，而是隨時隨地都能消費，而這將成為市場銷售的重點。

圖 1-1 隨經濟概念圖

資料來源：修改自 https://www.brain.com.tw/news/articlecontent?ID=22794

行動時代來臨，使交易不再侷限於固定位址，隨時上網、隨地購買，隨處經濟讓行動商務模式更具體。台灣電商知名教授盧希鵬提出「隨經濟」（Ubiquinomics）的概念，亦稱為隨處經濟，是指在隨處科技的發展下，讓消費者隨時、隨地、隨緣、隨裝置、隨支付、隨通路、隨心所欲消費的商業活動。

四、宅經濟（Stay at Home Economic）

簡單來說，宅經濟（Stay at Home Economic）就是以「御宅族」為主體的經濟活動。《維基百科》定義，「宅」一詞源於「御宅族」，原指沉迷而專精某樣事物的人，但台灣新聞媒體創造出「宅男」或「宅女」一詞，意思是窩在家裡的人。在此影響下，宅經濟亦包括了「御宅經濟」（Otaku Economy）的意思。

《MBA 智庫百科》定義，宅經濟又稱為閑人經濟，是隨著網路興起而出現的一個新詞，主要的意思是在家中上班，在家中兼職，在家中辦公或者在家中從事商務工作，或在家中利用網路進行消費。網友吃飯叫外賣、購物叫快遞，催熱宅經濟，只要能夠送貨上門，很多甘願「宅」在家中，享受空調帶來的涼爽而遠離室外高溫。

五、共享經濟（Sharing economy）

《硬塞科技字典》定義，共享經濟（Sharing economy）是旨在網路時代裡，所有的科技產品、服務都能被眾人使用、分享甚至出租。共享經濟的源起，乃是社會中眾多個人／企業無法負擔高額的產品購買、維修費用。因此，藉由網路作為信息傳輸平台，個人或企業行號能透過出租、或共同使用的方式用合理的價格與他人共享資源。換言之，就是使用者用「租賃」取代「購買」，和社會上的其他人共用資源。

《MBA 智庫百科》定義，共享經濟的核心理念，是「閒置資源」的再利用，讓有需要的人得以較便宜的代價借用資源，持有資源者也能或多或少獲得回饋。最知名的案例是 Uber 提供叫車服務顛覆了汽車業，和 Airbnb 提供租屋服務撼動飯店業。

1-2 網路經濟法則

電子商務的興起，帶給了原有的經濟學衝擊，改變了原有的經濟典範與經濟特質，並使一些經濟特質更為明顯。然而，即使資訊科技不斷的進步，基本經濟原理卻仍然是最佳的指引。且欲對一個正盛行的新產業觀察其競爭環境時，最重要的是必須先瞭解這個新產業的市場的經濟特質，才能根據對市場經濟特質的瞭解透視電子商務發展現象。

本節歸納出網路所具備的新經濟法則：

1. 摩爾定律（Moore's Law）：網際網路成長動力。
2. 梅特卡菲定律（Metcalfe's Law）。
3. 擾亂定律（Law of Disruption）。
4. 網路外部性（network externalities）。
5. 正反饋循環。
6. 報酬遞增。
7. 需求面的規模經濟。
8. 明顯獨占。
9. 外顯供給增加。
10. 客製化定價。
11. 動態交易。
12. 套牢原理。
13. 顧客荷包佔有率。

一、摩爾定律（Moore's Law）：網際網路成長動力

英特爾（Intel）前董事長戈登・摩爾（Gordon Moore）首先觀察到，電腦晶片上電晶體電路的數目每 18 個月會成長一倍。這個定律在過去 50 年廣為流傳，一些世界級專家判斷，在未來 50 年內這個定律仍會風行不衰。摩爾定律（Moore's Law）所隱含的意義為：電腦的記憶容量和運算能力每五年會增加十倍，每十年增加百倍，每十五年增加一千倍，這種驚人的速度在科技發展史上前所未見。然而，網路通訊科技的發展，速度之快讓摩爾定律（Moore's Law）不得不相形見絀。因此又有學者提出所謂新的摩爾定律（New Moore's Law）－光纖定律：網際網路頻寬每九個月就會增加一倍的容量、而成本降低一半。如圖 1-2 所示。

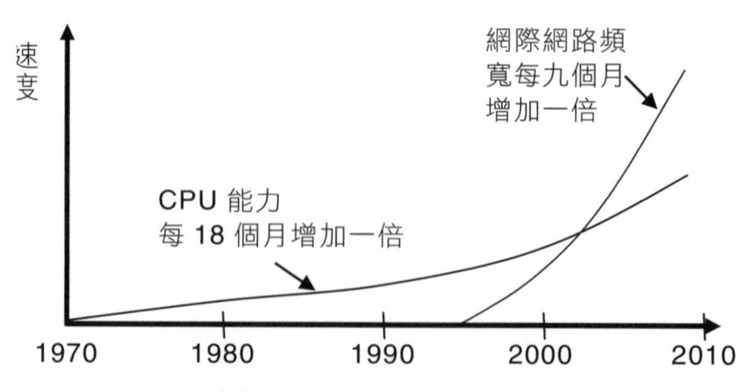

圖 1-2 摩爾定律（Moore's Law）：網際網路成長動力

二、梅特卡菲定律（Metcalfe's Law）

3Com 創辦人，也是乙太網路（Ethernet）協定的設計者羅伯・梅特卡夫提出「網路的效用性將與使用者數目的平方成正比」，也就是數位經濟的「邊際報酬遞增法則」。梅特卡夫定律，反映出所謂「網路效應」，亦即網路每加入新節點或使用者，其價值便大幅增加，進而衍生為某項商業產品之價值，隨使用人數而增加之定律。如圖 1-3 所示。

梅特卡菲定律（Metcalfe's Law）：網路效用與使用者數目的平方成正比。

$$網路效用 = 使用者數目^{2}$$

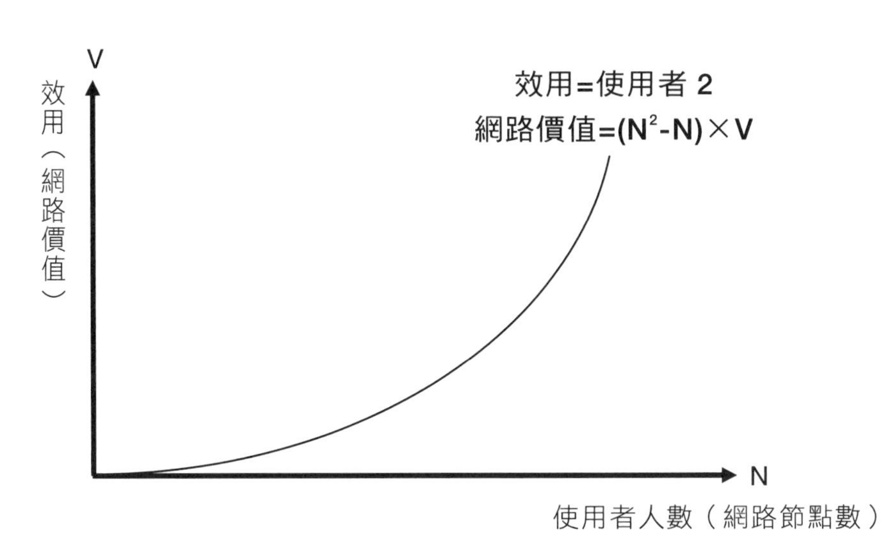

圖 1-3 網路價值與使用者人數的相對關係
資料來源：修改自 Ward Hanson（2000）

梅特卡菲定律背後的理論，即所謂網路外部性效果（Network Externality）。使用者愈多對原來的使用者而言，不僅其效果不會如一般經濟財（人愈多分享愈少），反而其效用會愈大。

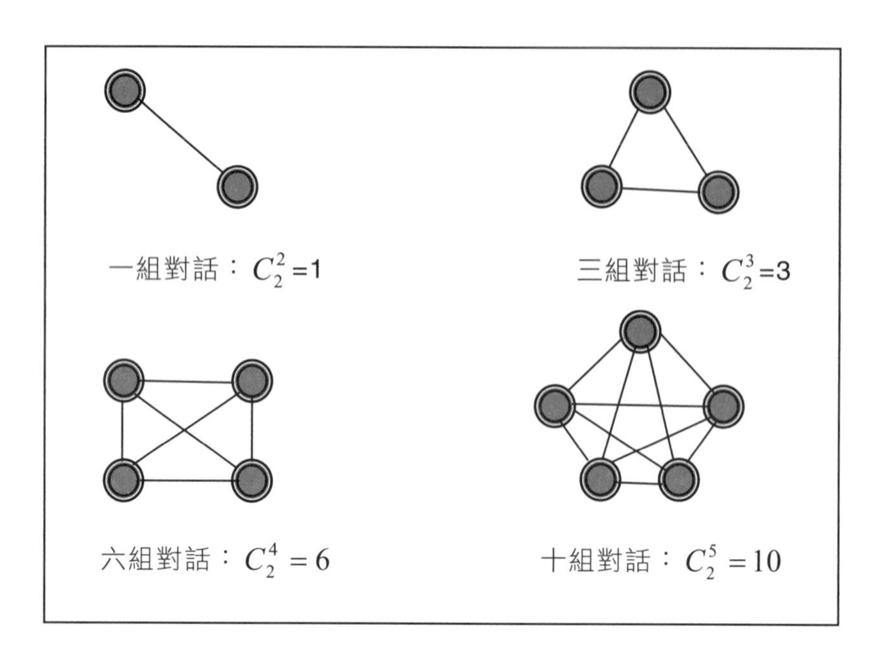

圖 1-4 網路對話數目
資料來源：修改自 Ward Hanson（2000）

圖 1-4 表示，隨著網路的發展而出現的可能交談數目。如果網路上只有兩個人，就只有一組對話；當三個人時，就有三組對話；當四個人時，有六組對話；當五個人時，有十組對話。梅特卡菲（Metcalfe）定律指出，隨著上網人數的增加，網路對話（價值）將以網路規模平方的速度增加。

摩爾定律加上產業匯集現象形成到處資訊化，梅特卡菲定律再把到處資訊化的企業，以網路外部性的乘數效果加以連結，造就一個規模可與實體世界相媲美，充滿無數商機及成長潛力驚人的全球化電子商務市場。

三、擾亂定律（Law of Disruption）

唐斯及梅振家提出，結合了摩爾定律與梅特卡菲定律的第二級效應稱為擾亂定律（Law of Disruption），如圖 1-5 所示。科技是以快速的、突破性的跳躍而進步著，但商業結構體制、社會結構體制及政治法律結構體制的演化卻是漸進的，其速度遠遠落後於科技變化速度，因此在這期間產生了鴻溝（Gap）。

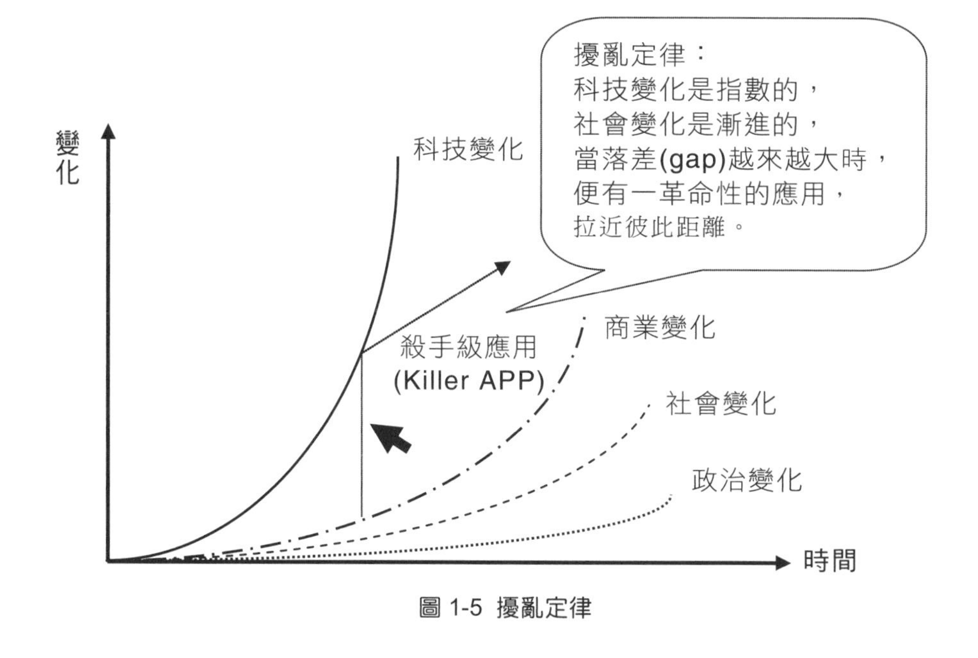

圖 1-5 擾亂定律

四、網路外部性（Network Externality）

網路效應（Network Effect）意指一項產品對個別使用者的價值取決於總使用人數，此即在市場上佔有優勢地位，並建立具技術標準與領導地位的高科技產品，其所製造出來的效果，經濟學稱之為網路效應。網路效應來自於網路外部性（Network Externality），也就是一項產品對個別使用者的價值取決於總使用人數。學者 Kevin（1999）指出，網路的價值隨著成員數目的增加而呈等比級數增加，提升後的價值又會吸引更多成員加入，反覆循環，形成大者恒大，弱者愈弱的情況。上網的價值在於上網人數的多寡，愈多人加入此一網路，對使用者的價值也愈高。

Katz（1985）認為網路外部性主要決定於：

1. **直接實質影響（direct physical effect）**：當使用相同或相容產品的消費者越多所產生的直接網路外部性便越大。
2. **間接影響（indirect effect）**：意指互補性或是其他週邊產品的使用者人數，當使用者越多，所產生的間接網路外部性效應也越大。
3. **售後服務（post-purchase service）**：售後服務的優劣可以決定產品銷售的持久性與名聲，而售後服務要靠產品銷售量以拓展服務網的範圍，並增加服務的經驗。

網路外部效應具有正面與負面兩種，正面的外部性以“網路經濟”為最佳例子，通訊技術是最明顯具有網路效應特質的產業－包括電子郵件、網際網路、電話、傳真機等，網路效應會導向需求面的規模經濟與正反饋循環。依 Metcalfe's 法則：網路價值是隨著使用者數目的平方而成長。當有 n 位使用者時，網路價值對所有人而言是 $n\times(n-1)\times v=(n^2-n)v$。如表 1-1 所示。

表 1-1 網路對個人價值與對群體價值

網路規模	個人價值	群體價值
1（只有 A 在網路上）	$(1-1)v=0v$	$1\times(1-1)\times v=0v$
2（只有 A、B 在網路上）	$(2-1)v=1v$	$2\times(2-1)\times v=2v$
3（A、B、C 在網路上）	$(3-1)v=2v$	$3\times(3-1)\times v=6v$
…	…	…
26（A、B、C、…Z）	$(26-1)v=25v$	$26\times(26-1)\times v=650v$
N（有 N 位使用者在網路上）	$(n-1)v$	$n\times(n-1)\times v=(n^2-n)v$

正向網路外部性（positive network externality）：係指許多人都已擁有或購買某種商品的情況下，消費者希望能夠擁有或購買擁有此商品的意願增加。而負向網路外部性（negative network externality），係在網路購物環境中，若消費者會因購買或擁有某商品的人數增加，而減少擁有或購買該商品的意願謂之。

Liebowitz 與 Margolis（1994）、Varian（1996）區分網路外部性為直接與間接二種：

1. **直接網路外部性（direct internet externality）**：係指消費者購買產品享受其產品的品質，隨著更多消費者的加入，能使產品價值更加增加或減少的情形。
2. **間接網路外部性（indirect internet externality）**：隨著互補品或耐久品之售後服務的增加，消費者享受的價值愈增加或減少的情形。

五、正反饋循環

在網路效應下，會啟動正反饋循環，所謂正反饋循環是指隨著使用人數的增加，產品的價值愈來愈受青睞而吸引更多人使用，最後達到關鍵多數，在市場取得絕對優勢。簡而言之，正反饋循環導致大者恒大，弱者愈弱定律。這就是為什麼科技會在爆炸性成長後展開長期領導期的原因。麥金塔與為微軟 windows 作業系統之爭是正反饋循環的最著名的例子，微軟因為經營策略是開放系統策略，啟動了網路效應，引發正反饋循環，而使得微軟「大者恒大」；相對的，麥金塔則採取了封閉式的系統策略，因此無法引發網路效應，而造成「弱者愈弱」。

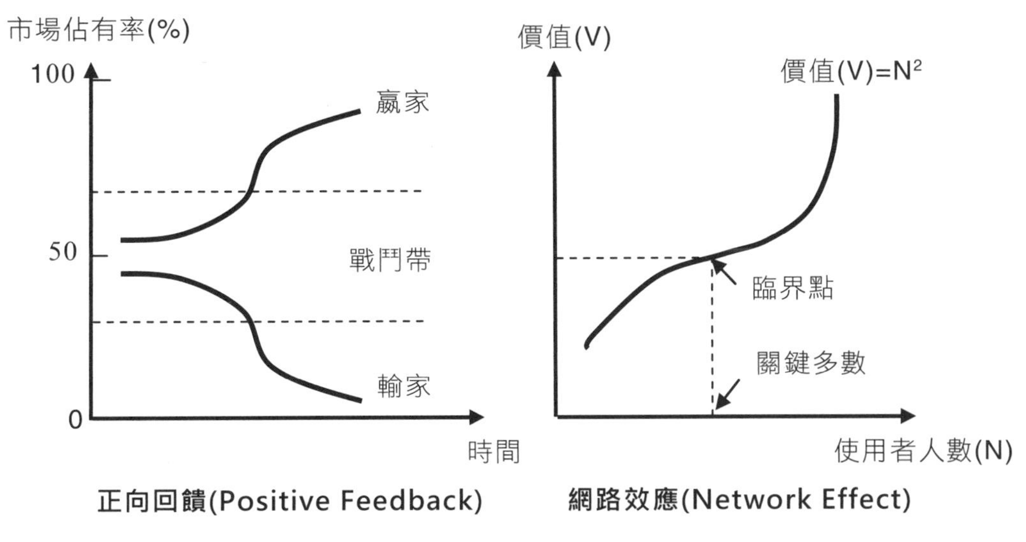

圖 1-6 正向回饋與網路效應

六、報酬遞增

傳統經濟學上說的「報酬遞減法則」（law of diminishing returns）指出，物質世界裡相同的生產投入終究會得到遞減的報酬。但在網路經濟下，所有的資訊終究可被以數位形式予以創造、傳遞及儲存，一夜之間把所有的產業某種程度上都變成「知識產業」，如網路上的文章、新聞、或某種娛樂內容，當它的讀者愈多，力量就愈大，利益也愈大；當越過某一門檻後，其報酬即可隨每個單位的投入而不斷增高（如圖 1-7）。「報酬遞增法則」（law of increasing returns）遂成為網路經濟時代普遍的現象。

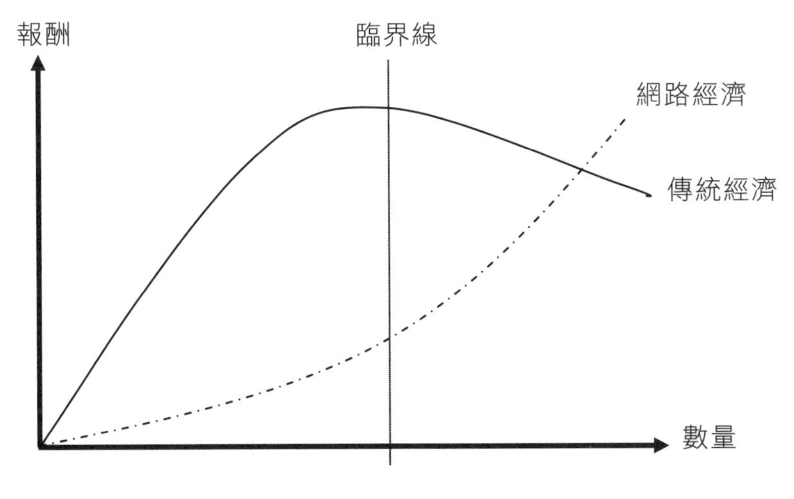

圖 1-7 數位經濟報酬遞增法則

網路經濟導至報酬遞增定律，產品或服務的使用單位愈多，每一單位的價值就會變高。報酬遞增的產生是由於「網路外部性」，所創造的良性反饋迴路，報酬遞增可以產生累積和強化的效應，這個模式初期的營收增長相當緩慢，經過一段時間之後，營收會突然遽增，同時單位成本也會穩定下降。網際網路的價值隨著成員數目的增加而增加，然後價值的增加又將吸引更多成員加入，進而造成報酬遞增。而報酬遞增及網路外部性造成－明顯的壟斷。報酬遞增型的企業以 Google、Line 等網路贏家為主要代表。

七、需求面的規模經濟

實體世界講求「供給面的規模經濟」（supply-side scale economy），也就是當生產數量（規模）愈大，「單位生產成本」就愈低，也就愈有經濟效益。然而，在數位世界中講求「需求面的規模經濟」，因為數位產品雖然開發成本很高，但再製成本很低，甚至接近於零，故生產數量（規模）的大小，不大會影響「單位生產成本」。因此為了降低很高的開發成本，就需要有更多的消費者採用，才能降低「單位開發成本」，這也就形成了需求面規模經濟。有愈多的人採用，「單位開發成本」就愈低，也就愈有價值。

需求面規模經濟是資訊市場的常態。當需求面經濟啟動時，會產生消費者預期心理，意即如果消費者預期產品會成功，會形成一窩蜂使用的情況，造成更多的人使用此產品。反之，如果消費者預期產品不會被廣泛使用，則會展開惡性循環，因此，在消費者預期心裡中，會造成受歡迎的產品愈受歡迎，被摒棄的商品會被淘汰。微軟的成功最重要的就是因為它引發了消費的預期心理，建立了在需求面的規模經濟，也就是說，消費者選擇微軟的產品並不是因為這個作業系統是最好的作業，而是大家預期這個作業系統會被廣泛使用，因此造成一窩蜂使用的情形，最後形成了產業的標準。

八、明顯獨占（贏者通吃）

因為網路效應所產生的正反饋現象與需求面的規模經濟效應，企業為了搶奪短暫的市場控制權，一家獨大與「產業標準」戰爭成為網路常態。報酬遞增及網路外部性因素形成明顯的壟斷。如果透過競爭取得控制權，可能被控壟斷。但是，由於資訊製造與網路效應、正反饋現象、需求面規模經濟等相關，當市場規模較小而維持最低效率的生產規模較大時，有時由單一企業供應整個市場可能是比較經濟的。由於報酬遞增率，會產生自然專賣者，也就是明顯獨占。

也由於這個特性，造成 1999 年至 2000 的第一代電子商務的泡沫化。例如：入口網站主要剩下 Yahoo!、拍賣網站主要剩下 eBay 與 Yahoo!、網路書店主要剩下 Amazon。其實網路並不是泡沫化，只是達到一種贏者通吃的「穩定狀態」。因此，電子商務的發展不應由還有多少網站生存來決定（供應面），而是應該由多少人上網來決定（需求面）。

九、外顯供給增加

現實生活中，每個消費者所能觸及的「市場」都是有限的。但網路的出現可以大幅增加消費者的選擇，而且現在又有一些比價搜尋網站（price-comparison engine），可以幫助消費者在數以百計的網路商店中，找出最便宜的選擇。

十、客製化定價

在經濟學上，資訊品有兩種製造成本：高昂的製造成本與低廉的變動成本。資訊產品的製造成本很高，但再製成本很低，當再製成本趨近於零時，應該以消者的價值為定價基礎。但是，一項產品對每一個人的價值都是不同的，所以，差別定價便成為更適當的策略。因此，依據不同的市場區隔設計不同的產品版本與售價是必須的。於是產品與價格差異化成為定價方式，大量量身訂作、內容個別化、產品分版等都是資訊業常用的策略。

十一、動態交易

隨著網路的成熟，消費者市場將會變得更有流動性，對供需改變的回應，也會更加敏銳，變得更加動態。動態交易對消費性產業所帶來的改變幅度，並不容易掌握。然而，如果公司不能掌握動態交易的性質，並調整自己去適應這種新環境，在愈來愈多的消費者上網購物之後，它將會失去對價格、收益以及利潤的控制。

十二、套牢效應

所謂套牢效應（lock-in effect）係指資訊產品有強烈系統化特質，若市場沒有統一的標準，消費者若要轉換單一的產品，便需要付出極大成本。例如，轉換軟體時，會發現檔案無法完全轉移；使用的工具不相容，或者甚至必須重新將整個系統更換。因此，若市場上有一個統一的標準，便可以有效的減輕套牢現象，所以，競爭型態成為「統一標準」，以擴張市場占有率。在統一的標準下，消費者可以避免被套牢；但是，市場如果只由一個單一的供應商建立統一標準，提供消費者產品（不論軟體或硬體），這樣最後會不會被造成市場的壟斷？實有待商榷。

十三、從重視市場佔有率移轉到重視顧客荷包佔有率

以往企業著重在市場佔有率的極大化，它所強調的是企業角度下的「商品」。不過在顧客經濟時代，企業著重的不再是「產品的市場佔有率」，而是以顧客為中心，思考如何提升「顧客的荷包佔有率」。如圖 1-8 所示。

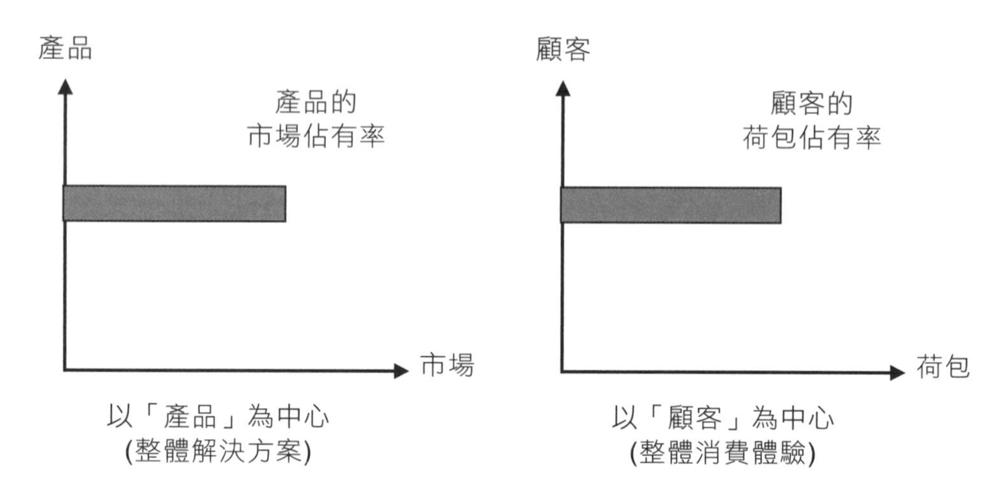

圖 1-8 產品市場佔有率與顧客荷包佔有率

1-3 電子商務

一、電子商務的定義

簡單來說，電子商務（electronic commerce, e-Commerce）就是「網際網路」（internet）加上「商務」（commerce）。

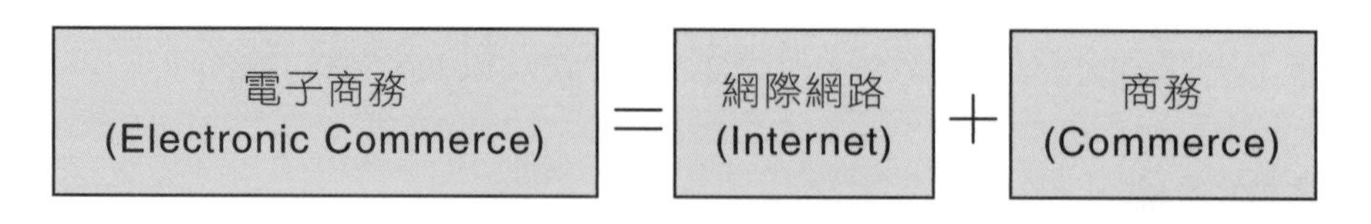

圖 1-9 電子商務的簡單定義

也就是說，電子商務就是把傳統的「商業活動」（commerce）搬到新興的「網際網路」（internet）上來進行。也因此經濟部商業司的將電子商務定義為：「電子商務是指任何經由電子化形式所進行的商業交易活動」。

Kalakota & Whinston（1997）認為，所謂「電子商務」是指利用網際網路進行購買、銷售或交換產品與服務。功能在降低成本、減低產品的生命週期、加速得到顧客的反應，及增加服務的品質。電子商務乃個人與企業進行線上交易的流程，其中包括了企業對消費者（B2C），及企業與企業（B2B）之間的交易。

Kalakota & Whinston（1999）認為由不同的角度來看，企業對電子商務的定義會有所不同。整理如下表 1-2 所示：

表 1-2 不同角度的電子商務之定義

觀察角度	對電子商務之定義
從通訊的角度來看	電子商務是利用電話線、電腦網路或其他網路媒介來傳遞資訊、產品及服務。
從電子技術的角度來看	電子商務是透過一組中間媒介，將數位的輸入轉換成加值輸出的處理過程。
從企業流程的角度來看	電子商務是商業交易及工作流程自動化的技術應用，即所謂 e 公司（e-corporation）。
從上網者的角度來看	電子商務提供了網際網路上的購買與銷售產品和資訊的能力，讓消費者有更多選擇。
從服務的角度來看	電子商務是企業管理階層想要降低服務成本，及想要提高產品的品質，且加速服務傳遞速度的一種工具。

電子商務是今日商業活動的主流，不論傳統產業或是新興產業都難逃電子商務這潮流的衝擊。歸納以上的定義可知：電子商務乃是一種透過網際網路的方式，企業可將其產品、服務、廣告及所要提供之資訊等訊息，透過網際網路，提供給消費者或合作夥伴，他們可以藉由企業所建置的網站伺服器獲得所需的資訊，並且也能直接在企業的網站上訂購商品或是從事相關商務活動。

二、電子商務的本質是「商務」而非「電子」

電子商務可以拆開始「電子」與「商務」。「電子」強調的是網際網路科技；而「商務」強調的是正確的商業模式（business model）。然而網際網路科技可以有辦法取得，但好的商業模式卻不是可以強求的，因此電子商務的本質在「商務」而不在「電子」。如圖 1-10 所示。

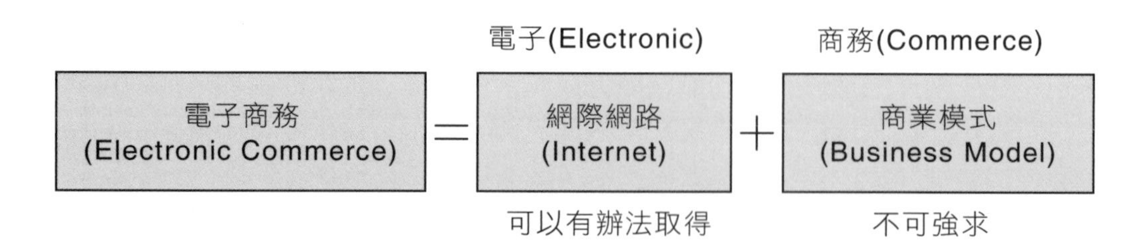

圖 1-10 電子商務的本質是「商務」而非「電子」

三、電子商務的特性

基本上，電子商務具有如下的特性：

1. **全年全天無休**：透過網路伺服器的運作，可提供全天二十四小時的全年性、全時性服務，減少時間及空間因素的影響。
2. **全球化市場**：網際網路可跨越國界的限制，增加全球性行銷與交易，迅速擴大市場通路及供應鏈到全世界的潛在客戶。
3. **個人化需求**：利用網路，企業可提供滿足使用者個人化需求的資訊、產品及服務等，同時達到推式（push）與拉式（pull）的不同行銷策略。
4. **成本低廉具競爭性**：透過網路的商品銷售可縮短銷售通路、降低營運成本及達成虛擬規模經濟，提供較具競爭性的價格給顧客。
5. **創新性的商業機會與價值**：可開發傳統形式之外的商品及服務，如虛擬市場、數位錢包、個人新聞及網路認證服務等。商品及服務的內容與形式也不必固定，可隨需求的彈性不同加以組合及改變。
6. **快速有效的互動**：透過多媒體使用者介面可提供更具有親和性的互動式操作環境，方便使用者執行查詢、瀏覽、傳輸等作業及交易支付功能。線上即時處理及回應、過程及進度查詢、收貨回覆、意見反應及問題詢答等功能，可縮短整體商業交易的企業流程及時間。
7. **多媒體資訊**：透過多媒體技術，可使商品型錄、電子商品及交易資訊等有更豐富的內容及展現格式。
8. **使用方便且選擇性多**：個人電腦及瀏覽器已成為共通的介面，上網容易方便，且網路市場不斷擴大，消費者選擇的機會增加。

四、電子商務的七流（flow）

透過電子化的角度，可將電子商務分為七個流（flow）來探討，其中包括 4 個主要流（商流、物流、金流、資訊流）及 3 個次要流（人才流、服務流、設計流），如圖 1-11 所示：

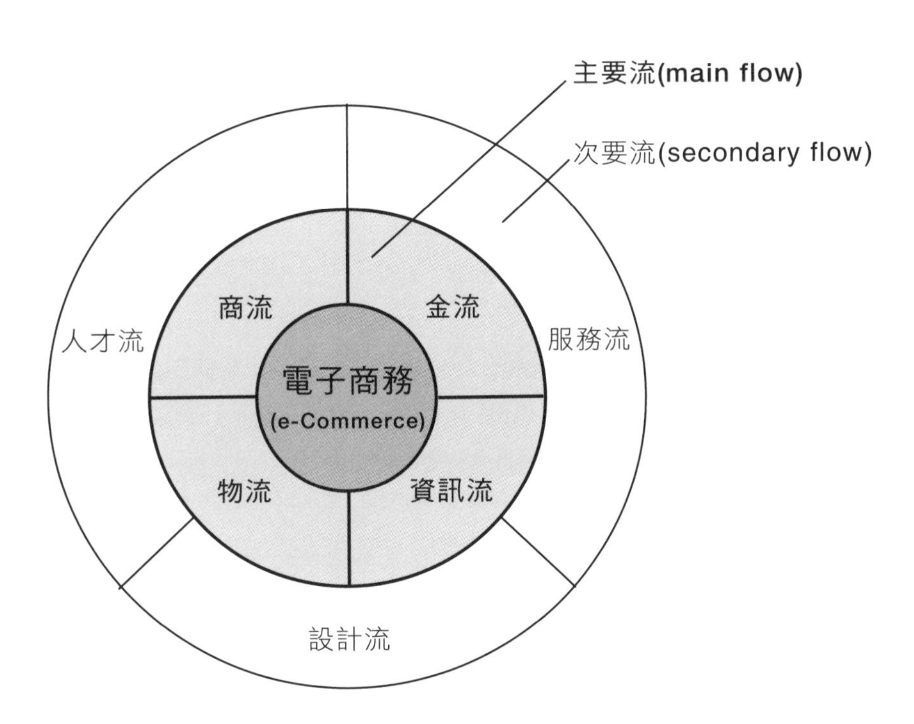

圖 1-11 電子商務的七流（flow）

◆ 商流

電子商務上的「商流」係指資產所有權的轉移，亦即商品由製造商、物流中心、零售商到消費者的所有權轉移過程，如商品企劃、採購、銷售管理、通路管理、賣場管理、消費者服務等，而在此的主要重點係偏向網站的設計。因為企業網站本身就代表是一種店面，所以網站的規劃也就等於店面的規劃。

◆ 物流

「物流」係指實體物品流動或運送傳遞，如由原料轉換成完成品，最終送到消費者手中之實體物品流動的過程。包含產品開發、製造、儲運、保管、供應商管理與物流管理等。電子商務上的物流與實體上的物流相似，主要重點應著重在廠商如何將產品送至消費者手上。因為，當消費者透過網路，在該廠商的網站上直接下單，此時除了非實體商品外，廠商無法直接透過網路，將實體的產品送給消費者，而必須透過物流系統，將產品運送至消費者處。

◆ 金流

「金流」係指電子商務中錢或帳的流通過程，亦即因為資產所有權的移動而造成的金錢或帳務的移動。包含應收、應付、會計、財務、稅務等。電子商務上的金流，主要的重點在付款系統與安全性。因為當消費者直接透過網路進行消費時，常用的付款方式，就是將信用卡資料直接傳送給廠商，而在傳送的過程當中，難免會產生安全性的問題，因此，金流在電子商務中所扮演的角色亦是十分重要。

◆ 資訊流

「資訊流」係指資訊的交換，即為達上述三項流動而造成的資訊交換。包含有，各項資訊交換、經營決策與管理分析等。電子商務上的資訊流是透過網站上的留言板、監測軟體等，來收集有關的消費者資訊。

◆ 人才流

「人才流」的主要重點在培訓網際網路暨電子商務的人才，以滿足現今電子商務熱潮的人力資源需求。基本上，這類人才必須同時瞭解「電子（electronic）」─科技與「商務（commerce）」─商業經營模式（business model），因此培養不易。

◆ 服務流

「服務流」的重點在將多種服務順暢地連接在一起，使分散的、斷斷續續的網路服務變成連續的服務。

◆ 設計流

「設計流」的重點有二。一是針對 B2B 的協同商務設計，另一是針對 B2C 的商務網站設計。在協同商務設計方面，強調企業間設計資訊的分享與共用。在商務網站設計方面，則強調顧客介面的友善性與個人化。

五、電子商務的經營模式

有關電子商務經營模式之分類繁多，本文僅介紹最常見且最通用的分類方式。電子商務經營模式按交易對象可以分為四種商業模式，如圖 1-12 所示：企業對企業（Business to Business, B2B）、企業對消費者（Business to Customer, B2C）、消費者對企業（Customer to Business, C2B）、消費者對消費者（Customer to Customer, C2C）。

賣方			
	企業（B）	企業對企業（B2B）例如：Commerce One	企業對消費者（B2C）例如：Amazon
	消費者（C）	消費者對企業（C2B）例如：priceline.com	消費者對消費者（C2C）例如：eBay
		企業（B）	消費者（C）
		買方	

圖 1-12 電子商務的經營模式

1. **企業對企業（B2B）經營模式**：係在電子商務交易中，組成份子為企業與其相關夥伴。例如，企業直接在網路上與另一企業進行交易活動。一般來說，B2B 佔整個電子商務市場中交易金額最高。例如，Commerce One。
2. **企業對消費者（B2C）經營模式**：企業直接將商品或服務推上網路，並提供充足資訊與便利的界介面吸引消費者選購，是網路上最常見的銷售模式。例如，Amazon。
3. **消費者對消費者（C2C）經營模式**：係在電子商務交易中，由消費者直接與消費者交易。例如，eBay 拍賣網站。
4. **消費者對企業（C2B）經營模式**：係在電子商務交易中，由消費者主導商品的購買，逆向對企業進行議價，以獲得想要購買的商品數量與價格。也就是說，消費者可針對特定商品，利用眾人消費意願，對企業集體議價。例如，priceline.com。

六、電子商務生態圈

在進行網路行銷之前，必須先瞭解何謂「電子商務生態圈」，才能體悟與傳統行銷的差異。「電子商務生態圈」的概念，最早是由中國最大 C2C 平台「淘寶」、B2B 平台「阿里巴巴」和 B2C 平台「天貓」的創辦人「馬雲」所提出。哪到底什麼是「電子商務生態圈」呢？

過去消費者為了生活所需或為了打發時間而到百貨公司、大賣場或小商店逛街購物時，看到的是鋼筋水泥的建築，選定商品、櫃檯結帳後，自己開車載回家。消費過程中，消費者依賴電視廣告、朋友推薦、店面、櫥窗、貨架、走道動線、鈔票、信用卡、交通工具與道路橋梁。

然而進入網路時代，消費者的購物行為將會有更高比例，以網路作為運行架構，消費者將更高比例地依賴微電影、網路廣告、網路社群口碑、網路購物平台、網頁設計、智慧型代理人、目錄索引、搜尋引擎、線上支付、物流快遞… 等，而這一整套為網路消費者服務的虛擬商業基礎設施，是由許多公司協力組成，每個公司之間又有複雜的多重利益依存關係，它們整個的集合體，即所謂「電子商務生態圈」。

1-4 網路行銷思維

一、網際網路對商業活動的衝擊

行銷因網路而改變，但是網路改變的卻不只是行銷而已，企業的經營者與高階主管絕對不能不重視網際網路所帶來的衝擊。

1. 網際網路科技對「行銷管理」方面的影響

（1）從大眾行銷到一對一個人化行銷（直效行銷）

（2）持續關係行銷：顧客關係管理（CRM）思維

（3）自助式服務：資訊亭（Kiosk）、Web-Services、智慧型代理人／聊天機器人

（4）自助式市場區隔：從前市場區隔是企業作的，網路化後顧客可自已形成區隔化市場（透過社群）

（5）從大眾媒體（電視）到小眾媒體（Blog、FB、IG、Line）

（6）從推式媒介（電子報）到拉式媒介（RSS）

2. 網際網路科技對「生產管理」方面的影響

（1） 從庫存式生產（Build To Stock, BTS）到接單式生產（Build To Order, BTO）

（2） 上中下游整合--供應鏈管理（SCM）與協同商務

3. 網際網路科技對「人力資源管理」方面的影響

（1） 員工由勞力工作者轉換為知識工作者

（2） 線上學習（e-Learning）／自主學習（on demand learning）

（3） 協同內容創作與知識管理（KM）：企業知識 Wiki 化

4. 網際網路科技對「財務管理」方面的影響

（1） 由傳統付款轉為電子支付

（2） 金融商品多元化與網路化

（3） 第 3 方支付／多元支付／FinTech 興起

5. 網際網路科技對「組織結構」方面的影響

（1） 虛擬組織

（2） 創新的經營模式

二、網路行銷對傳統行銷的影響

網路行銷是傳統行銷的輔助工具，絕無百分之百取代傳統行銷的可能。網路行銷必須搭配企業的整體行銷規劃。網路行銷只是行銷方式的一種，並不是唯一的方式。欲獲得有效的網路行銷效果，網路行銷者必須鎖定特定的網路社群，這是其他媒體所難以做到的。

基本上，網路行銷對傳統行銷至少有兩種影響：

1. 網路行銷改善傳統行銷方式的效率與效果。
2. 網路行銷創造新的商業模式（business model），不但為消費者帶來新的價值，也為企業帶來新的獲利。

三、網路行銷的新規則

網際網路的興起，改變了商務的遊戲規則。企業經營必須配合外在環境變化，與本身條件能力的消長，不斷調整其經營模式，方能確保企業的長期獲利與成長。如表 1-3 所示。

表 1-3 網路行銷的新規則

1. 由供給面經濟轉變成需求面經濟	6. 市場重建
2. 全球通行	7. 產業標準之爭
3. 無限虛擬	8. 產業彊界模糊
4. 速率日增	9. 顧客知識極為重要
5. 時間調節	10. 智慧資本統御一切

1. **由供給面經濟轉變成需求面經濟**：實體世界講求的是供給面的規模經濟（supply-side scale economy），也就是當生產數量（規模）愈大，則越有經濟效益。數位世界講求的是需求面規模經濟（demand-side scale economy），也就是用戶越多，則越有經濟效益。

2. **全球性**：網際網路的全球性是指網際網路可將世界擴大和縮小的能力。它能擴大這個世界，是因為世界上的任何人於任何地方所生產的產品與服務，可能被世界上任何人在任何地方取得。它能縮小這個世界，例如在甲地的一個工程師並不需搬至乙地才能在該地工作。而乙地的軟體開發人員也能擷取世界各地的程式撰寫技術。

3. **速率日增**：根據摩爾定律（Moore's Law），電腦的處理運算能力在成本不變的情形下，每 18 個月增加一倍；同樣地，相關儲存裝置以及網路科技的發展，也會以相類似的速度持續進步。

4. **無限虛擬**：也因為這樣的科技發展的速度，消費者常認為他所使用的科技讓網際網路具備了無窮的虛擬擴充能力（每個網路使用的設備都可以成為「網路」的一部分）。值得注意的是，網際網路仍是個看得到、聽得到、但摸不到、聞不到、嚐不到的世界。雖然理論上，虛擬實境可以使網際網路上的事物，看起來十分真實，但是目前仍有它的極限。

5. **時間調節**：即減縮或擴大時間的能力。

   （1）立即（right now）—減縮時間—同步。

   （2）任何時間（any time）—擴大時間—非同步。

6. **市場重建**：網際網路與電子商務正在改寫市場的定義，沒有人能夠像過去一般，可以明顯看出市場的樣貌，現今的市場是動態的，每分每秒都在改變。

7. **產業標準之爭**：在網際網路產業講求的是「關鍵多數」，要達到這個「關鍵多數」，必須先佔有產業標準，否則一切免談。

8. **產業彊界模糊**：根據所有的網際網路產業報告，上網人口每天都不斷地在成長，上網企業也不斷地在成長，每分每秒都在擴大產業彊界，而且虛實整合趨勢下，外顯供給增加，到處都是競爭者或潛在競爭者。

9. **顧客知識極為重要**：在由供給面經濟轉向需求面經濟中，最重要的關鍵就是顧客知識，未來企業最重要的資產將不再是土地、勞力、資本，而是顧客知識。

10. **智慧資本統御一切**：擁有顧客知識雖然重要，但更重要的是，具備高度的行銷理解能力與行銷操縱能力之智慧，才能將智慧財轉成利潤。

四、網路行銷的好處

一般而言，網路行銷對消費者可以提供如下利益：

1. **不受時間限制的消費方式**：網際網路提供 24 小時的消費環境，消費者可以在任何時間進行消費。

2. **不受地點限制的消費方式**：網際網路提供全球化的消費環境，消費者可以在任何地點，只要能夠上網都可以進行消費。

3. **資訊充足**。在一個交易行為中，參與者對相關市場上的資訊取得，立於不平等的地位稱為資訊不對稱（information asymmetry）。而網際網路可以提供更為充足的資訊，以平衡買方或賣方的資訊不對稱。

4. **不受廣告及銷售人員的影響**：在網際網路上，不同於傳統的行銷，消費者不會接受到傳統電視廣告，更沒有接觸銷售人員，因此，並不受廣告及銷售人員的影響。

而網路行銷一般對廠商而言，則可以提供如下好處：

1. **市場得以延伸**：網際網路提供全球化的特質，任何網路上的企業基本上都是全球化的企業，因此市場沒有國別之分。

2. **不需透過配銷商就可以降低通路成本**：網際網路的去中介化特質，提供企業不需透過配銷商就可以直接接觸消費者的機會，可以降低通路成本。

3. **能迅速反應市場需求，增加產品或改變行銷規劃**：網際網路提供的是電子距離，這不同於傳統上的實體距離，網路上的每一位消費者與企業的距離是 1 秒鐘的電子距離，因此企業能迅速反應市場需求，增加產品或改變行銷規劃。

4. **能與消費者建立應對式的互動對話**：網際網路虛擬化、互動化的特質，有助於企業建立線上應對式的互動對話。

1-5 集客式行銷（Inbound Marketing）

一、什麼是 Inbound Marketing？

《集客數據行銷》指出，Inbound marketing 的中文翻譯有三種：集客式行銷、自來客行銷、搏來客行銷。最常譯為：集客式行銷。在劍橋字典中，Inbound 這個詞彙，具有「入境的」的意思，就好比「旅客自動入境到國家」，在 Inbound Marketing 中，它的意思就像「顧客自動入境到商家」。顧名思義，這是一種讓顧客自行匯集的行銷方式，也就是說商家以自己的魅力、或質量「讓顧客自己來找你」，而不像傳統的行銷是「商家去找顧客」。

二、Inbound Marketing vs Outbound Marketing

「推播式行銷」（Outbound Marketing），顧名思義是「商家向外尋找顧客」，是傳統的行銷手法，常用的廣告行銷工具，舉例像是電視、廣播、雜誌、報紙、電話、郵件行銷等，目的就是在潛在客戶心中建立印象，以便未來當這位潛在客戶有需求時，便會想到去購買該產品。但充斥生活中的這些廣告，例如電子信箱被垃圾郵件塞爆、追劇正精彩的時候被跳出的廣告暫停、在看網站文章時動態廣告佔據整個螢幕，通常在不需要的時候出現，不覺得很擾人嗎？結果，推播式行銷對顧客來說很騷擾，對商家來說通常「成本很高」但「效果不一定好」。

圖 1-13 推播式行銷（Outbound Marketing）vs 集客式行銷（Inbound Marketing）

「集客式行銷」（Inbound Marketing）：字面上的意思是讓客戶「自行匯集」的行銷方式。像是客戶有需求時，在 Google 上輸入關鍵字，會找到你公司的內容，或者同行社群口耳相傳時，會提及你的公司品牌，不像是傳統的行銷是「商家主動去找顧客」，而是「商家被動，讓顧客主動找上門」。

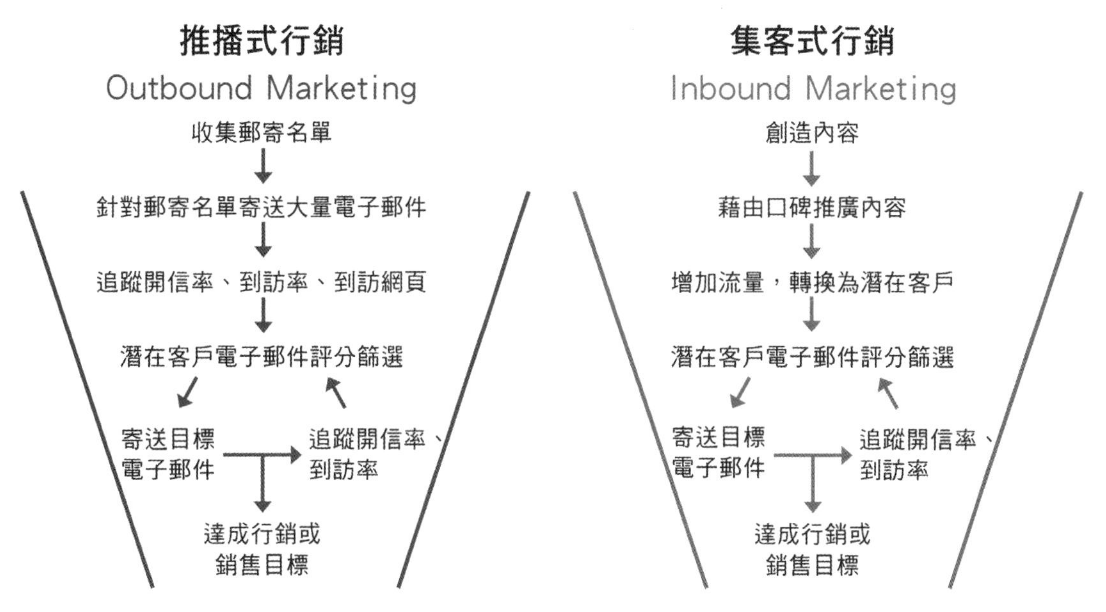

圖 1-14 推播式行銷與集客式行銷在行銷手法上的差異
資料來源：https://ignitevisibility.com/outbound-marketing/

集客式行銷（Inbound Marketing）透過 See Think Do Framework 的分析，我們更能知道潛在客戶是誰、如何找到他們、他們對什麼有興趣，並且每個認知階段都用不同的方法，一步一步導引他們到購買，把行銷預算精確使用（花在刀口上）。

三、集客式行銷（Inbound Marketing）的優點

集客式行銷（Inbound Marketing）的優點有三：

1. **有效提升銷售量**：由於 Inbound Marketing 是讓顧客是「自行」搜尋到商家，表示這位顧客本身就有「潛在購買的需求」，只是他正在「搜尋比較」哪個商家最符合他的需求。由於顧客本身就有潛在購買需求，因此在消費意願原本就較為強烈，相對比較可能會進行購買。

2. **較節省行銷費用**：Inbound Marketing 在行銷廣告上的投放量將會降低，而致力於內容的產出與質量的提升，譬如在網站上提供教學文章，解除顧客的疑問，並且使用「搜尋引擎優化 SEO」，讓顧客馬上搜尋到好的內容文案。消費者也會因為經常在網站上解決到問題，而對網站產生信任感。寫文案的成本是大大的降低，甚至使用免費部落格資源就能開始寫文章。
3. **吸引較忠實的客群**：因為商家越能提供顧客在問題上的解決，就越能提升對商家的信任度與好感，因此也越容易成為再次購物的消費者。

四、集客式行銷（Inbound Marketing）的三大精神

1. **價值（Value）**：提升到真正能提供滿足顧客的價值，而非只是以誘騙的方式讓顧客上鉤。
2. **被客戶找到（Get Found）**：在各種網絡平台上內佈局（部落格、社交平台、搜尋引擎等），讓潛在顧客看到品牌所能提供的價值。
3. **分析、修正，並重複執行（Analysis、Modify & Repeat）**：使用各種資料視覺化分析工具，進行集客行銷效果分析，並不斷地重複修正到完善。

集客式行銷（Inbound Marketing）要做的是把商品或服務賣出去，還要將商品或服務創造出的價值提供給客戶，讓客戶與企業雙贏。當顧客滿意整個消費體驗流程、滿意所提供的商品或服務，才有回流的機會。

學・習・評・量

1. 何謂摩爾定律？
2. 何謂梅特卡菲定律？
3. 何謂擾亂定律？
4. 何謂電子商務？
5. 何謂電子商務的七流（flow）？請簡述之。
6. 何謂 Inbound Marketing？請簡述之。
7. 何謂 B2B、B2C、C2B、C2C？請簡述之。

行銷基本概念與網路行銷

2 CHAPTER

2-1 行銷基本概念

一、行銷的定義

美國行銷學會（American Marketing Association, 1985）認為，行銷的主要目的在於把生產者所提供的產品或服務，引導至消費者手中。Kolter（1998）認為行銷是一種社會性及管理性的過程，而個人與群體可經由此過程，透過彼此創造及交換產品與價值，以滿足其需要與慾望。

總言之，行銷是一種移轉的過程，透過規劃與執行，將「有形的產品」、「無形的服務」、甚至「創意、理念」予以交換／交易，以達成滿足顧客的需要與慾望之目的，因此行銷具備下列四個要素：

1. **主體**：至少有兩個以上的個人或群體，如生產者、消費者。
2. **客體**：有形的產品或是無形的服務、創意。
3. **過程**：商品規劃、定價、推廣、配銷等整體性的企業活動，為一種社會性及管理性的過程。
4. **最終目的**：滿足顧客的需要與慾望。

二、行銷的重要術語

行銷學者柯特勒（Philip Kotler）的定義：「行銷是一種社會過程，藉由此過程，個人和群體可經由創造、提供、並與他人自由交換（exchange）有價值的產品和服務，以滿足他們的需要（needs）和慾望（wants）。」在這樣的定義下，有一些重要的核心觀念—「需要(needs)」、「慾望(wants)」、「需求(demand)」、「產品(products)」、「交換(exchange)」、「交易(transaction)」、「市場(market)」—必須先加以釐清。這七大觀念關係架構如圖 2-1 所示。

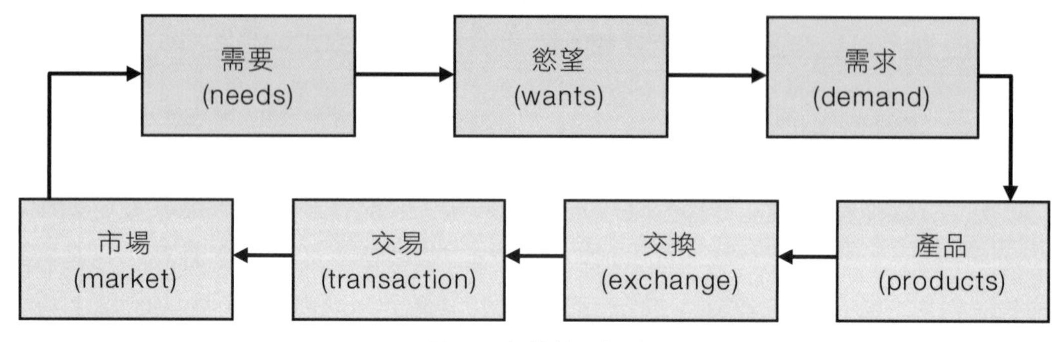

圖 2-1 行銷基本觀念

◆ 需要(needs)

行銷的念頭是從人類需要(needs)開始。所謂「需要(needs)」是指「人類自覺的一種缺乏狀態」,是人類感覺到某種基本生存所需被剝奪的狀態,人類需要食、衣、住、行等一些生存必須品,這些需要並非由行銷者所創造出來的,而是人類生存所必需。

◆ 慾望(wants)

慾望(wants)是指對可以滿足需要(needs)的特定事物的慾求(desire),也是一種經由社會文化及個人人格塑造後表現出的型態。例如,同樣是吃早餐,在台灣可能是燒餅油條加豆漿,或是清粥小菜,而在美國可能是一杯牛奶加玉米片,再加上一塊麵包。慾望(wants)通常有其用以滿足需要(needs)的具體標的物,且受特定社會文化所影響。

◆ 需求(demand)

人的慾望(wants)可能永無止盡,但人可使用的資源有限,因此消費者在選擇產品或服務時,會以本身的購買力為基礎,選擇眾多慾望中最能滿足需要(needs),而且又負擔得起的產品或服務。因此,所謂「需求(demand)」是指具有購買力(有購買能力和意願)的慾望(wants)。當慾望(wants)有購買力支持時,慾望就會變成需求(demands)。例如,很多人想要一棟豪華別墅,但很少人有能力和意願去購買。

◆ 產品（products）

有了需要（needs），有了慾望（wants），然後產生了需求（demands），此時便需要有產品（products）出現，以滿足消費者的需要、慾望和需求。因此，所謂「產品（products）」是指任何可供應於市場，以供消費者注意、取得、使用或消費，以滿足消費者某項需要、慾望或需求的事物。

◆ 交換（exchange）

所謂「交換（exchange）」是指人類為取得特定可滿足其需要之產品或服務，而提供另一項產品或服務以供回報的過程。換言之，行銷行為並非贈與行為，它是一種付出自已辛苦完成的產品或服務的代價，方能取得其所想要的產品或服務。

◆ 交易（transaction）

交易（transaction）是指買賣雙方交換其產品、服務或金錢，以取得滿足其需要（needs）。

◆ 市場（market）

市場（market）是指某特定產品的實際購買群或潛在購買群。

三、行銷的觀念演變

行銷的目的在透過交換過程，滿足買賣雙方的需求。回顧行銷管理哲學演進歷史的發展，隨著時間與價值創造焦點的轉移，行銷學演進從最早期的生產觀念、產品觀念、銷售觀念到後續的行銷觀念，乃至社會行銷觀念的發展（如表 2-1 所示）。

表 2-1 行銷管理哲學比較

類型	活動焦點
生產觀念（production concept）	生產活動
產品觀念（product concept）	產品活動
銷售觀念（selling concept）	銷售活動
行銷觀念（marketing concept）	顧客滿意、顧客需求
社會行銷觀念（social marketing concept）	企業社會責任

◆ 生產觀念

早期的生產者通常只為自己或是親朋好友製造產品，所進行的交易也完全是以物易物的方式。因此當環境無法允許以物易物時，則會進入單純交易時期，亦即這些家計單位將他們所剩餘的產品銷售給地區性的中間商，而中間商再將這些產品銷售給其他的消費者或其他的中間商，直到工業革命才使單純交易時期有所改變。

因此，在 1850 年代至 1920 年代這段期間內，企業以「生產導向」為主要的行銷哲學。這是由於 19 世紀下半期，工業革命的發生使得美國產生全面性的轉變，例如隨著科技的創新、運用勞動力方法的改變、產品大量生產及大量傾銷市場等等，皆促使得市場中的消費者對於產品具有相當強烈的需要與慾望。所以生產導向的哲學是假設消費者會接受任何便利、價格低廉、願意且有能力買得起的產品，因此企業以追求生產及配銷的效率為主要的任務，管理者將注意力集中在生產程序的改進，以及配銷的方式的創新，以滿足消費者。所以生產導向主要發生在兩種情況，分別為『需要大於供給』－管理當局集中精力來增加產量；『生產的成本相當高』－企業必須不斷改良生產效率以求降低成本，亦即銷售得多，成本也就更低。

◆ 產品觀念

產品觀念仍延伸於生產觀念，認為企業的主要任務在於製造產品，因為只有製造產品才對於市場大眾有利。產品觀念假設消費者會選擇品質、功能與特色等產品特性較佳的產品，因此企業應該不斷地致力於改善產品，亦即企業只要能生產出較好的產品，就不怕顧客不上門，所以產品導向的企業常常忽略顧客真實的需求就設計其產品，此外，也不會注意到競爭者的產品，是故，容易產生行銷近視症，因為產品導向的企業太重視產品本身，而忽略市場真正的需要。

◆ 銷售觀念

銷售觀念起始於 1920 年代，由於 1920 至 1930 年間正是美國逐漸發生經濟大恐慌之時期，因此消費者對於產品的強烈需求逐漸衰退，致使企業界開始意識到產品必須被賣給消費者，所以銷售觀念主張企業的主要任務在於刺激潛在顧客對於現有產品或勞務的興趣，因為銷售觀念乃假設顧客對購買都有惰性或抗拒，除非企業極力推銷及促銷，否則消費者將不會踴躍購買企業的產品，因此，銷售觀念的目的在於銷售其所製造的，而非製造他們能銷售的新產品。故自 20 年代中期到 50 年代，企業界以競爭的觀點來考量行銷目標，視推銷為增加利潤之主要手段，因為行銷人員相信人員銷售及廣告是最重要的行銷活動。綜合上述，企業為拓展市場，必須追蹤可能的購買者，並且施展各種銷售技巧，灌輸他們產品之種種優點，以促進顧客購買產品的慾望。

◆ 行銷觀念

銷售觀念於 1950 年代宣告結束之後，許多企業發現雖然可以以更有效率的方式生產產品，且人員推銷及廣告活動也做得比以前更好，但卻不一定帶來大量的銷售佳績，因此企業界開始認為必須要能瞭解顧客真正的需求，才能生產出符合顧客要求的產品，以滿足顧客，進而提昇銷售績效。所以行銷觀念主張欲達成企業目標，關鍵在於探究目標市場的需求與慾求，然後使企業能較其他競爭者，以更有效果且具效率的方式滿足消費者的需求。是故，在此時期內，企業為滿足顧客的要求，必須將研究發展、採購、生產與銷售的功能予以結合，所以行銷部門因而產生，因此在行銷觀念時期，所有的行銷活動皆在行銷部門的控制之下，以增進短期政策規劃的效果。由於市場競爭激烈，消費者早已成為行銷的重點，因此企業的主要任務在決定目標市場的觀念、需求、慾望，並從事規劃、傳播、定價、運送適當且富有競爭力的產品或服務，以滿足顧客，故此時期亦被稱之為「顧客導向」。

銷售觀念和行銷觀念經常被混淆。李維特（Theodore Levitt）教授認為二者間的差異如下：「銷售觀念注重賣方的需要，而行銷觀念則注重買方的需要；銷售觀念著眼於將產品轉換為現金收入，以滿足賣方的需要，而行銷觀念則透過產品的創造、運送到最終的消費，以滿足顧客的需要。」

「銷售觀念」採取由內而外（inside-out）的觀念，它起始於工廠，注重企業現有的產品，而後設法運用銷售、廣告及促銷的方法，以達成有利的銷售額；「行銷觀念」則採用由外而內（outside-in）的觀點，它起始於清楚界定的市場，注重顧客的需要，然後協調所有的行銷活動，創造長期的顧客關係，經由顧客滿足而獲得利潤。行銷觀念是一種以顧客需要為導向的經營哲學，以整合行銷為手段來創造顧客的滿足，並以此來達到組織的目標。

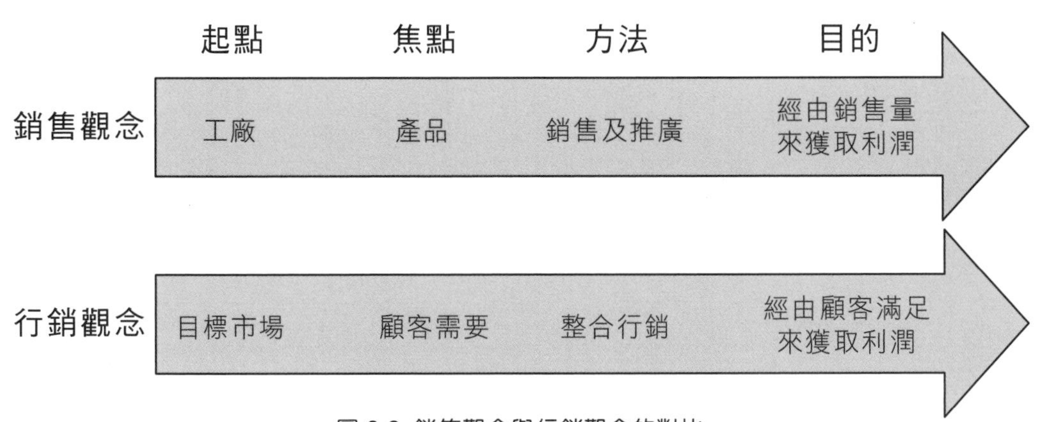

圖 2-2 銷售觀念與行銷觀念的對比

資料來源: Philip Kotler and Gary Armstrong, Marketing: An Introduction, 4th ed. （Upper Saddle River, NJ: Prentice Hall, 1997）, p.19.

◆ 社會行銷觀念

社會行銷觀念是指企業的要務是要決定目標市場的需求、慾求以及利益，期能較競爭者以更有效率的方式，提供目標市場所要的產品與服務，以求同時能兼顧消費者及社會的福祉，亦即不只是追求企業與顧客的權益，同時亦在滿足社會對於企業的期望。

社會行銷觀念呼籲行銷者要在行銷實務中加入社會和道德的考量，如圖 2-3 所示，要在企業利潤、消費者慾望滿足和社會公共利益，這三者通常相互衝突的準則中求得平衡。

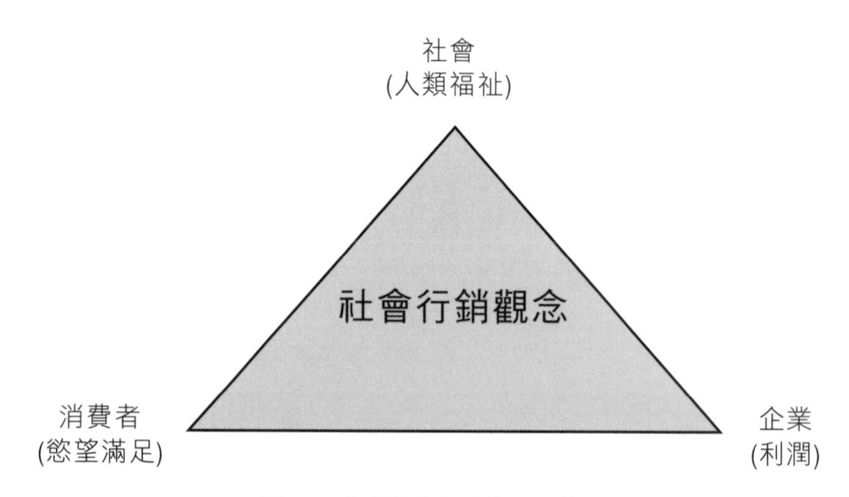

圖 2-3 社會行銷觀念的三個基本考量

資料來源：G. Armstrong & P. Kotler, Marketing: An Introduction, 5th ed.（Upper Saddle River, NJ: Prentice Hall, 2000）, p.21

網路行銷來自行銷、科技、經濟學等三方面的影響（如圖 2-4 所示），並且透過數位化、網路化和個人化的趨勢增強，轉變成企業用來預見和瞭解網路行銷活動、策略、商機的架構。

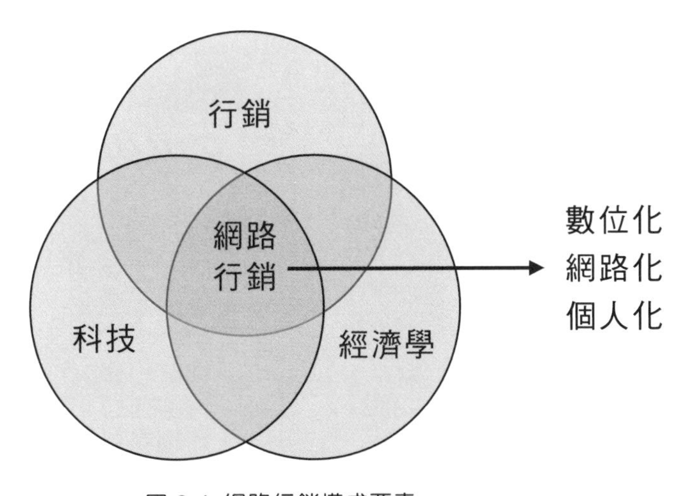

圖 2-4 網路行銷構成要素
資料來源：修改自 Ward Hanson（2000）

四、商業 1.0 到商業 4.0

1. **商業 1.0 時代**：開放式陳列式貨架出現，零售業從顧客先給店員購物清單，再由店員找貨備貨交貨，轉變成開放式陳列商品、由顧客自我服務（self-service）的現代化經營型態，開始出現連鎖式的超市（supermarket）。
2. **商業 2.0 時代**：由超市不斷擴大，轉變成超大型超市（hypermarket）及量販店，以家樂福、Walmart 為代表，開始提供多樣、划算與自有品牌的商品，滿足消費者一次購足的需求，接著再發展出集合各類商品品牌的專賣店、購物中心（supercenter）與暢貨中心（Outlet）等，此時經營特色在於成本管控與供應鏈管理。
3. **商業 3.0 時代**：網際網路興起，進入電子商務時代，電商平台與各種網路商店紛紛出現，零售業愈來愈受網路互動影響。
4. **商業 4.0 時代**：行動商務興起，零售業從多元通路（multi-channel）的虛實整合型態（Online to Offline, O2O）轉變成全通路（omni-channel）的虛實融合型態（Online Merge Offline, OMO）。根據 McKinsey 的預測，實體店將逐漸變成互動體驗、導購、品牌加值的場域，或網路購物的物流後勤站（dark store），預料零售價值鏈將不斷出現破壞性創新。

商業1.0	商業2.0	商業3.0	商業4.0

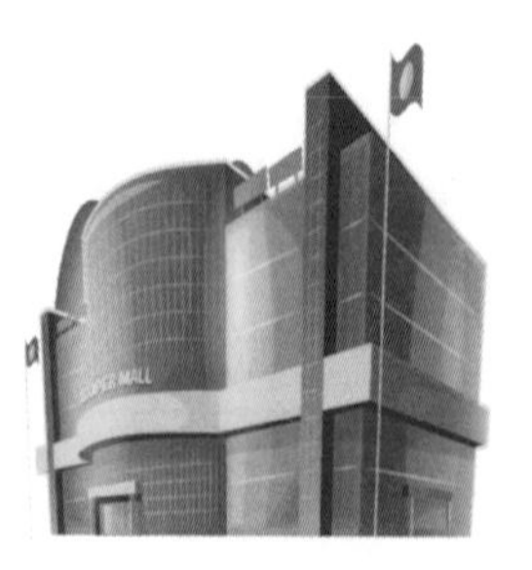

超級市場
便利商店 ➔ 量販店
購物中心
暢貨中心 ➔ 網路拍賣
網路商店
網路商城 ➔ 多元通路→全通路
O2O→OMO

圖 2-5 商業 1.0 到商業 4.0

五、行銷 1.0 到行銷 4.0

1. **行銷 1.0 時代-以產品特色為核心**：客人在想什麼不重要，我只賣給你我想賣的東西，「無論你需要什麼顏色的汽車，福特只有黑色的。」這個時代是由廠商以產品決定市場，其行銷是讓最多人知道你的產品。
2. **行銷 2.0 時代-以顧客滿意為核心**：電腦與資訊時代，消費者消息靈通，能輕易比較出類似產品屬性的差別，行銷人員必須做出市場區隔的行銷模式，以刺激消費。
3. **行銷 3.0 時代-以人本價值為核心**：品牌必須能展現人本價值願景，創造出一個顧客願意追隨的精神象徵，並獲得顧客認同，滿足消費者的精神需求。
4. **行銷 4.0 時代-以社群影響為核心**：品牌必須懂得借助社群口耳相傳的力量，讓顧客不只掏出錢包，更搶著幫品牌宣傳、說好話。

表 2-2 行銷 1.0 到行銷 4.0

	行銷 1.0	行銷 2.0	行銷 3.0	行銷 4.0
核心	產品特色	顧客滿意	人本價值	社群影響
說明	關鍵是把產品做好	品牌必須以顧客為中心，讓消費者滿意	品牌必須能展現人本價值願景，創造出一個顧客願意追隨的精神象徵，並獲得顧客認同，滿足消費者的精神需求	品牌必須懂得借助社群口耳相傳的力量，讓顧客不只掏出錢包，更搶著幫品牌宣傳、說好話

六、行銷的效用

一般而言，行銷具有如下效用：

1. **形式效用（Form Utility）**：生產者將各種不同來源的原物料加以轉換，形成另一種形式的產品，而創造出的效用。
2. **地點效用（Place Utility）**：由於生產者與消費者之間存在著地理相隔，因此行銷人員透過行銷活動，來調整因地理相隔的空間因素所造成供需失調，而創造了地點效用。
3. **時間效用（Time Utility）**：由於生產者與消費者之間存在著生產與消費時機的不同，因此行銷人員透過行銷活動，來調整因生產與消費時機不同所造成的供需失調，而創造了時間效用。
4. **資訊效用（Information Utility）**：由於生產者與消費者之間存在著資訊的落差，因此行銷人員透過行銷活動，來調整資訊落差所造成的供需失調，而創造資訊效用。
5. **價值效用（Value Utility）**：由於生產者的生產成本與消費者獲得的效用之間往往不會相等，因此行銷人員透過行銷活動來強化這兩項的距離，而創造了價值效用。
6. **所有權效用（Possession Utility）**：由於生產者與消費者之間存在著所有權的差異，因此行銷人員透過行銷活動，來調整所有權的差異所造成的供需失調，而創造了所有權效用。
7. **數量效用（Quantity Utility）**：由於生產者與消費者之間存在著數量的差異，因此行銷人員透過行銷活動，來調整大量生產與小量消費間的數量差異，而創造了數量效用。
8. **組合效用（Merchandising Utility）**：由於生產者與消費者之間存在著產品組合的差異，因此行銷人員透過行銷活動，來調整產品品類的組合差異，而創造了組合效用。

七、行銷的目的

就社會而言，行銷的目的是什麼呢？以下是學者提出的觀點：

1. **消費極大化**：認為行銷的目的在於擴大消費。
2. **滿足極大化**：認為行銷的目的不在於擴大消費，而在擴大消費者的滿足。
3. **選擇極大化**：認為行銷的目的在於增加消費者的選擇。
4. **生活品質極大化**：認為行銷的目的在於改善人類的生活品質。

2-2 行銷趨勢的演變

一、SoLoMo：社交化、適地化、行動化

SoLoMo，這個名詞來自於 KPCB 合夥人 John Doerr。So（Social 社交化）、Lo（Local 適地化）、Mo（Mobile 行動化）是三種概念混合的產物，即 Social（社交）、Local（適地）、Mobile（行動），連起來就是 SoLoMo。因此面對 SoLoMo 時代，行銷人員在進行網路行銷時，必須具備全球思維，社群行銷、適地行銷、行動行銷的精神。

二、從在乎價格到重視價值

如果產品只能以價格為差異化的題材，除非能找到降低成本的好方法，否則永遠陷入薄利的泥沼。我們不能忽略消費者的購買能力，以往我們會認為「名牌」只是金字塔頂端人士的專屬，但現在只要走在街頭，應該不難發現年輕女孩身上背的皮包，手上拿的手機都是名牌商品，因為對他們而言，價格已不是太大的問題，為了產品所帶來的價值，可以每天只吃陽春麵，或是辛苦的打工以換取心目中的理想產品，從價格到價值，企業必須重新檢視目標對象的設定是否正確。

網際網路提供了蒐集與傳播資訊的良好場所，新品訊息，時尚風格，一指就可以週遊列國，買不起新品嗎？沒問題，網路拍賣就可以解決問題。有舊貨難以處理嗎，原本該進垃圾場的黑膠唱片以千元賣出，發霉的三明治因為出現聖母瑪利亞的神像，而在拍賣市場以近萬元美元售出，在網路上，價格與認知之間的差距離，只能以「價值」來說明。

三、從傳統通路到虛實整合的多元通路再到虛實融合的全通路

行銷理論中，為了創造效能及提升效率，製造商會將商品順著流通體系由上往下流動，由製造商流向批發商，再由批發商流向零售商，最後再由零售商流向消費者，在通路方面就有直接與間接通路、單一與多重，還有傳統行銷通路與垂直行銷系統的不同。

在網路時代中，O2O 興起，通路更為多元化，虛實整合的銷售方式，為消費者帶來了便利，也增加了購買意願，例如在博客來買書，可選擇在距離自己最近的 7-11 取貨付款，誰最接近消費者，就有可能對同一個消費者賣出更多的商品。而與消費者最沒有距離的網路，就扮演著提供資訊，貨比三家不吃虧的最佳工具。

隨著智慧行動裝置的盛行，全通路（Omni Channel）與虛實融合的 OMO 概念興起，使得線上與線下購物的界線更加模糊，消費者能在多個零售通路進行購物，例如實體零售商、官方網站和行動裝置等，消費者的購買行為一舉跨越了時間、地理環境的限制。

四、從單向推廣到雙向溝通與顧客共創價值

過去所使用的推廣工具大多是單向式的，廣告、公關、促銷活動、直效行銷大多以單向式的訊息溝通為主，雖可與顧客互動，但接觸成本過高，也難有長時間的觀察與關心顧客所需。以前強調的市場佔有率是盡可能將產品賣給更多的顧客；但是現在各行各業都重視「顧客荷包佔有率」，盡量增加每位顧客的消費額，讓他對你的產品有忠誠度，使顧客的價值從單項產品轉化為終生消費力，也就是一般所稱的「顧客終生價值」(Customer Lifetime Value)。但要做到這點，就不得不借助資通訊科技(ICT)的力量。

顧客永遠是最重要的，以顧客的終身價值來看，企業是否能提供個人化服務，是讓顧客產生忠誠度的原因之一。讓顧客自助，更可以運用在行銷活動策略中，顧客因為自助而產生的影響層面，計有下列三種層次：

1. **顧客自助**：清楚的人機介面，使顧客可以自由地使用服務，顧客可自己決定需要何種規格的產品。
2. **顧客自動幫助其他顧客**：許多社群網站，推出同學會或社群單元，由具有忠誠度的網友擔任站長或社長，回答問題或組織同種喜好的團體，進而形成一種對企業有幫助的次文化，就是其中一例。
3. **顧客成為宣傳者**：忠誠顧客不但自己參與，還邀請朋友加入，藉由口耳相傳，拉進更多的顧客，是一種關係的自然強化功能，這樣藉由次文化團體的傳遞，自然也少了行銷色彩，顧客也容易卸下消費武裝。此時，適當的獎勵與回饋，是必要的。

2-3 網路行銷的意涵

一、網路行銷的定義

所謂「網路行銷」（Internet Marketing）是藉由網路科技達到行銷目標。用最簡單的話說，網路行銷 ＝ 網際網路 ＋ 行銷活動 ＋ 管理活動。

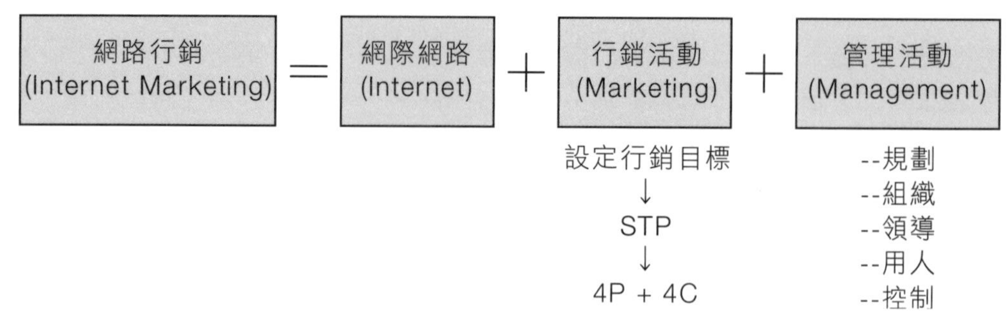

圖 2-6 網路行銷的簡單定義

網路行銷是針對使用網際網路上的目標顧客群，行銷推廣產品和服務，配合企業的整體行銷計畫，藉線上系統，促使目標顧客群可利用線上工具，獲取資訊和購買產品。網路行銷定義可區分為二種：

1. **狹義的定義**：凡利用網際網路進行商品議價、推銷、推廣及服務等活動，期以比競爭者更能瞭解及滿足顧客的需求，以達成企業之目標。
2. **廣義的定義**：利用網際網路達成部分的行銷活動。換言之，只要行銷活動的某個任務，透過網際網路達成，就可以算是網路行銷。

近幾年來，伴隨著網路科技的成長，行銷實務上也出現革命性的改變。因為網際網路本身具備有即時性、互動性、跨域性、連結性、客製化及多媒體等特性，所以網際網路本身不僅對於傳統產業的商業活動產生戲劇性的變革，同時也對於顧客與企業之間的關係產生微妙的變化，例如網路時代的消費者與生產者可藉由網路直接接觸、溝通、購買，使得傳統中間商被取代，甚至是造成『去中間化』的現象。是故，全年無休、不受地域國界限制的網路市場，將替買賣雙方造成可觀的市場商機，不管是現在還是未來，網路商業行為或是其他 e 時代的活動將會越來越普及化。

網際網路行銷是一種互動式行銷，其透過網際網路之應用，提供顧客相關產品與服務的資訊，甚至是讓顧客參與整個企劃流程，以維持顧客並促進與顧客間的關係，所進行的行銷活動之過程。網路行銷是舊有行銷架構的一個分支，它是透過交換滿足消費者有關資訊、服務或產品需求的程序，故網路行銷並非推翻傳統的行銷觀念，而是與傳統行銷相加相乘的觀念。

因此，可以將網路行銷定義為「網路行銷係針對使用網際網路和線上服務的特定消費者，行銷或銷售產品或服務，其配合企業的整體行銷規劃，藉由線上系統促使特定消費者可利用線上工具和服務，獲取產品資訊或購買產品。」

二、轉型中的行銷思維

資訊高速公路是一個新的媒介，有別於傳統的電視、報紙或無線電廣播，然而網際網路所影響的卻不只是技術的改變，其更影響著行銷思維的轉型，如表 2-3 所示。

表 2-3 轉型中的行銷思維

舊的行銷思維	新的行銷思維
與產品連結	與顧客連結
以銷售與產品為中心	以市場與顧客為中心
推行大眾行銷	一對一行銷（小眾行銷）
專注在產品與銷售	專注在顧客價值
獲取新顧客	維繫老顧客
提升市場佔市率	提升顧客荷包佔有率
以大眾媒體進行溝通 <單向溝通>	與互動媒體進行溝通 <雙向溝通>
製造標準化的產品	研發客製化的產品

網際網路相較於大眾媒體有兩大優勢，一是互動性，一是資料蒐集能力。因為互動而有「關係」產生，因為「關係」而建立「社群」（community），有了社群因此「關係行銷」（relationship marketing）、「口碑行銷」（mouth to mouth marketing）成為可能；而資料蒐集能力可以幫助瞭解消費者的生活風格及消費習慣，而為其量身訂作各式各樣產品與服務，發揮一對一行銷（one to one marketing）的優勢。

三、傳統行銷模式與網際網路行銷模式

在網際網路這個虛擬國度，連產業遊戲規則也虛擬化，網路世界中既無實際管理者亦不屬於任何人，傳統的行銷方式已經無法滿足這樣虛擬且難以掌握的環境。網際網路在企業策略上的運用，可以改變企業與顧客的互動關係、使產品與服務更符合顧客的需求、可縮短新產品與服務推出的時間、使付款系統更有效率、可以降低企業的廣告成本，可幫助企業提供多項的行銷功能。網路行銷並非推翻傳統行銷的觀念，其最基本之特點仍在於行銷概念、行銷策略之網路化或數位化之思考，是一種與傳統行銷相加相乘之概念。我們可從傳統行銷市場區隔（S）、選擇目標市場（T）、市場定位（P），產品決策、定價決策、配銷決策、推廣決策、品牌決策（Branding）來比較網路行銷的各項活動（表 2-4）。

表 2-4 傳統行銷與網路行銷之比較

比較項目	傳統行銷	網路行銷
Segmentation 市場區隔	區隔複雜。	1. 網路族群區隔明確。
Targeting 選擇目標市場	目標複雜。	1. 對利基市場強化其互動性及社群性。 2. 有助於一對一行銷的理念。
Positioning 市場定位	定位複雜。	1. 產品定位更清楚，回饋也更明確。 2. 有助發展大量客製化商品。 3. 適合個人化商品。
Products 產品	消費性產品為市場主流。	1. 增加軟體財如資料性、軟體性、服務性、媒體性、非實體性產品之線上銷售機會。 2. 規格化、不變質之產品為理想之網路產品。 3. 新金融商品不容忽視，資訊產品將成為明日之星。
Price 定價	價格受到中間商及關稅相當影響。	1. 降低中間商成本、價格彈性化。
Place 配銷	空間成本高，包括租金、通路空間費用。	1. 虛擬化、無空間、無租金、低成本、全球化虛擬通路、無倉儲、無庫存。
Promotion 推廣	偏重單向行銷，傳播成本極高。	1. 可提高充份的銷售資訊、兼顧迅速及資訊完整性、24 小時多向互動行銷，成本低。 2. 全球化及跨國活動成本低。
Branding 品牌	品牌價值已普遍受到重視，但仍因產品種類而有差別。	1. 虛擬世界非實體特性，強化了品牌價值的重要性。 2. 網站介面設計水準與品牌形象息息相關。

在網際網路上從事行銷活動，將有別於傳統的店舖行銷方式，不管是從傳播媒體的角度來看，如整合文字、影像、聲音、動畫等動態資料呈現的行銷手法，還是從經營角度切入，如虛擬商店的形式，組織結構的扁平化、辦公室生態的轉變、跨越時間與空間的藩籬等，都在在顯示出之間的差異，至於在行銷方面，由於網路行銷的特性是將通路與媒體兩者合而為一，而且網路行銷的廣告方式不僅可以提供大量的資訊，而且還可以將廣告化主動為被動，使顧客不再是一昧的接受所有廣告，可以隨意選擇個人感興趣的廣告，更進一步深入瞭解。故網際網路不同於傳統大眾傳播媒體或是小眾傳播，為一種可以個人化的傳播工具，顧客可自主地決定是否接受傳播訊息，也可依需要主動選擇或瀏覽資訊。是故，廣告媒體的整合、交易型態的轉變、新的行銷通路等都有可能發生。因此，資訊時代的行銷方式，相較於傳統資本主義大量生產模式

下，所強調的「大眾行銷」（Mass Marketing）觀念，具有差異性存在，故分別針對傳統行銷模式與網路行銷模式加以比較，予以說明。

◆ 傳統行銷模式

傳統行銷模式是以 STP（Segmentation, Targeting, Positioning）、4P（Product, Price, Place, Promotion）、品牌建立（Branding）與整合行銷為概念，因此傳統行銷模式在產品本質上是以消費性產品為主流；價格易受到中間商及關稅的影響；通路成本昂貴；在推廣活動上較偏向單向行銷手法，所以傳播成本極高；在市場區隔、定位上皆較複雜。

傳統的行銷模式較屬於單向式、間接性、多階層的性質，因此為了傳達產品訊息與相關活動內容，多是採用廣告傳單、媒體廣告、戶外活動廣告等，以達到與顧客接觸的機會。但因為企業與顧客之間存在著許多中間商，因此企業卻很難掌握顧客的回應，甚至是需要花費龐大的行銷預算支出，以透過多層中間機構獲得顧客的回饋。

◆ 網路行銷模式

網路行銷是採用直接瞄準的方式，將特定的行銷訊息傳達給特定的顧客，包括透過豐富的資料庫內容分析、辨識線上消費者的行為模式與偏好等。所以網路行銷模式在產品市場上以服務性、金融或是資訊產品為主流；在價格方面，由於降低中間商與行銷成本以及具有價格彈性，價格遠比傳統較低；在通路方面，為虛擬通路、無倉儲、無庫存、租金成本低；在推廣方面，提供銷售資訊、兼顧迅速及資訊完整性、24 小時多項互動服務等。此外，網路為整合通路與媒體性質的新媒介，所以不僅一方面能透過網路行銷的廣告方式來提供大量的資訊，另一方面能化被動式廣告為主動，使顧客不再是單方面的資訊接收者，因為藉由選擇個人感興趣的廣告，能回饋個人喜好的資訊給廠商，亦即新型態的行銷溝通模式也可提供虛擬的、多對多的及以電腦為媒介的溝通環境，讓顧客與企業進行資訊的交流。是故，顧客一方面可與企業溝通，另一方面也可與其他的消費者交換意見，因此資訊內容將不再侷限於由企業所提供，顧客也是資訊的提供者之一。所以在網際網路的協助下，已從原本的單向溝通，轉變為雙向溝通的型式。

2-4 網路行銷的活動

一、網路行銷活動

Hanson（2001）認為網路行銷係利用資訊科技，並配合企業的商業活動與經營模式，來進行行銷活動，以達成行銷目標。因此網路行銷係由資訊科技、商業模式、行銷活動三者融合所發展出來的新架構，如圖 2-7 所示。

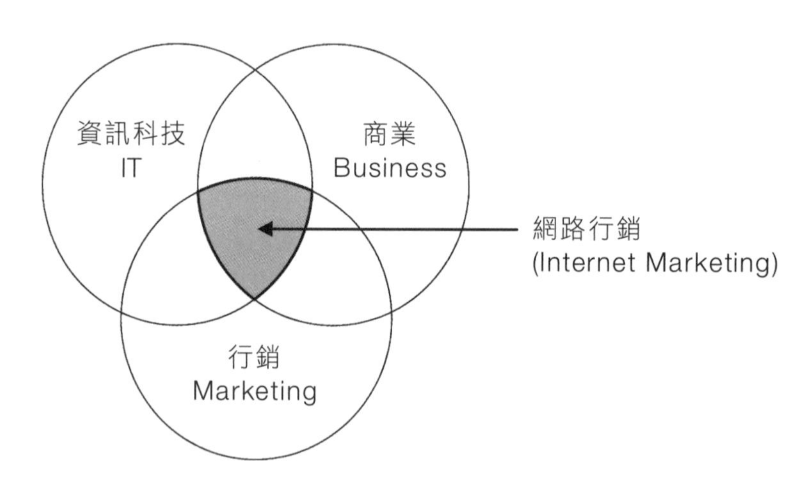

圖 2-7 網路行銷架構：資訊科技、商業、行銷

因此，要了解網路行銷活動，必須先對網路行銷的背景：數位經濟與電子商務（第 1 章）有所了解，釐清網路行銷在傳統行銷中所扮演的角色（第 2 章），接著從消費者行為的角度（第 3 章），以及新零售與網路行銷科技的演進（第 4 章），設定網路行銷目標，在確立網路行銷目標之後，網路行銷人員可藉由網路行銷規劃程序（第 5 章），訂定網路行銷組合策略（第 6 章），並進而思考網路行銷組合 4P+4C 之決策（第 7~10 章），最後，從網路與社群行銷思維（第 11 章），重新思考社群媒體行銷工具（第 12 章）、網路行銷工具的使用（第 13 章）、以及現今網路行銷的重要議題（第 14 章）。網路行銷人員必須思考的整個網路行銷活動如圖 2-8 所示。

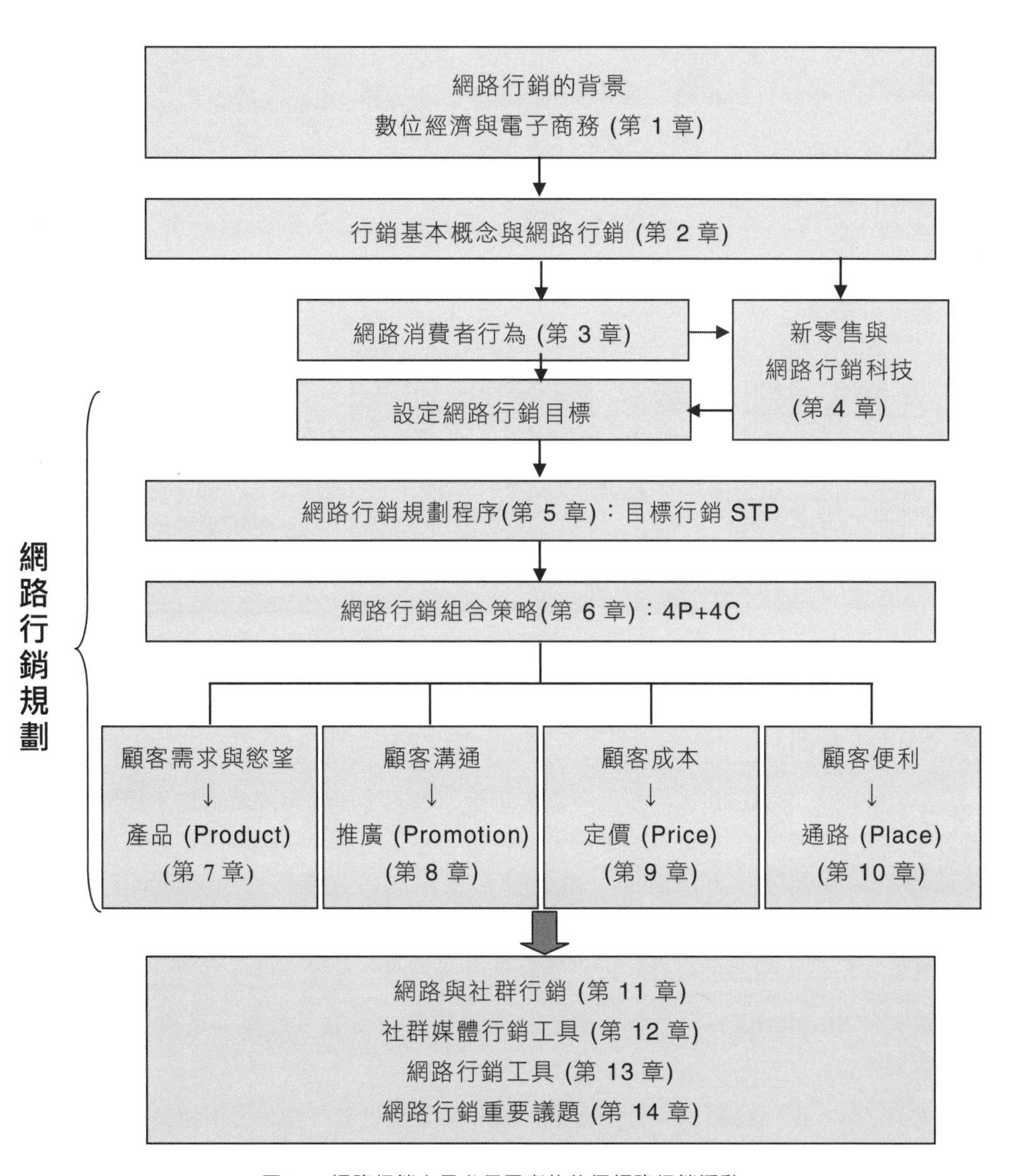

圖 2-8 網路行銷人員必須思考的整個網路行銷活動

二、網路行銷策略─STP 的發展

基本上，網路行銷策略的發展可以簡化為 4 大步驟：

1. SWOT 分析
2. 網路行銷目標設定
3. STP 分析
4. 網路行銷組合 4P+4C 決策

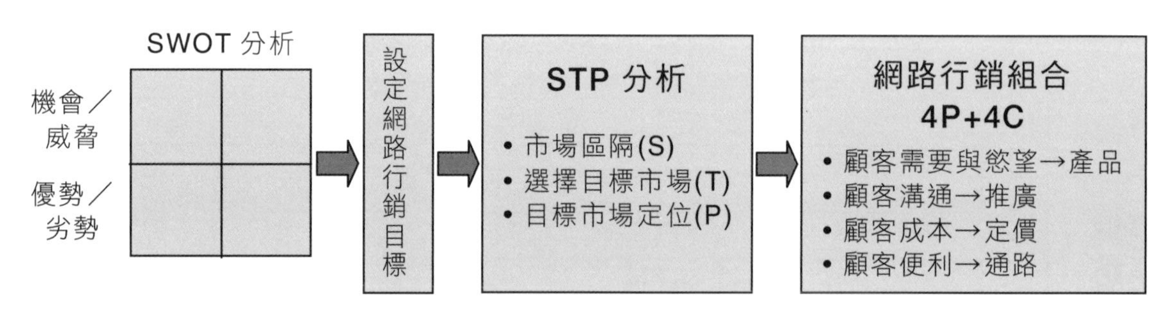

圖 2-9 網路行銷策略發展的 4 大步驟

◆ SWOT 分析

SWOT 分析是 1980 年代初由美國舊金山大學的管理學教授韋里克所提出，是一種對企業優勢、劣勢、機會、威脅綜合分析法，也是一種企業競爭態勢分析方法，是網路行銷的基礎分析方法之一，透過評估企業的內在優勢（Strengths）與劣勢（Weaknesses）、外部市場機會（Opportunities）與威脅（Threats），用以在制定企業的發展策略前，對企業內外在環境進行深入而全面的分析，以及競爭態勢的定位。

1. **優勢（Strengths）**：是指企業能比同業競爭者而言，所更具競爭力的能力或資源。
2. **劣勢（Weaknesses）**：是指企業相較於同業競爭者而言，所不擅長或欠缺的能力或資源。
3. **機會（Opportunities）**：外在環境中有利於企業現況或未來展望的因素。
4. **威脅（Threats）**：外在環境中不利於企業現況，或未來情勢可能傷害或威脅其競爭能力的因素。

SWOT 分析，主要又可分為「外部機會／威脅分析」與「內部優勢／劣勢分析」，茲說明如下：

1. **外部機會／威脅分析**：在作外部環境機會／威脅分析時，可以針對各個不同的衡量要素與衡量項目，來評估所欲進入之市場的機會或威脅如何。
2. **內部優勢／劣勢分析**：在網際網路上，企業的規模不再是決定企業強弱的重要因素。取而代之的是能否提供更低價、更多選擇的產品，與更好、更方便的服務。

做完 SWOT 分析之後，以企業的內部優劣勢與外部環境機會威脅的交互影響，進而做出下列決策：

1. **SO：Max-Max 決策**：外部環境有機會，加上運用企業內部優勢所形成的策略，是最佳的策略。
2. **ST：Max-Min 決策**：面對外部環境的威脅，運用企業內部優勢加以克服。
3. **WO：Min-Max 決策**：利用外部環境的機會，來克服企業內部的劣勢。
4. **WT：Min-Min 決策**：盡可能降低外部環境的威脅所帶來的衝擊，同時減少企業內部的劣勢。

◆ 設定網路行銷目標

基本上，對不同的企業而言，其網路行銷目標會有所不同。網際網路對網路行銷來說是一種「通路」、也是一種「媒介」。透過網際網路，企業可以在網路上直接銷售商品，並與消費者做一對一的溝通，同時它的費用也較低廉。

設定網路行銷目標時，應符合 SMART 原則：特定的（Specific）、可衡量的（Measurable）、可達成的（Achievable）、符合實際的（Realistic）、有時間性的（Timely）。

1. **特定的（Specific）**：是指「具體的」，也就是說網路行銷目標的制定越具體越好。
2. **可衡量的（Measurable）**：是指所制定的網路行銷目標應該是「可以衡量的」、「可以計算的」，例如訪客人數、會員人數、營業額成長率、轉化率等等。
3. **可達成的（Achievable）**：是指所制定的網路行銷目標是「可以達到的」。如果您的網路品牌知名度不高，而你制定一個比網路市場第一名的網路行銷目標更高的話，就是不可能達成的。
4. **符合實際的（Realistic）**：是指制定網路行銷目標要合情合理，符合實際現狀。
5. **有時間性的（Timely）**：是指制定網路行銷目標時，要設定達成網路行銷目標的具體時間，這是控制的節點，只有在達成期限上予以明確，才能加以考核。

◆ STP 分析

1. **市場區隔（Market Segmentation）**：此步驟是利用有效的區隔方法，根據消費者對服務應用或行銷組合的不同需求，而將市場劃分成幾個可確認的區隔，並且對各市場區隔的輪廓加以描述。
2. **選擇目標市場（Market Targeting）**：評估及選擇一個或多個所要進入的市場區隔。
3. **市場定位（Market Positioning）**：此步驟在建立產品於市場上重要且獨特的利益，並與目標顧客溝通。

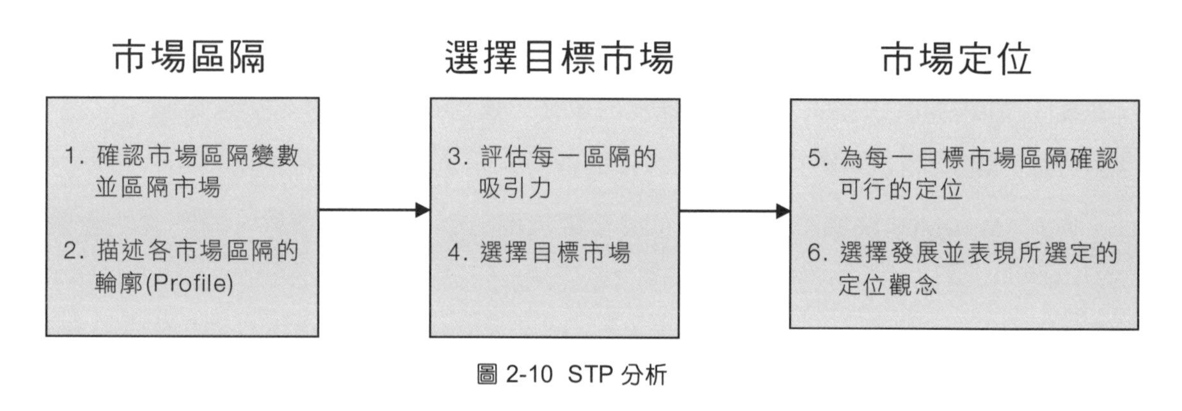

圖 2-10 STP 分析

◆ 網路行銷組合—4P+4C

在「傳統行銷」裡，是從企業的角度出發，因此發展行銷策略可以由 4P 切入；但對於「網路行銷」來說，轉而從顧客的觀點來發展行銷策略，因此可將發展行銷策略的工具擴充至行銷組合 4P+4C。

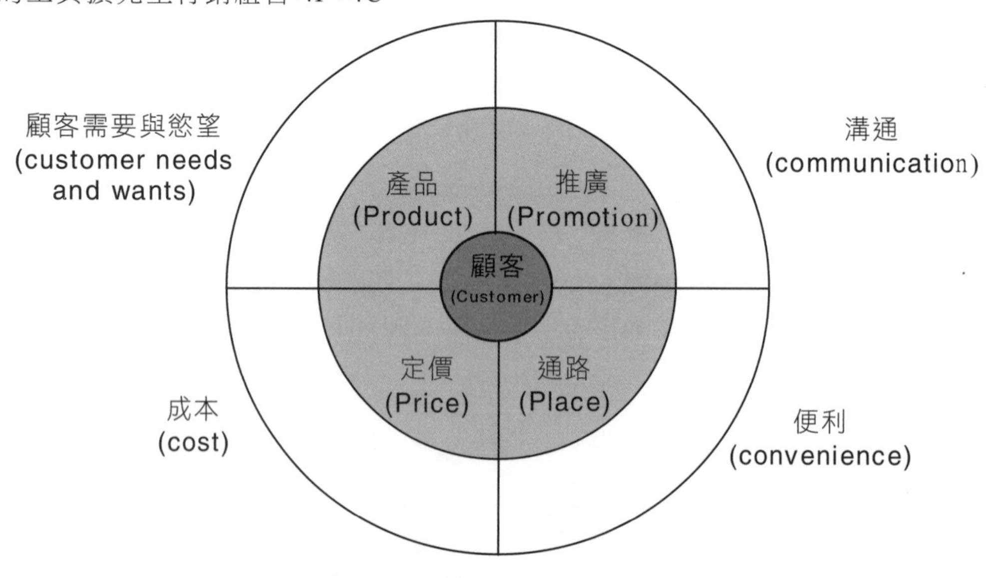

圖 2-11 行銷組合 4P 與 4C 的關係

三、網路行銷組合—4P 的趨勢

以下說明當今網路行銷 4P 的趨勢：

1. **產品客製化**：網路消費者整體特徵為：有一定的網路知識、以中青年為主、有一定消費能力、易於接受新事物、對商品求心、求美、求奇、注重個性化、服務周到。網上商場應當針對不同消費需求提供相應的產品和服務，採取一對一行銷，爭取顧客忠誠度。

2. **定價彈性化**：電子商務環境下，傳統市場中的定價因素因此改變，一是市場的壟斷性在減少，企業面對趨於完全競爭的市場，採取價格壟斷是行不通的；二是消費者的購物心裡趨於理智，網路為他們提供了眾多的商品訊息，網友可以透過網路科技進行綜合搜尋比較。所以網上商場應當在選擇定價策略時加強靈活性。

3. **推廣互動化**：網路廣告的優勢：傳播範圍廣—有網際網路地區都是廣告範圍；形式生動— 可利用網路多媒體形式將圖案、聲音、文件、影像等表達出來；即時互動— 即時回饋、訊息發送雙向交流，使消費者的參與性與主動性加強；靈活性—可 24 小時與消費者保持聯繫，回答消費者的疑惑，透過網路的消費者數位足跡，經營者可以瞭解瀏覽顧客的特徵。

4. **配銷社會化**：進行網路行銷時要保證商品在最短時間內由最近的分銷網點送到消費者手中，這一切必須要靠現代化物流配送體系，目前較為流行的物流配送模式是「第三方物流」（Third-logistics），是指由與貨物有關的發貨人和收貨人之外的專業企業，即第三方來承擔物流活動的一種物流型態。

四、網路行銷的正確思維

1. **企業不一定要架設官網**：很多企業誤認為網路行銷一定要自行架設網站，其實這並不是十分正確的觀念。企業其實不一定要有自已的企業網站，畢竟您能吸引的族群，都是與您有比較有密切關係的人，例如，您的員工、員工的親友，或是那些已經知道您公司產品的人。若希望在網路行銷上吸引的，是我們在傳統媒體上接觸不到的人。所以更應該在別人的網站上做行銷，這才是高招，絕對不要以為網路行銷就只是搞一個網站，也不要以為搞一個網站做網路行銷，就是在網站上貼滿自已的產品資訊，如果一個網站只是將產品資訊像貼壁報（POP）一樣展示，即使再完整也不會有任何效果。

2. **不一定需要在受歡迎的入口網站做行銷**：入口網站的橫幅廣告（Banner）點選率普遍低於 1%。因此除非企業本身的行銷活動能與入口網站的相關內容網頁相互結合，這種網路行銷活動才可能會有比較好效益。

3. 回歸基本面一產品與服務。假如產品品質不好、網站無法提供良好的顧客服務，很快的就會在網路世界傳開來。你將會發現活動期間所吸引來的人潮在活動之後很快就離開了。其實在網路上口耳相傳的力量才是真正可怕的地方，大過任何行銷活動的贈獎威力。

4. 網路行銷需要廣告行銷、工程技術與網路經營三方面同時兼顧。

5. **要想一夕成功並不容易**：雖然很多人一再編織網際網路的美麗願景，但要想一夕成功並不容易。各網路業者必須尋找合理的衡量方法，設定一個能逐步達成的目標，時時檢驗執行的成效並進行修正。而不應當好高騖遠，妄想一蹴可及。

6. **網路外部性一參與的人數愈多，網路的影響力將愈大**：一部電話的價值來源不只是那一部電話，而在於這部電話之外的所有事物(如現在使用的人)。例如 e-mail、Line…。

7. **自殺級應用（Kill-Self Apps）與殺手級應用（Killer Apps）**：科技的變革是指數成長的，社會的變革是漸進的，當落差（gap）越來越大時，便有一革命性的應用，拉近彼此距離，而將實體社會朝技術變革處向上拉近的，就稱為殺手級應用（Killer Apps），例如 e-mail。因此，應用有兩種：

   （1）自殺級應用（Kill-Self Apps）：過於注重實體而落入陷阱（泡沫化）。

   （2）殺手級應用（Killer Apps）：將實體社會朝技術變革處向上拉近，例如 Line + LinePay + Line@的應用。

8. **網路世界中資源有限一使用者的目光（Eye-ball）與時間（time）**：迎合消費者的價值觀，就可以贏得他們。但若是侵擾消費者的上網時間一顧客不希望見到您的時間，企業就會失去他們。

9. **網路世界是一個共同市場，但各地語言文化不同**：許多企業誤以為只要企業的網站連上網際網路，全世界的人都會看到您的網頁，而誤以為網路世界是一個共同市場。全世界的人都會看到您的網頁，這是沒錯，但是並不是每個人都會因此成為您的目標顧客。理論上，在網際網路上，地域的觀念被打破了，但是人類本身的限制一語言與文化等都不儘相同，因此網際網路絕不是一個單一的共同市場。

10. **網站最好讓消費者停留的時間久一點，這是一個錯誤的觀點**：消費者上網瀏覽資訊是要花錢的，他所付的成本和上網的時間成正比，因為「時間就是金錢」。企業網站若一味地追求「量」的增加，會無形中犧牲掉資訊的「質」，而且很容易引起消費者的不耐煩，反而會造成負面的效果。

2-5 流量池思維

一、什麼是流量池思維

流量池思維不同於流量思維。流量思維是指獲取流量，實現流量變現；流量池思維是要獲取流量，通過流量的持續運營，再獲得更多的流量。因此，流量思維和流量池思維最大的區別就是流量獲取之後的後續行為，流量池思維更強調如何利用既有用戶，找到更多的新用戶。

二、流量池-重新解構電商營收公式

在流量紅利時代，電商營收公式是「電商營收 = 流量 × 轉換率 × 客單價」

1. **流量**：是指各媒體引流而來的總流量（Flow）。
2. **轉換率**：是指引流後所對應的平均轉換率（Conversion Rate，簡稱 CR）。
3. **客單價**：是指引流後所對應的平均客單價（Average Transaction Value，稱簡 ATV）。

在流量紅利時代，「流量」決定電商營收業績，因此，放大流量並降低流量單位成本（CPC），一直是許多電商業者所關注。然而，隨著流量紅利的神話已結束，品牌正面臨重新思考電商營收公式，希望從中找到各種營收優化的可能與因素。流量池的觀念認為，「留量」比「流量」更重要，融入「自然引流」與「付費引流」的因素，並且結合各類主要引流媒體，將電商營運公式重新解構。首先，引流媒體可分為三大類：

1. **社群媒體引流**：Facebook、IG、Line@…等。
2. **搜尋引擎引流**：Google 為主。
3. **整合行銷引流**：各種整合行銷帶動的引流。

再透過引流與費用關係，可區分為兩類：

1. **自然引流**：泛指「不需額外支付導流費用」就能達到引流效果。例如：免費的網美 IG 曝光、免費的部落客寫文、免費的「Facebook 社團」帶動的流量、免費賺到的的新聞媒體報導…等，不單單只有 Google 搜尋的自然流量。
2. **付費引流**：泛指透過「購買曝光版位而直接獲得」的付費流量。像臉書廣告、搜尋聯播網、KOL（關鍵意見領袖）業配。

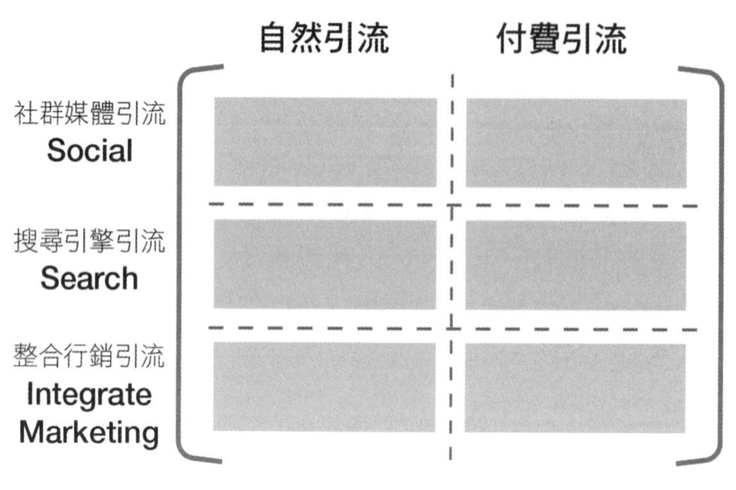

圖 2-12 引流方式與引流媒體
資料來源：江仕超

接著考量引流後帶動各級轉換率與客單價，將細分後的流量來源對應其轉換率與客單價，而有以下六種，並假設彼此獨立，可整合用下圖表示：

	自然引流	付費引流
社群媒體引流 Social	$f_{01} \rightarrow R_{01}V_{01}$	$f_{11} \rightarrow R_{11}V_{11}$
搜尋引擎引流 Search	$f_{02} \rightarrow R_{02}V_{02}$	$f_{12} \rightarrow R_{12}V_{12}$
整合行銷引流 Integrate Marketing	$f_{03} \rightarrow R_{03}V_{03}$	$f_{13} \rightarrow R_{13}V_{13}$

圖 2-13 引流方式與引流媒體
資料來源：江仕超

- $f01 \rightarrow R01V01$：f01 指社群中的自然引流；R01 指對應的轉換率；V01 指對應的客單價。
- $f11 \rightarrow R11V11$：f11 指社群中的付費引流；R11 指對應的轉換率；V11 指對應的客單價。
- $f02 \rightarrow R02V02$：f02 指搜尋平台自然引流；R02 指對應的轉換率；V02 指對應的客單價。
- $f12 \rightarrow R12V12$：f12 指搜尋平台付費引流；R12 指對應的轉換率；V12 指對應的客單價。
- $f03 \rightarrow R03V03$：f03 指其它整合行銷的自然引流；R03 指對應的轉換率；V03 指對應的客單價。
- $f13 \rightarrow R13V13$：f13 指其它整合行銷的付費引流；R13 指對應的轉換率；V13 指對應的客單價。

因此，流量池思維下，可將電商營收公式重新改寫，把「各種流量來源」、「各種對應的平均轉換率」、與「各種對應的平均客單價」做連乘積，如下：

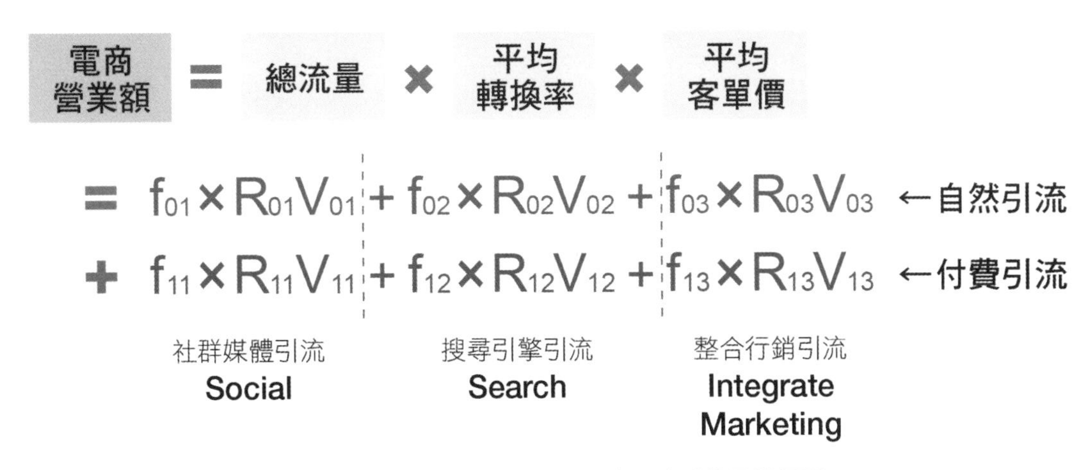

圖 2-14 流量池思維下，電商營收公式以連乘積展開細項
資料來源：江仕超

值得注意是，即便是「自然引流」，品牌依然需要在「內容」或「會員經營」上下工夫。例如：在社群經營上做創意發文，引發自然擴散的可能。自然引流的概念，是以感動人心的內容贏得引流。正因為你用心製作，才能因感動人心而引發自然流量的產生。

學・習・評・量

1. 何謂「行銷」
2. 何謂「網路行銷」？
3. 何謂 SoLoMo？
4. 請簡述流量池的概念為何？
5. 請簡述行銷 1.0 到 4.0 的概念為何？
6. 請簡述行銷的效用。

網路消費者行為

在尚未全然了解消費者如何購買、上網和離線之前，行銷人員無法正確地決定該使用何種網路行銷工具，以及如何利用它們全力支援無所不在的顧客。行銷活動已經進化到以分群（groups）或區隔（segments）來劃分消費者的階段。行銷人員若要在技術允許的情況下，掌握動態消費者族群，行銷人員就必須拓展新的思維，重新定義區隔的條件。

「動態顧客區隔」並不是由固定的顧客群所組成的，而是由特定時間與特別情況下的顧客群所組成的。這些看似隨機的顧客群區隔，係依據他們的個別狀況和購物習慣或特性，來尋找顧客服務與支援，而不是根據他們被貼上的永久特質標籤。值得注意的是，動態顧客區隔下，同一名顧客可能具有多重的顧客區隔。而這也正告訴新一代的網路行銷人員，必須將「消費者行為」、「網路行銷工具」的使用和「行銷目標與行銷策略」，這三者進行整合。

3-1 行銷與消費者行為

一、消費者行為的定義

消費者行為（consumer behavior）可以是指消費者所有相關活動，也可以指以消費者活動為研究主體的研究學科。換句話說，消費者行為可以是指消費者的相關活動，也可以是一門以消費者活動為研究主體的學科。

消費者行為也可以視為一種程序（Process），這意謂著消費者行為的活動可以分為一定的步驟，必須按部就班地進行。例如，消費者購買行為可以為購前、購中、購後等三個階段，次序不能顛倒，同時每一階段內也都包含一連串有次序的活動。因此，行銷人員可以此程序作為架構，來檢視消費者在每一階段中的活動，並引入相關的闡釋理論。

二、消費者活動

基本上，消費者行為可歸納成三大項的消費者活動：

1. **獲取產品／服務的活動**：包括探討那些因素會影響和導致消費者形成購買決策、進行購買、並實際取得產品／服務，因此包括產品資訊蒐集、評估替代方案、與實際購買行為。
2. **消費產品／服務的活動**：包括消費者於何地、何時、何種狀態下如何來消費產品／服務等活動，其主要著重於分析消費者如何實際使用該產品或服務，以及經由產品或服務的使用所獲取的「體驗」。
3. **處置產品／服務的活動**：包括消費者在產品或服務消費之後的反應，以及在產品失去對於自已而言具有價值後，將如何處置產品本身與其包裝等活動。這類活動包括消費者對於產品或服務消費後的處置、以及根據消費後滿意程度所引發的反應，例如：抱怨、申訴、口耳相傳、重購與忠誠度等等。

三、瞭解消費者行為的重要性

從事行銷為何要瞭解消費者行為的重要性呢：

1. 從市場和競爭的角度，消費者決定了市場競爭的勝負成敗。
2. 從行銷的角度，消費者是整個行銷活動的核心。
3. 從企業的角度，消費者是企業生存的衣食父母。

四、瞭解線上消費者行為

網路促使消費者購物方式的改變：

1. **線上線下消費行為不同**：消費者行為在實體世界與虛擬世界中，可能會表現出截然不同的消費者行為。
2. **靠網路發現新商品**：在實際購物之前，消費者會先花費大量時間在網路上瀏覽和搜尋商品。調查顯示，74%線上消費者會透過網站或社群媒體的評價和推薦來發現新商品。

3. **消費過程非常依賴行動裝置**：消費者會事先調查產品細節，包括尺寸、規格、庫存狀態，也會比較產品價格或運費。根據調查，消費者高度依賴行動裝置，75%消費者會因為在手機上看到更便宜的商品而離開實體店面，53%的線上交易發生在手機或平板。
4. **喜歡在社群媒體發表評價／評論**：消費者會在社群媒體上發表自己對產品的評價，同時也作為其他消費者購物時的參考。根據調查，37%消費者會經常在網路上發表評語或回饋，每天平均寫 3~5 則。
5. **個人化體驗決定再回購與否**：完成購物後，消費者會決定是否要再次光顧。56%消費者表示如果零售業者能夠提供個人化體驗，他們願意更常使用該網站。調查顯示，到了 2020 年，客服和消費體驗的重要性將超過價格和產品。

五、配合網路消費者行為調整網路行銷作為—網路行銷工具

一旦企業有能力辨別消費者行為的一套作法後，企業接著必須評估其線上和離線銷售管道與這些消費者行為的配合狀況。在了解消費者行為後，企業的網站設計是否也做了應有的調整，以符合消費者的需求？是否能支援整個消費者購買過程？也就是從建立品牌的認知開始到贏得顧客忠誠，企業必須配合網路消費者行為調整網路行銷作為。

3-2 網路行銷與顧客關係

網路行銷與顧客關係十分密切，而透過網際網路和顧客溝通能創造以下競爭優勢：

1. 網際網路是市場調查、建立新市場、測試網路消費者行為的強大工具。
2. 網際網路上的社群媒體與即時通訊軟體，使企業保持與市場環境的脈動，以及直接和顧客接觸。
3. 企業運用網路對顧客發佈產品資訊與相關資料。
4. 網際網路讓直接接觸顧客的層面擴散到企業內部的各個部門。

網路行銷可以透過顧客網際網路價值鏈來說明，如何利用網際網路以建立顧客關係，如圖 3-1：

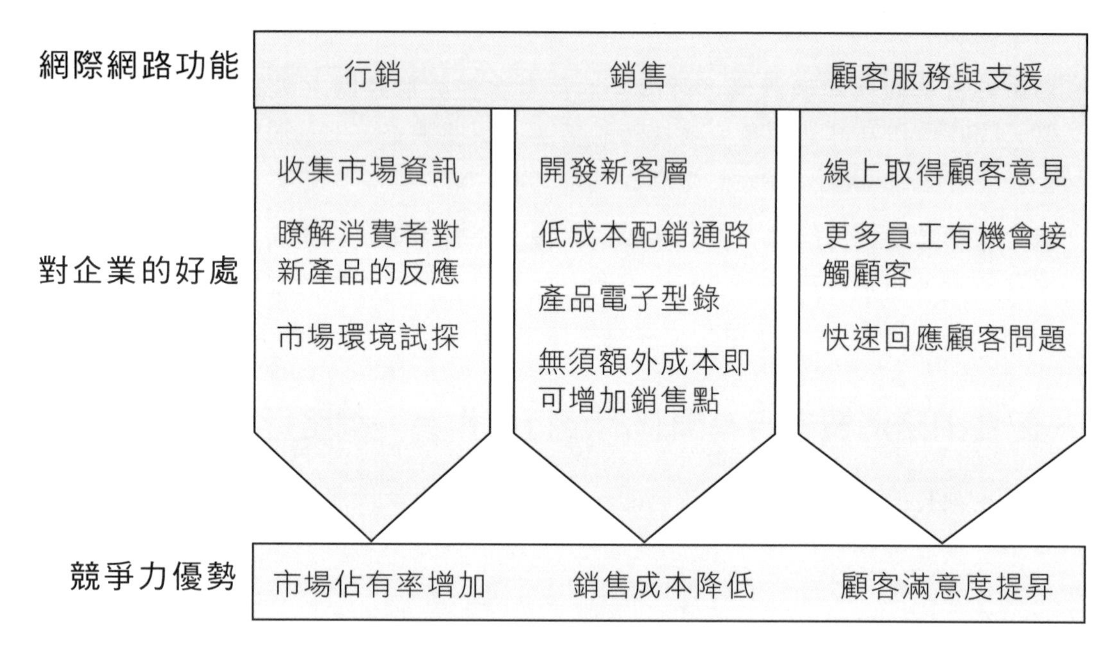

圖 3-1 顧客網際網路價值鏈
資料來源：Cronin（1994）

網路行銷利用網路來提供資訊，回答疑問及對顧客的建議作出回應，進而建立與顧客互動關係，其步驟有：

1. **確立目標受眾身分**：觀察可能相關社群裡的討論內容就可以找到符合需要的社群。
2. **協調員工參與**：企業各部門可以利用網路取得顧客的第一回應。
3. **即時更新企業資料**：決定網路行銷最重要的因素是資訊內容的品質，網站的內容必須是正確、清楚、且隨時更新，資訊的內容也必須時常根據顧客反應機動調整。
4. **開放通訊管道**：顧客應該能很容易經由網際網路對於企業的產品、顧客服務和支援表達意見；企業也應該利用網際網路的功能來建立討論區與線上回應等機制。
5. **回應顧客**：企業在尋求顧客意見的同時，也必須對顧客意見做出回應。
6. **監控效果**：觀察顧客使用網際網路資訊的方式，可幫助增加網路溝通的成效，改進提供的資訊品質與顧客服務。

網路可在維繫顧客關係的三個互動點上發揮效力：分別為行銷、銷售、顧客服務與支援。

1. **行銷**：當潛在顧客四處尋找有關產品的服務資訊時，他們的問題有：這項產品或服務的效果如何？哪些人在使用？價位如何？此時網際網路就具有將產品資訊傳遞給眾多潛在顧客的能力。
2. **銷售**：利用網際網路的顧客都已經非常習慣線上購物方式，期待立即取得所需的資訊，顧客只要覺得自己能夠主導整個溝通過程，則其反應大多為正面。
3. **顧客服務與支援**：銷售完成以後，顧客支援服務的品質是最重要的顧客關係層面，服務的方式包括了線上客服、品牌群組、及產品討論群組。

3-3 網路消費者行為

基本上，不同的產業市場，有著不同的網路消費者行為，例如對於電影票或住宿券，消費者可能會先線上研究，再線上購買；但對於房地產而言，網路可能只是其研究工具。

一、創新擴散（Diffusion）

「採用」（Adoption）是一種微觀的（Micro）、個體的看法，說明的是個別消費者決定接受或拒絕一項新產品的過程。而「擴散」（Diffusion）則是一種巨觀的（Macro）、整體的看法，說明的是創新產品由剛開始上市至推廣到大眾面前的過程。因此，「創新採用」只是「創新擴散」其中的一個階段或過程。

Rogers 在 1962 年提出「創新採用模型」（知曉→興趣→評估→試用→採用）之後，於 1971 年提出更完整的「創新決策過程模型」（知識→勸說→決策→確認），之後他更對此模型進行修正，在 1983 年提出「創新擴散理論」（知識→說服→決策→實行→確認）。

Rogers（1962）提出「創新採用模型」，將個人創新採用過程定義為一個人從得知創新，到最後採納階段的歷程，將其劃分為五個階段，分別是：

1. **知曉（Awareness）**：知道有這項創新或發明的存在，但尚缺乏足夠的興趣去搜尋更多相關資訊。
2. **興趣（Interest）**：知道有這項創新，並產生興趣，開始去蒐集更多有關的資訊。

3. 評估（Evaluation）：進行評估以確定使用該創新會帶來多少利益。
4. 試用（Trial）：決定引用前可能會先局部或小規模的試用。
5. 採用（Adoption）：確定可行以後才會全面正式的使用。

二、創新採用

Rogers的「創新擴散理論」認為創新擴散是有階段性的，最早接受創新的族群叫做「創新者」（innovator）與「早期接受者」（early adopter），當他們認同了這項創新，就會試用產生口碑，進而傳到「早期大眾」（early majority），當早期大眾使用了，才會形成外部性，進一步影響到「晚期大眾」。換句話說，Rogers認為「創新」從問世到被接受採用，需經過一段時間加以擴散，個人的採用時機會有前後順序之差別，並非一夕之間即成為創新的採用者。Rogers針對不同採用時程，利用消費特性區分採用者群體，並進一步以採用時間的平均值及標準差，將採用者劃分為五種類型，如表3-1與圖3-2所示。

表 3-1 創新採用者（adopter）的五種類型

創新採用者的五種類型	描述	佔總採用者之相對比例
創新者（innovator）	富冒險性，是採用「創新」的先鋒，但是過於快速接受「創新」常顯示出其喜好冒險與魯莽之缺憾。	2.5%
早期採用者（early adopters）	常具有意見領袖之特質，其審慎的特性與領導能力對後續的採用者有著決定性的影響，因此，對「創新」之推廣影響深遠。早期使用者所具有的工作熱誠、人際關係及影響力，使其成為擔任一組織內之「創新媒介者」最佳之候選人。	13.5%
早期大眾（early majority）	在深思熟慮後接受「創新」；很少居領導地位；在接受新產品前會深思熟慮。	34.0%
晚期大眾（late majority）	是多疑的一群，在對「創新」的相關疑慮消除後逐漸接受成為採用者。接受創新的時間比平均數值晚一些；接受創新產品可能是因為經濟需求或同儕壓力；對創新產品抱持相當謹慎小心的態度。	34.0%
落後者（laggards）	最晚接受創新的人；對新事物持懷疑態度；傳統、保守，非到萬不得已不去採用「創新」的那一群人。	16%

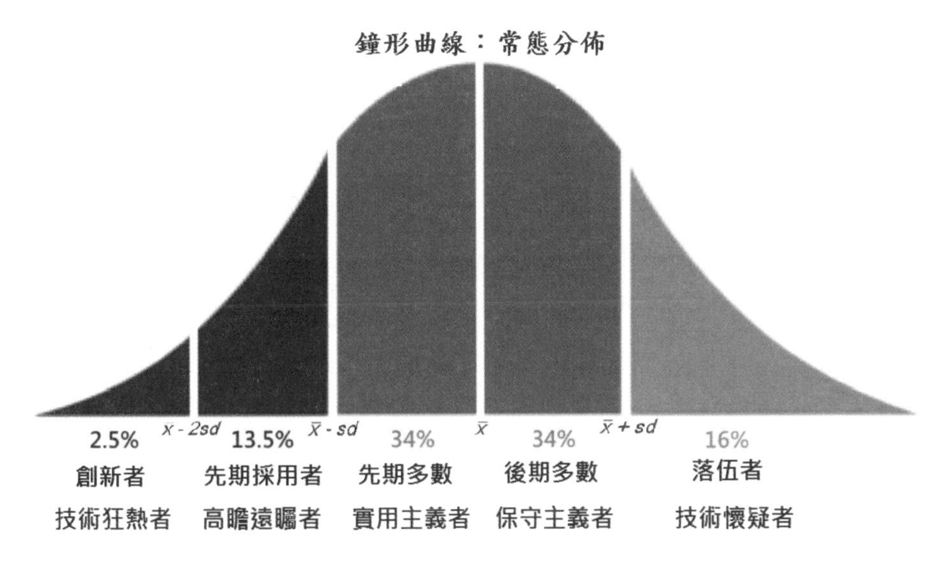

圖 3-2 鐘形曲線的創新採用模型

三、顧客金字塔

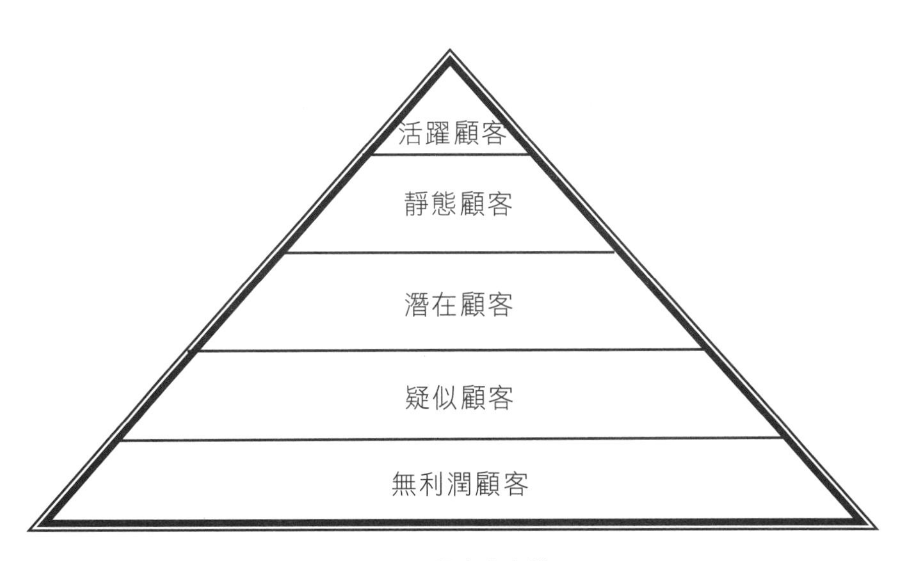

圖 3-3 顧客金字塔

顧客金字塔是一個可以用來協助改善顧客獲利性與行為的視覺化分析工具，依照顧客金字塔的顧客分類，可以將顧客與企業接觸的程度分成五個層次，如圖 3-3 所示，以下將說明這五個層次的分類：

1. **活躍顧客**（Active Customers）：指最近某個時間內向企業購買產品或服務的顧客。
2. **靜態顧客**（Inactive Customers）：指過去某個時間內，曾經向企業購買產品或服務，但是最近某個時間內未曾購買企業產品或服務。
3. **潛在顧客**（Prospects）：指與企業具有某種程度的關係，但最近與過去都未曾向企業購買任何產品或服務，這類顧客已經回應企業相關的訊息（如：郵件回應、產品詢價），亦即這類顧客對企業的產品或服務具有需求或慾望，因此短期內企業期望將這類顧客提升成為活躍顧客。
4. **疑似顧客**（Suspects）：這類顧客可能需要企業的產品或服務，但企業並未與這類顧客建立任何關係，亦即這類顧客尚未回應企業任何訊息。短期內企業期望將這類顧客提升成為潛在顧客，但是長期目標則是期望將這類顧客轉換成為活躍顧客。
5. **無利潤顧客**（The Rest of the World）：這類顧客並未有任何的需求或期望去購買或使用企業的產品或服務。企業無法從這類顧客獲取任何利潤，企業須重新調整行銷預算，以避免花費在這類毫無利潤貢獻的顧客上。

3-4 消費者行為之理論與模式

消費者行為乃消費者為滿足其需求，對產品、服務和構想之尋找、購買、使用、評價和處置的行為表現；或直接地涉及產品和服務的取得、使用和處置，所從事的決策過程與實體活動。

一、馬斯洛的需要層級理論

需要層級理論（need-hierarchy theory）是最廣為人知的消費者行為理論之一，是由心理學家馬斯洛（Maslow）於 1940 年代所提出；他認為，人有五種基本需要：生理需要、安全需要、社會需要、自尊需要及自我實現需要。當一種較低層次的需要獲得滿足時，他便會渴望更高一層之需要。一旦需要獲得滿足，它就不再是一種需要，因此也就不成為激勵之根源。

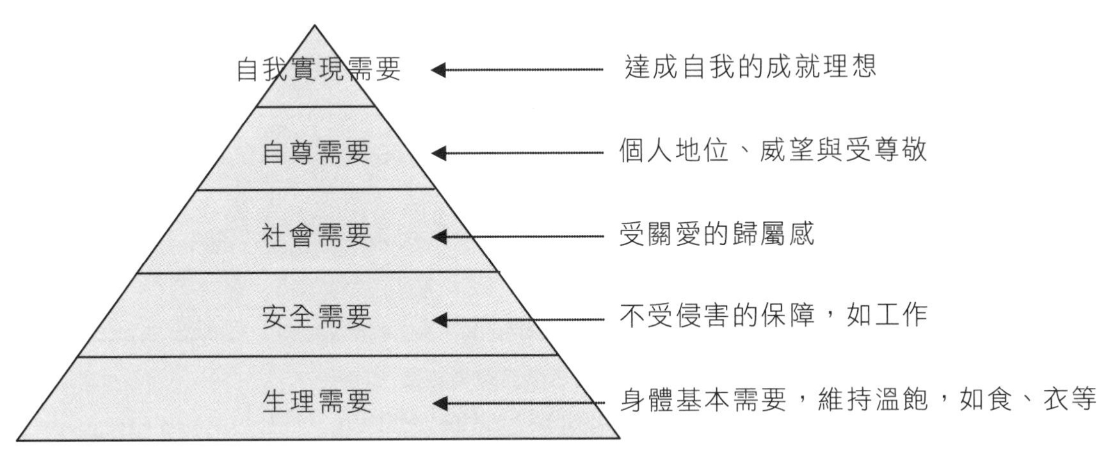

圖 3-4 馬斯洛的需要層級理論（need-hierarchy theory）

二、消費者行為之 5W+2H+1E

1. **為什麼買（Why）？**：探討消費者為什麼買，進而充分掌握消費者的購買動機，然後將之轉換成適當的產品利益，以激發消費者採取購買的動機。
2. **誰買（Who）？**：誰買包括兩個角度，誰是我們主要消費者及誰參與了購買決策。
3. **何時買（When）？**：此一問題包括在什麼時侯購買、何時消費、多久買一次，以及一次買多少等。
4. **在何處買（Where）？**：消費者購買或消費地點，也會影響消費者對於產品的看法，因為他會認定某項產品只在某些地方購買或消費。
5. **買什麼品牌（What）？**：在選擇過程中涉及到消費者用以判定品牌優劣的評估標準，一般稱之為購買考慮因素。
6. **如何買（How）？**：當消費者決定要購買產品時，通常都希望以最簡單，最便利的方法來取得產品。
7. **預算多少（How much）？**：消費者心中的預算，可能是消費者此次購買的金額上限。
8. **評估（Evaluation）？**：消費者的評量，滿意或不滿意。

三、購買決策過程

消費者以解決問題的態度，來面對各項購買決策，稱為購買決策過程（Buy Decision Process）。依 EKB 模式可將消費者的購買決策過程區分成五個階段：1.問題認知、2.資訊尋求、3.方案評估、4. 購買選擇、5.購買結果。其核心部份在於它所描述的是消費者在面臨購買決策時的心理流程，此程序過程分為下圖 3-5 的五個階段：

圖 3-5 消費者購買決策過程

資料來源：Engel，J.，Blackwell， R. D. Miniard，P.W.，
Consumer Behavior. 7th ed.，Drvden.1993

茲說明如下：

1. **問題認知（problem recognition）**：問題認知為決策過程的第一個階段，主要可分內在的生理動機與外在的刺激，舉凡動機、經驗和各種訊息與知覺上的需求，都會影響消費者對問題的認知。
2. **資訊尋求（search）**：消費者會從自己內部記憶及經驗和外部訊息中，尋找決策時所需相關資訊答案。
3. **方案評估（alternative evaluation）**：針對搜集到的資訊，根據評估準則對不同選擇方案進行評估比較。
4. **購買選擇（choice）**：當消費者經過方案評估之後，便會選擇其中之一個方案，並採取購買行動。一般而言，購買意圖頗高的產品或品牌，選擇的機率也愈大，但亦可能受到不可預期的因素影響。
5. **購買結果（outcome）**：消費者在選擇購買產品後，會發生滿意（satisfaction）或失調（dissonance）兩種結果。滿意則會增強信念，增加未來再購的意願，不滿意則會產生購後失調，會向外繼續尋求資訊，以作為日後的決策依據。

為了有效瞭解消費者行為，網路行銷人員必須藉助於一套消費者行為的思考架構。如圖 3-6 所示。消費者行為的架構主要可分為三個階段：輸入階段、處理階段和輸出階段。

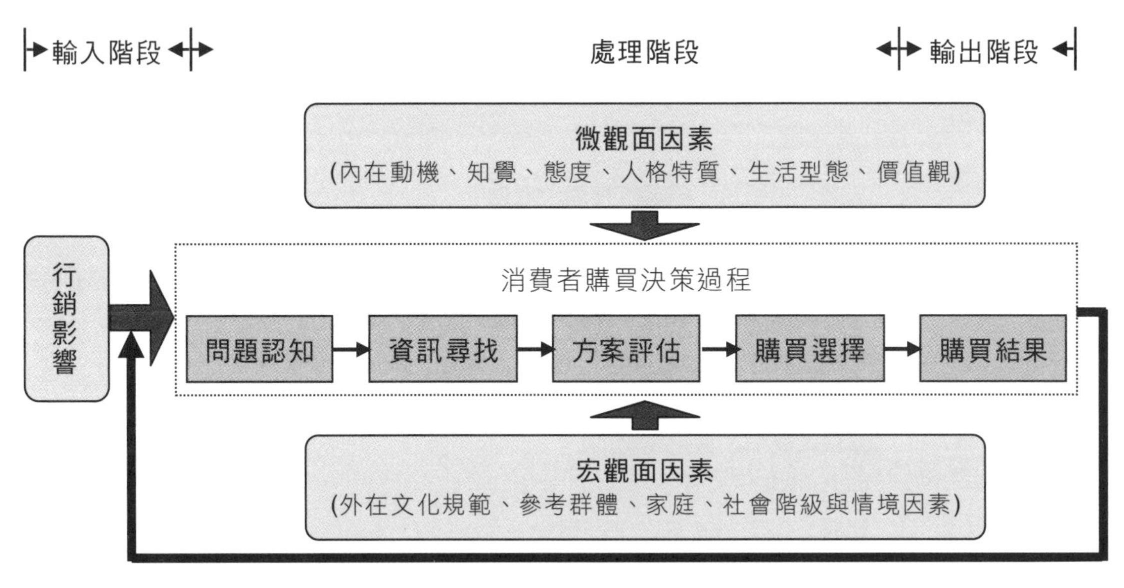

圖 3-6 消費者行為的架構

1. **輸入階段**：主要是指消費者所接受的刺激，主要包括兩項資訊：行銷資訊與非行銷資訊。行銷資訊主要來自於行銷人員所進行的消費者溝通；而非行銷資訊則是來自背後無商業企業的資訊，這包括社群、媒體、同儕、家庭、和參考群體等資訊。
2. **處理階段**：包括消費者制定決策的內在心理運作過程。心理運作的過程包括問題問題認知（problem recognition）、資訊尋求（search）、方案評估（alternative evaluation）和購買選擇（choice）。
3. **輸出階段**：包括採取實際的購買行為，以及包括消費者對該產品或服務的實際「消費」、消費後的「反應」與消費後的產品「處置」等等購後行為。

在此決策過程中，消費者亦同時受到內、外在許多因素的影響。影響消費者行為的內在個人因素，稱為微觀面因素，包括內在動機、知覺、態度、人格特質、生活型態、價值觀等；而影響消費者行為的外在群體因素，稱為宏觀面因素，包括外在文化規範、參考群體、家庭、社會階級與情境因素等。

換句話說，消費者購買者行為主要受四項環境因素所影響(參見表 3-2 及圖 3-7)，這些因素皆可提供行銷人員有效地接近與服務購買者，而達到以客為尊之目標。

值得注意的是，在形成消費行為的社會因素中，包括個人的家庭、職業或職位、宗教、居住地區和學校，此種參考群體稱為「直接參考群體」。

表 3-2 影響消費者行為的主要因素

因素類別	因素內容
文化因素	文化：價值、觀念、想法 次文化：國家、宗教、種族、地理
社會因素	參考群體：初級群體、次級群體、崇拜群體、分離團體 家庭：由父親、母親、子女組成 家庭生命週期：單身、新婚、滿巢、空巢、銀髮 社會階級：由職業、所得、財富、教育、價值觀形成的角色與地位
心理因素	認知：選擇性注意、選擇性扭曲、選擇性記憶 學習：制約、類化、判別 信念/態度 動機
個人因素	年齡 職業 經濟狀況：可花費所得、儲蓄、資產、借貸能力 生活型態：由態度、意見活動組成 人格與自我觀念

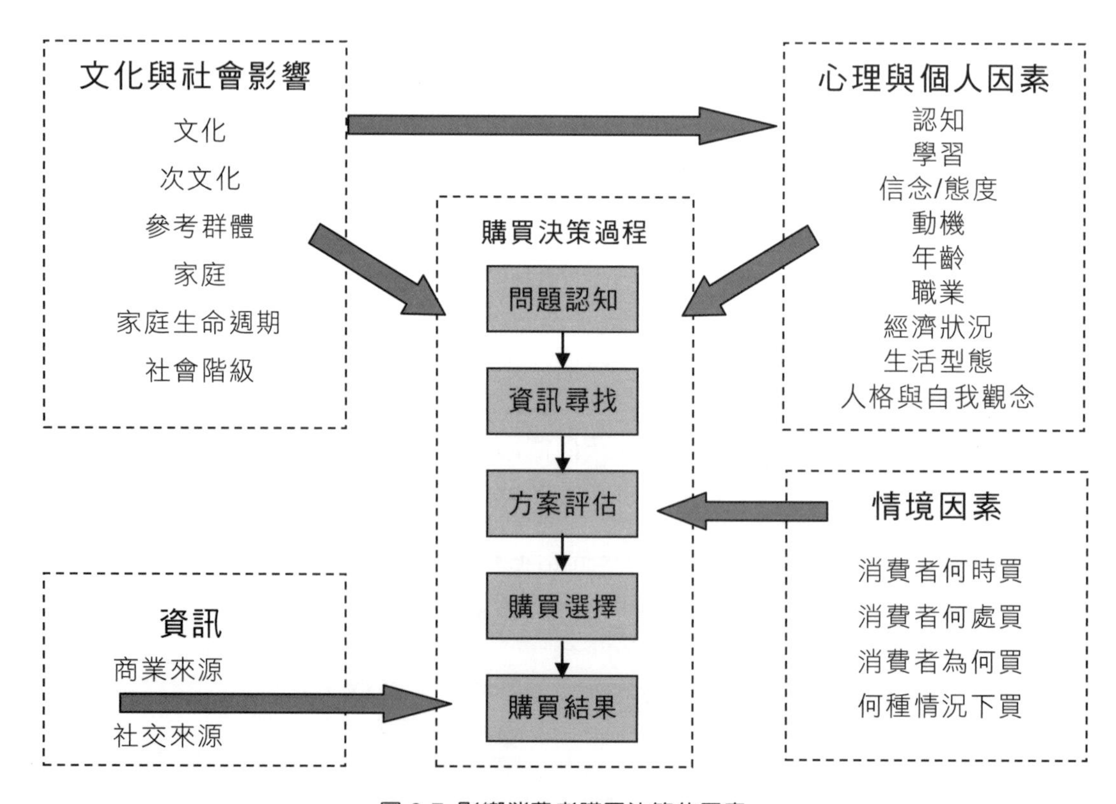

圖 3-7 影響消費者購買決策的因素

四、消費者資訊處理

消費者生活在這個世界上，無論是實體或虛擬空間，時時刻刻都會接收到許多的資訊。為解讀各項資訊的涵意，消費者必須對資訊進行處理。消費者資訊處理（consumer information processing）程序的第一步便是「知覺」（perception）。

知覺（perception）是消費者進行選擇、組織及解釋外界的「刺激」，並給予有意義及完整圖像的一個過程。消費者每天都會面臨許多外界刺激，這些刺激包括商業刺激（例如，廣告、促銷、推廣、事件活動等）和非商業刺激（例如，新聞公開報導、流行訊息、同儕的消費示範、或親朋好友的口耳相傳等）。在眾多刺激中，有些刺激消費者會加以處理；有些刺激消費者會略過。基本上，消費者的知覺可以分為三階段：

1. 展露階段
2. 注意階段
3. 理解階段

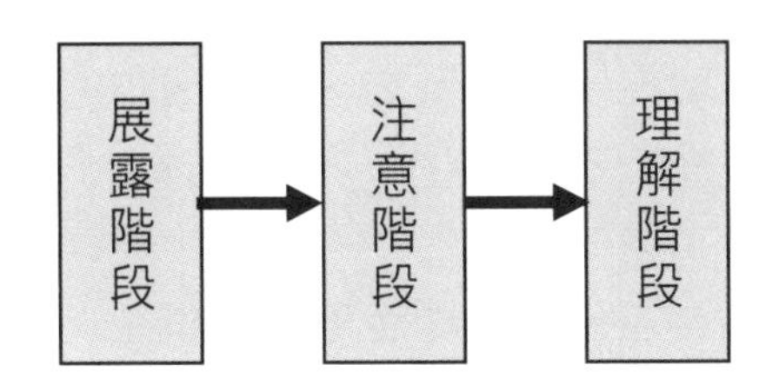

圖 3-8 消費者知覺三階段

調應性水準理論（adaptation level theory）指的是消費者在面臨刺激時，會慢慢地適應某一固定水準的刺激，終而忽略它的存在。例如，入鮑魚之肆，久而不聞其臭；入芝蘭之室，久而不聞其香。由於消費者已經適應於前一刺激，此時若新進的刺激和前一刺激之間沒有太顯著的差異，那麼消費者往往會忽略該新進刺激。

◆ 展露階段（exposure）

沒有展露就沒有資訊處理。消費者必須能夠接觸和感受到刺激，才能展開後續的資訊處理。缺乏展露包括兩種狀態：

1. **消費者根本沒有接受到刺激**：以網路廣告來說，這表示消費者根本沒有收到或看到該網路廣告，甚至該網路廣告播放時，消費者並不在場。
2. **消費者的感官體系無法感受到刺激的存在**：以網路廣告來說，這表示消費者對該廣告視而不見，也就是說，消費者雖然「看」了該廣告，但卻沒有「看進去」。

要了解消費者為何會產生視而不見的狀態，行銷人員必須先了解感官門檻。感官門檻（Sensatory Threshold）係指感官體系要能有效感受到某一刺激，所需超過的最低刺激量水準。感官門檻又可以分為二：

1. **絕對門檻**（Absolute Threshold）：係指若要使某一刺激能夠被某一感官所感受到，所需的最低刺激量。例如，人的眼睛所能感受到的光線亮度有一定範圍，太暗了對人可能無法看清事物，但對很多夜行性動物來說，則不成問題。因此，以眼睛對光線的絕對門檻來說，人的絕對門檻相對於夜行性動物來說都比較高。絕對門檻的觀念對行銷人員來說，代表著在執行行銷策略時，必須考慮廣告刺激或行銷刺激的強度是否高於絕對門檻。例如，許多網路橫幅廣告的篇幅過小或影音廣告的音量太小，以至於被消費者所忽略，這就是沒有達到其絕對門檻值的關係。
2. **差異門檻**（Differential Threshold）：係指感官體系對於兩個刺激之間的變化或差異所能察覺的最小量值。一般而言，消費者所能察覺的兩個刺激之間變化或差異的最小差異量，又稱為「恰感差量」（Just Noticeable Difference; JND）。例如，對於同一顏色所能感受到最細微的深淺變化，便是對該顏色的恰感差量。專業的美工人員，由於長期專業訓練關係，對於顏色的深淺變化會比一般人更為敏銳，這也是因為他們的恰感差量較小，因此使得他們對顏色的差異門檻較低。對行銷人員來說，降價是常見的一種促銷手法，但是有時降價的幅度不夠大（也就是沒有超過差異門檻），並無法讓顧客感受到價格的差異變化，所以無法引發消費者的購買動機。值得注意的是，恰感差量的重點是相對的概念，也就是第二次刺激相對於第一次刺激的差異程度。

對行銷人員來說，展露是必要的，因為沒有展露就沒有消費者知覺。然而，「過度展露」（Overexposure）則可能帶來一些反效果。由於過度重複展露會促使消費者對該刺激過分熟悉，因而造成慣性。「慣性」（Habituation）係指由於對刺激的過度熟悉，因而失去對該刺激的注意力。例如，消費者看慣了入口網站上的橫幅廣告，久而久之產生慣性，變成視而不見。在行銷上，很多廣告主經常會定期拍攝新的廣告，這主要便是因為一部廣告若是太常重複播放，往往會導致該廣告片的效果下降，而這種因為廣告過度展露所導致的廣告效果下降，稱為「廣告疲乏」（Advertising Wearout）。所以廣告主必須定期更新廣告片，以避免消費者的廣告疲乏。當然，過度展露並不一定只發生在廣告效果上，在品牌的經營上也會有類似的現象。

◆ 注意階段（Attention）

注意（Attention）係指消費者願意將認知資源花費在刺激之上，因此也才開始對刺激進行認知處理。不過在真正注意開始之前，還有一個前注意階段。「前注意」

（Per-attention）係指消費者對於環境特性所進行的一種非意識的自動掃描過程。前注意階段通常出現在展露（Exposure）之後，和消費者進行認知處理之前的一段時間。通常前注意階段的主要任務在初步判定該刺激是否重要，因此決定是否要再進一步投入認知資源來處理該刺激。

注意的產生可以分為二：

1. **自願性注意（Voluntary Attention）**：主要係指消費者主動尋找一些與其個人相關的資訊。例如，當消費者想要購買一台 iPhone 時，則該消費者自然會對 iPhone 相關資訊特別感興趣，因此便會特別留意，這便是一種自願性注意。
2. **非自願性注意（Involuntary Attention）**：主要係指消費者的注意是來一些令其感到驚訝、新奇、威脅的一種非預期狀態，而使其反射性地注意到此一訊息。因此，它是屬於一種自動的反應，也就是並非他在認知上所能控制的反應，心理學上稱為「定向反射」（Orientation Reflex）。在行銷上，行銷人員常利用一些強烈對比或是出乎意料的聲響來引發消費者的非自願性注意。

◆ 理解階段（Interpretation）

理解階段是消費者對於其所注意到的訊息所進行解釋的過程。解釋（Interpretation）係指消費者對於某一特定刺激所給予的意義。解釋包括三個基本的程序：組織、類化與推論。透過這三個程序，解釋才能完整達成。

1. **組織（Organizing）**：係指如何辨識環境中的許多刺激成分，以組成一個有意義的完整體。最能解釋消費者在知覺組織過程的理論是「完形心理學」。完形心理學（Gestalt Psychology）的主要觀點係認為人們會用完全的整體方式，而非只是以單獨的個別部份來對物體進行知覺。整體不單單只是個別部分的集合而已，整體所揭露的資訊也不是單獨個別資訊的集合。例如，人們在觀察一位初次認識的新朋友時，是以整體的形式來形成人們對他的觀感，而不是將這個人看成由頭髮、衣服、身高以及容貌等所構成的組合。而消費者在知覺組織的過程中，除了以整體的角度來看之外，消費者也會去追求一個良好完形。所謂良好完形（Good Gestalt）係指一個完全、簡單而又有意義的整體。
2. **類化（Categorization）**：類化係一種辨識的過程，當消費者感受到一種刺激後，消費者便必須辨認刺激，來判定該刺激到底是什麼。例如，消費者在路上看到一台 iPhone，消費者怎麼知道它是一台 iPhone 呢？這是因為消費者拿路上所看到的 iPhone 外形，來和其「長期記憶」中的 iPhone 外型進行比對。因此，類化可說是將外部刺激正確地歸類到「長期記憶」中的某一類別，以辨識出該刺激的本尊

(消費者所知的 iPhone)。與類化一個極為相似的概念是「基模」。基模(Schema)係指一個人對於某一事物或行為的相關知識的認知結構。例如,當要您描述「貓」時,相信您會對貓有一連串的說明(例如瞇瞇眼、走路沒什麼聲音、會喵喵叫、懶洋洋地),這些說明就是來自於您對貓的基模。當然,基模並不侷限於人物或事物,也有對行為或互動事件的基模,這類基模稱為「腳本」(Script)。

3. **推論(Inference)**:消費者根據先前的「知覺組織」與「知覺類化」,可以再進一步做「知覺推論」。推論係指消費者基於其他資訊,所發展出的一種信念。例如,消費者對於一些本身並不熟悉的商品,往往會以價格的高低來推估其品質。推論主要是根據「線索」(Cue),例如價格和品牌就是一種消費者常用的線索。推論常常是一種引發(Priming)的過程,也就是透過刺激所具有的某些特性來引發相關的「基模」,透過該基模可以評估一些該消費者之前所遇過的相類似刺激。例如,以貌取人就是一種知覺推論的結果。

五、知覺的選擇性(Selectivity)

消費者每天所接觸的刺激數量相當地驚人,但不一定所有刺激都會被知覺到。縱使被知覺到,也不代表消費者便會對該刺激進行處理,例如有些刺激會被消費者有意或無意的忽略。這種忽略和扭曲的結果往往會造成知覺的狀態和真實現象之間有所差異,因此產生「認知偏誤」(Cognitive Bias)。認知偏誤主要來自於選擇性(Selectivity)。因此,又稱為「選擇性偏誤」(Selective Bias)。

在整體知覺過程(展露階段、注意階段、理解階段)中,選擇性可能在各個階段都會造成偏誤,選擇性偏誤可以分為四種:

1. **選擇性展露(Selective Exposure)**:在選擇資訊或刺激來源上,消費者往往會主動蒐集和接觸那些令其愉悅或是他們感同身受的訊息,反之消費者會排斥那些令其痛苦或具有威脅的訊息,這就是一種選擇性展露。選擇性展露的產生主要是基於「知覺阻絕」的概念。知覺阻絕(Perceptual Blocking)係指消費者為了保護自已避免被過多的刺激所轟炸,會對某些刺激加以阻絕,來避免接觸到該刺激,這主要是出於一種自我保護的動機。

2. **選擇性注意(Selective Attention)**:儘管已經接觸這些刺激,但是消費者並不可能完全接受這所有的刺激,所以消費者會注意到某些刺激,也會忽略某些刺激,這樣的過程稱為「選擇性注意」。例如,「視而不見」或「聽而不聞」就是一種選擇性注意。選擇性注意主要是基於「知覺警戒」和「知覺防禦」的概念。知覺警戒(Perceptual Vigilance)係指消費者通常只會注意到那些與其目前需求較為相關的刺激。知覺防禦（Perceptual Defense）係指消費者對於一些會對其心理造成威脅的刺激，儘管已經接觸該刺激，也會在潛意識上逕行將它過濾掉。

3. **選擇性扭曲（Selective Distortion）**：係指消費者在「知覺解釋」上，會對那些與自我的感覺或信念相衝突的資訊，進行改變或曲解。例如，消費者可能會對於不喜歡的人所提出的意見不表示贊同，縱使這些意見有時應該是正確的。

4. **選擇性記憶（Selective Retention）**：係指消費者只會記住那些支持其個人感覺或信念的資訊。例如，當消費者看完一個網路廣告，通常其所記得的論點是和該消費者先前的刻板印象比較吻合的論點。

值得注意的是，消費者聽過的會忘記、看過的會記的，體驗過的會理解。體驗過的會化成記憶，正向的記憶與下次的購買有關，因此體驗行銷的概念興起。

3-5 AIDMA→AIDEES→AISAS

一、AIDMA 模式

在傳統消費者行為模式中，以 1920 年代經濟學者霍爾（Ronald Hall）所提出的「AIDMA」模式最為有名，主要用來呈現消費者被動接受消費刺激後，所採取的一系列行為反應，包括注意（Attention）、興趣（Interest）、慾求（Desire）、記憶（Memory）、行動（Action），而為方便記憶，取其個別英文字首第一個字母成為模式名稱。所謂 AIDMA 法則，是指消費者從看到廣告，到發生購物行為之間，動態式地引導其心理過程，並將其順序模式化的一種法則，主要包含五個階段：

1. **注意（Attention）**：是指消費者受到外在刺激的影響，開始對產品或服務產生「注意」，也就是藉由傳播、廣告、促銷等手段讓消費者暴露在訊息中，使消費者在感官上受到訊息的刺激而注意到產品或服務。

2. **興趣（Interest）**：對商品或服務感到「興趣」，而進一步閱讀廣告訊息。

3. **慾求（Desire）**：當消費者受到訊息刺激引起注意與興趣後將產生「慾求」開始進行資訊的搜尋。資訊的搜尋可區分為內部搜尋和外部搜尋二種，內部搜尋是指消費者進行購買決策過程時會搜尋已存在記憶中的資訊，若資訊不足時消費者便會開始向外部搜尋相關資訊，而外部資訊的來源管道通常來自親朋好友、組織性社群、行銷傳播媒體等。

4. **記憶（Memory）**：當資訊引起消費者注意，消費者將進一步分析並儲存在記憶中，而消費者是主觀判斷是否對訊息產生記憶保留。
5. **行動（Action）**：最後做出決策，是否購買商品或服務。

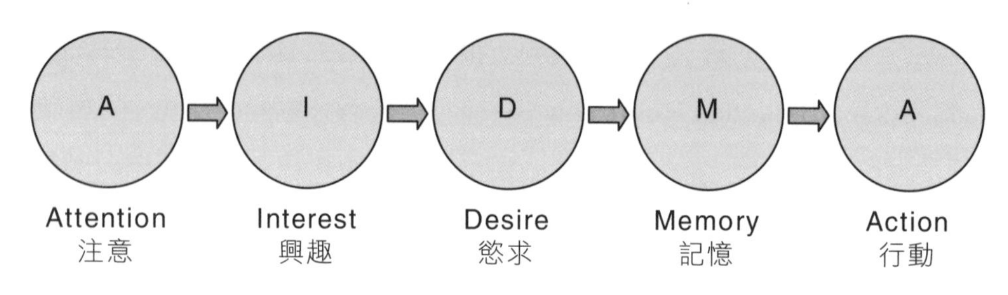

圖 3-9 AIDMA 模式

二、AIDEES 模式

AIDEES 是日本東京大學「片平秀貴」（Hidetaka Katahira）教授所提出。所謂 AIDEES 是在「顧客自主媒體」（Consumer Generated Media，簡稱 CGM）環境下，口碑影響消費者行為的六個階段，而其中「顧客自主媒體」（CGM）的環境，泛指消費者互相傳遞資訊的媒體，諸如 Line、BLOG、IG、Facebook…等等。

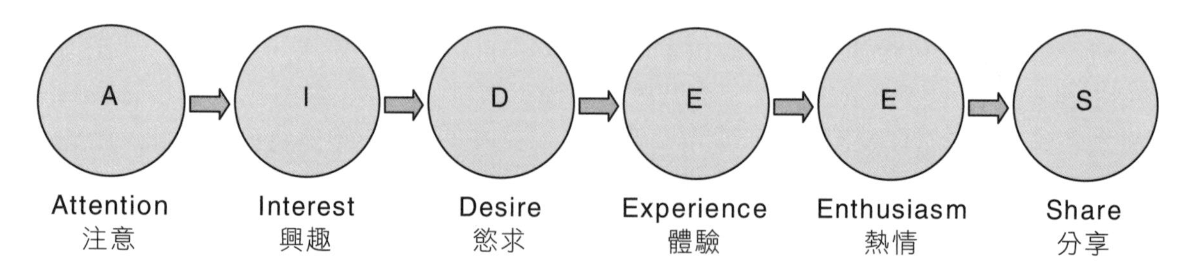

圖 3-10 AIDEES 模式

在過去，大眾媒體對於引起「注意」（Attention）、喚起「興趣」（Interest）、產生「慾求」（desire）有較大的影響力；但是進入 Web 2.0 網路時代，網路媒體與「顧客自主媒體」在「體驗」（Experience）（購買並使用的實際感覺）、「熱情」（enthusiasm）（對品牌的熱衷）、「分享」（Share）（在實體生活中與虛擬網路上分享體驗）這三個過程中具有口耳相傳與口碑行銷（buzz marketing）的影響力，與大眾媒體相較，有過之而無不及。

AIDEES 模式並非全然否定大眾傳媒的價值，而是將前端的「AID」與後端的「EES」做了媒體影響上的區隔。片平秀貴認為，在 AIDEES 模式中，品牌的體驗能夠順利的分享與他人共有，就會像一個循環般，又進入下一個注意、興趣、慾求的循環，愈來愈廣。

表 3-3 AIDMA 模式與 AIDEES 模式比較

模式	AIDMA 模式	AIDEES 模式
年代	1920 年提出	2006 年提出
出發點	以企業為中心	以消費者為中心
訊息	由企業發佈	由消費者口耳相傳
主要媒體	大眾媒體	顧客自主媒體（CGM）
模式	注意（Attention）→興趣（Interest）→慾求（Desire）→記憶（Memory）→行動（Action）	注意（Attention）→興趣（Interest）→慾求（Desire）→體驗（Experience）→熱情（enthusiasm）→分享（Share）

資料來源：劉文良（2012）

AIDEES 模式也影響了企業內部的流程，也就是說，要時時刻刻謹記以邏輯且冷靜的心情反省「如何不讓消費者出現疲態」「我們應該要怎麼做，才能幫助消費者解決現在擔心的事情」，AIDEES 模式認為，企業應摒除傳統單向溝通的心態來面對客戶，而應體認因為自媒體時代到來，在行銷場域的逆向溝通（C2B）與消費者橫向溝通（C2C）的新時代已經來臨。

三、AISAS 模式

當網際網路進入 Web 2.0 時代，上網搜尋消費資訊已成為消費者的日常習慣；由於數位環境與生活方式的改變，消費者從接觸到消費刺激到最後達成購買的過程也跟著有翻天覆地的變化。企業及行銷人員需要重新探討 AIDMA 是否符合 Web 2.0 的消費者的行為模式。因此，日本電通廣告公司（dentsu）在 2005 年提出了新的 AISAS 模式。他們認為 Web 2.0 網路時代的消費行為模式應該是：注意（Attention）、興趣（Interest）、搜尋（Search）、行動（Action）、分享（Share）。

基本上，AIDMA 與 AISAS 兩個模式間最大的差異，在於 AISAS 模式在購買行動前後，分別加上搜尋與分享兩個自發行為。而「搜尋」與「分享」兩個 S 的出現，主要拜網際網路之賜，特別是寬頻網路普及的數年間，主動消費者便隨即出現。

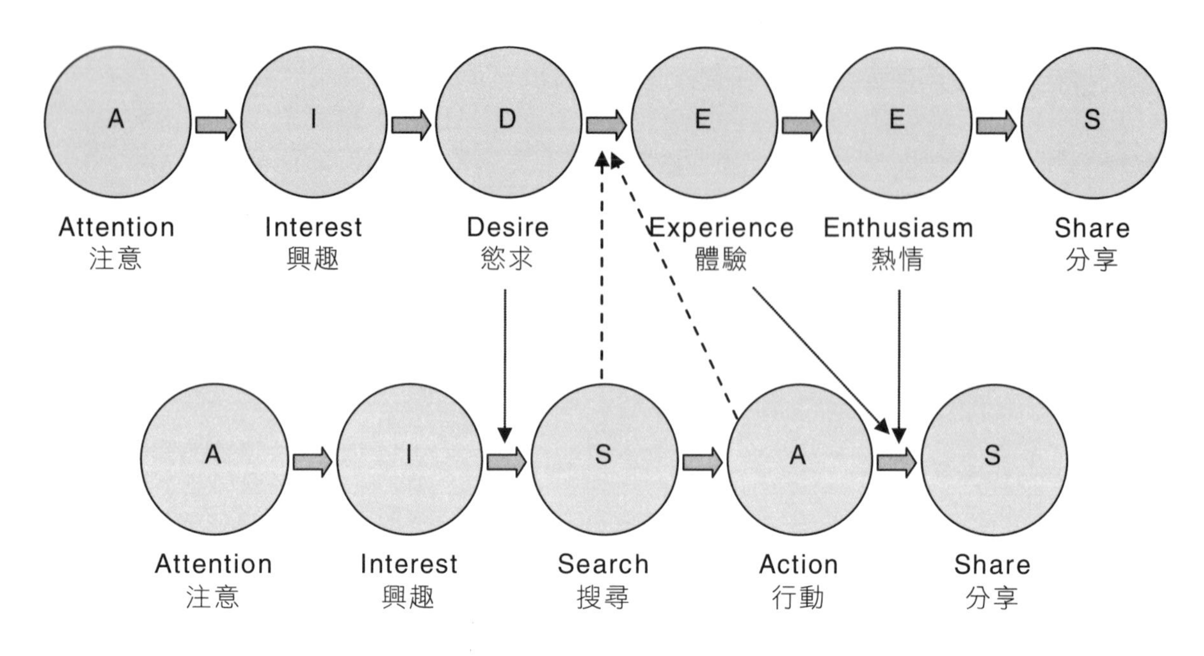

圖 3-11 AIDEES 與 AISAS 之關連

3-6 成長駭客（Growth Hacker）

一、什麼是成長駭客（Growth Hacker）

「成長駭客」是行銷人、科技人與資料科學家的綜合體，使用 Growth Hacking 技巧，來進行行銷。Growth Hacking 的精神在於：企業「真的願意」用數據發現問題、解決問題、傾聽使用者的聲音。

所謂 Growth Hack 是指解破業務流失的關鍵點。數據分析是 Growth Hack 的核心，以數據解破問題的障礙點，然後訂定針對性的行銷策略，並透過一群願意動手有效處理事情的人，突破業務增長的盲點。

二、成長駭客行銷

成長駭客型的行銷人員必須真正懂得產品的核心價值，能用最簡單的語言描述這個產品是什麼、解決什麼問題，並在此基礎上清晰定位有關「成長」的問題，再尋求解答，達成最終的商業目的。此外，在追求「成長」的前提必須確保「客戶終身價值」（LifeTime Value，簡稱 LTV）高於「獲客成本」（Cost Per Acquisition，簡稱 CPA）。

成長駭客型的行銷人員著眼量化行銷工具，捨棄傳統行銷法則，改用可測試、可追蹤、可倍數成長的行銷策略。

三、AARRR model

「AARRR Model」是由矽谷知名育成中心 500 Startups 的創辦人 Dave McClure 所提出的一組評量指標，這些指標描述了不同階段的用戶行為，可藉此瞭解目前事業發展的狀況。

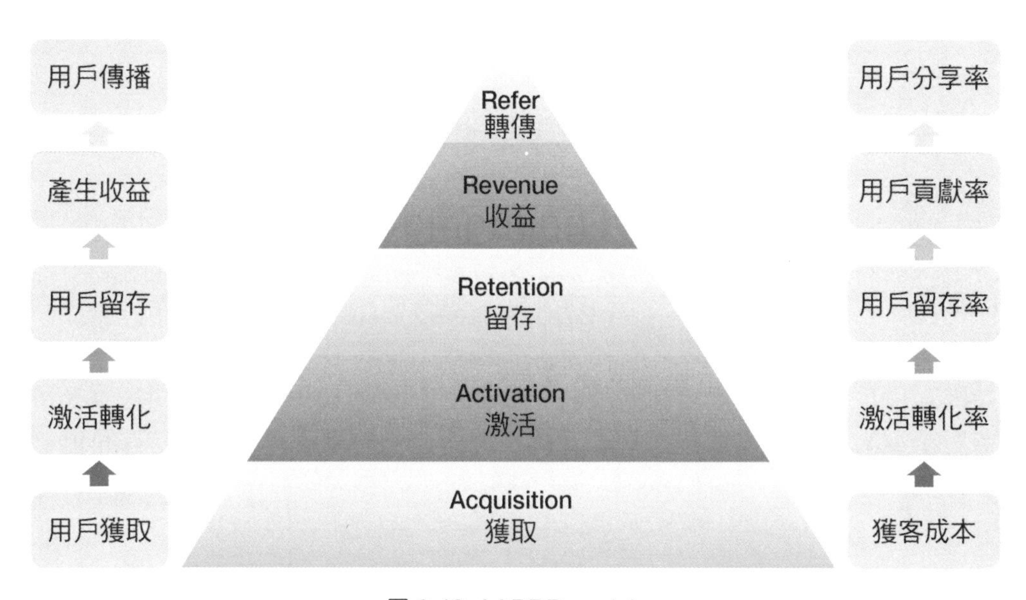

圖 3-12 AARRR model

「AARRR Model」轉化漏斗模型共有五個重要環節：

1. **用戶獲取（Acquisition）-思考點「如何讓用戶發現我們？」**：是指讓潛在用戶首次接觸到產品或服務，或者可以更寬泛地理解為「吸引流量」、「用戶量成長」。其來源途徑可能多種多樣，如藉由搜尋引擎發現、點擊網站廣告進入、看到媒體報導下載等。無論出於何種原因，只要用戶肯一腳踏進店門（不論線上或線下），這就算是良好的開端。
2. **激活轉化（Activation）-思考點「如何讓用戶有第一次良好的體驗」**：獲取用戶後下一步是引導用戶完成某些「指定動作」，使之成為活躍的用戶。這裡的「指定動作」可以是填寫一份表單、下載一個軟體、發表一篇內容、上傳一張照片，或是任何促使他們正確而高效使用產品的行為。
3. **用戶留存（Retention）-思考點**「如何讓用戶願意再次使用或再次購買」：在解決用戶的活躍度問題後，另一個問題又冒了出來。用戶來得快，走得也快。當產品或服務缺乏黏性，導致的結果是「旋轉門效應」，新用戶不斷湧入，但舊用戶卻又迅速流失。通常留住一位舊用戶的成本要遠遠低於獲取一位新用戶的成本。因此提高用戶留存率，才能維持價值與收益。

4. **產生收益（Revenue）-變現**：若沒有收益，任何商業體都很難長期生存。
5. **轉傳分享（Referral）**：社交網路興起促成了基於網友間的病毒傳播，這是低成本行銷的方式，運用妥當可引發奇妙的鏈式成長。檢驗一家店是否有足夠人氣，就看有多少客戶願意主動向身邊的朋友或網友推薦。口碑的力量是無窮的，來網友的好評價或好評論很具有說服力。

四、AARRR 模型與顧客生命週期的關係

在 AARRR 模型中，「用戶留存」處於第三個環節，用戶獲取（Acquisition）、激活轉化（Activation）、留存（Retention）、產生收益（Revenue）、轉傳分享（Referral）。

如果按照「顧客生命週期」：新客戶期、成長期、成熟期、衰退期、流失期五個階段來進行批配，它們的關係大致如下：當潛在用户渡過了新客戶期（獲取階段），就開始進入用戶留存階段。留存階段在「顧客生命週期」中占據的時間最長，可見用戶留存對企業來說十分重要，因此除了拉新之外，企業要做的事情就是儘可能延長用戶的“存活”時間。

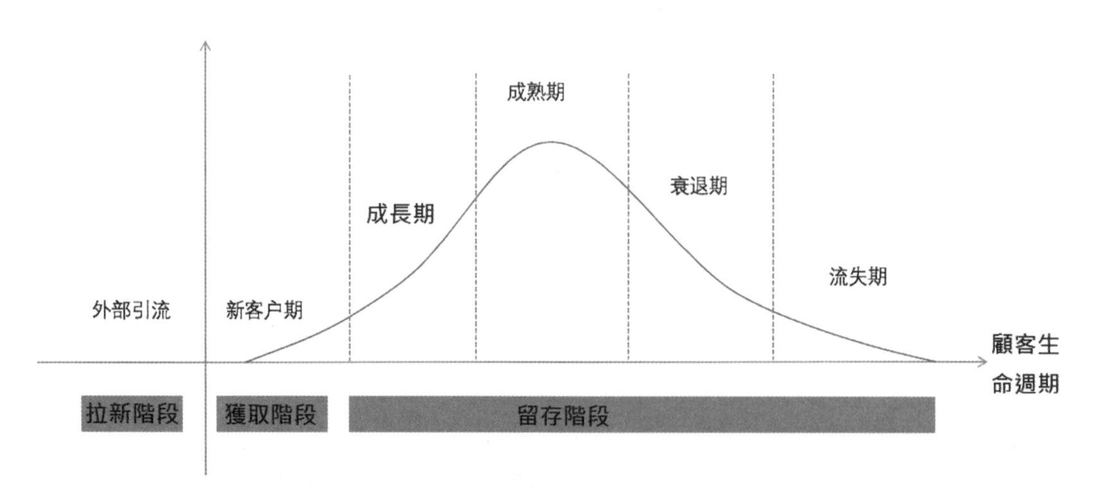

圖 3-13 AARRR 模型與顧客生命週期的關係

五、成長質變-重新定義成長模型：從 AARRR 到 RARRA

經典的成長駭客體系，稱為「海盜法則」，分別是獲取、激活、留存、變现以及轉傳分享。提出這個模型的 Dave McClure 認為，所有創新型、成長型的企業都一定要按照這樣的模型成長。

這會出現一個問題，就是大量企業的關注點會過度放在「獲客」這個環節。大家可以想一下，有多少家企業會關注每日活躍的用戶數？根據調查，其實只有不到 10%。一般企業，尤其是早期成長型企業都會關注「獲客」數，或者是直接關注「變現」（產生收益）這個環節。

很多新創企業在開始創業時，做的第一件事就是對外宣傳成長目標，三個月之內獲客 10 萬新用戶，並將增加新用戶作為主要目標。然后對內瘋狂慶祝這樣的虛榮指標，一切看起來一片欣欣向榮。同時，在風險投資市場大肆地宣傳、運作，不計成本地讓投資人迅速進行下一輪的投資。

風險投資研究指出，這其中有 70%的新創企業會陣亡。盲目地追求虛榮指標，比如 App 下載人數、會員注冊人數，花大量時間金錢做這類虛假成長，到了某一個時間點，就會全面坍塌。這是許多新創企業會陣亡的最主要原因。在美國，稱這種現象為「虛榮成長之輪」，即建構在沙子上的樓宇。

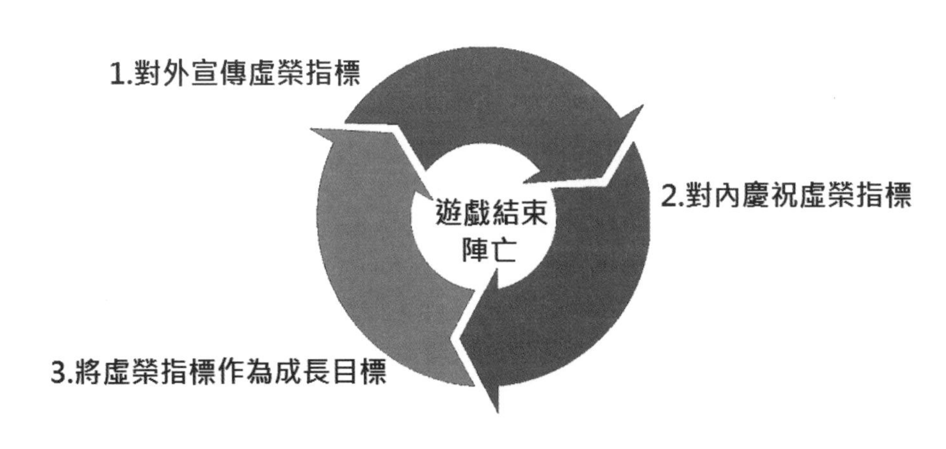

圖 3-14 虛榮成長之輪：建構在沙子上的樓宇

多關注一點用戶「留存」，就多一些真正的成長。RARRA 模型是托馬斯·佩蒂特 Thomas Petit 和賈博·帕普 Gabor Papp 對於海盜法則-AARRR 模型的優化。RARRA 模型點出了「用戶留存」的重要性。

- 順序 1. 用戶留存 Retention：為用戶提供價值，讓用戶回訪與回購。
- 順序 2. 激活新用戶 Activation：確保新用戶在首次激活時看到你的價值。
- 順序 3. 轉傳分享 Referral：讓用戶轉傳分享、討論你的產品。
- 順序 4. 變現 Revenue：一個好的商業模式是要可以賺錢的。
- 順序 5. 獲取新用戶 Acquisition：鼓勵老用戶口耳相傳帶來新用戶。

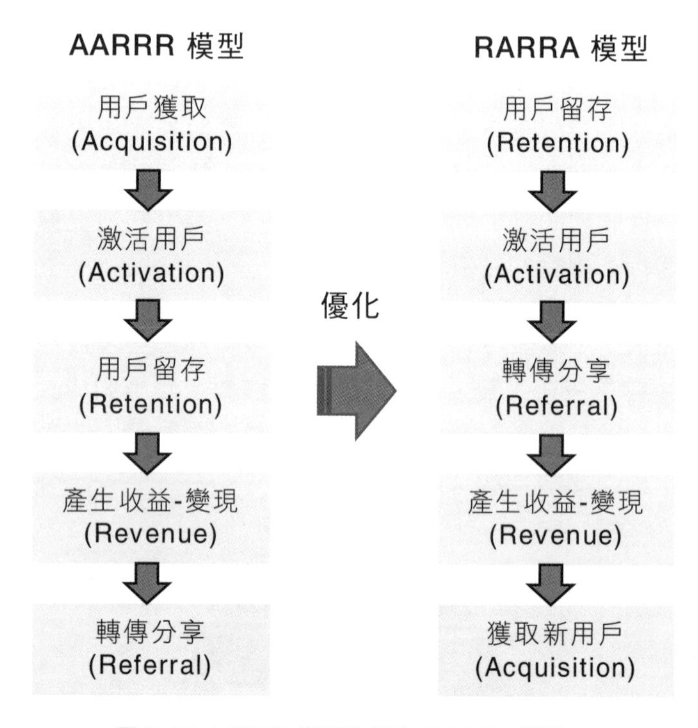

圖 3-15 AARRR 模型的優化-RARRA 模型

學・習・評・量

1. 請簡述 AARRR 模型？
2. 請簡述 RARRA 模型？
3. 請簡述 AIDEES？
4. 請簡述 AISAS？
5. 請簡述 AIDMA？

新零售與網路行銷科技

4-1 新零售

一、新零售：線上服務+線下體驗+現代物流

馬雲認為，新零售是「以消費者體驗為中心數據驅動的泛零售型態」。新零售重視消費者體驗（User Experience）、結合大數據和雲端技術提供智慧化服務，同時能降低經營成本。新零售是線上服務、線下體驗及現代物流相融合的零售新模式，並重構「人（消費者）-貨（商品或服務）-場（場景）」的關係。

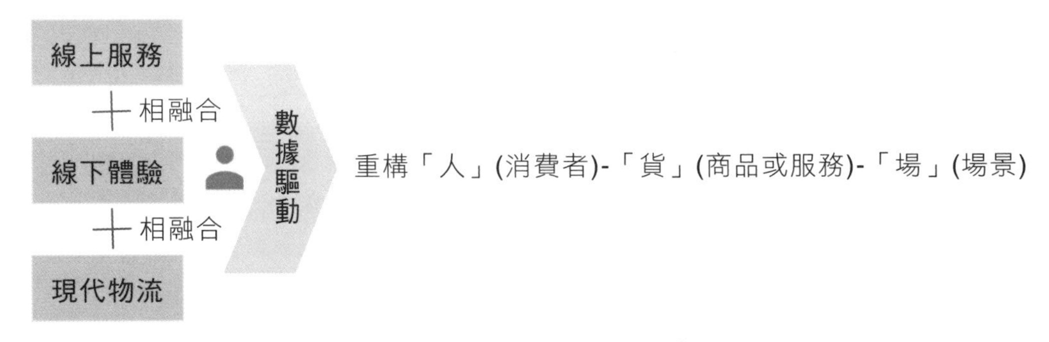

圖 4-1 新零售以消費者為中心數據驅動重構「人-貨-場」

二、新零售的本質：重構「人-貨-場」

新零售的本質，新零售是透過資通訊科技（ICT）手段，對「貨-場-人」進行重構，進而實現從「以貨為中心」（貨→場→人）到「以人為中心」（人→貨→場）的轉變。

1. **人（消費者）**：代表整個新零售過程中的那些人或角色，包含顧客、服務人員、銷售人員、倉庫人員、行銷人員、物流業者等等…。

2. **貨（商品或服務）**：代表與貨品有關的事項，包含生產、採購、銷售、供應、庫存、品類、品項等。
3. **場（場景）**：代表顧客與品牌間的各種接觸點，包含電話、傳真、官網、官方 FB、官方 Line、電商平台、實體門市等，所有「線上」+「線下」種種與顧客互動的接觸點，都是場的範圍。

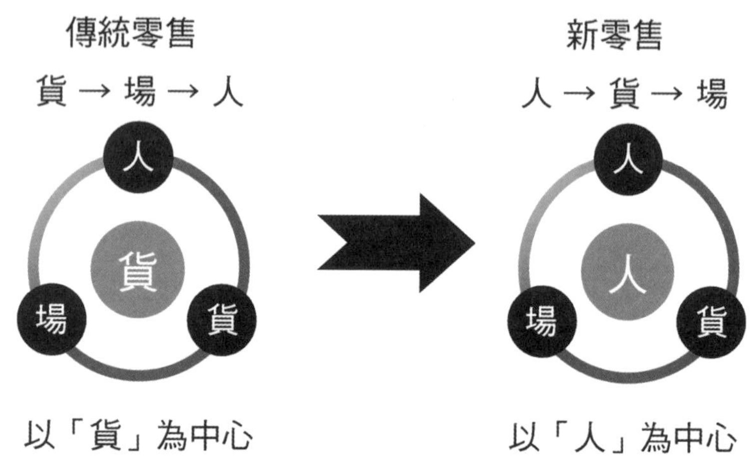

圖 4-2 新零售的本質：重構「人-貨-場」

三、新零售的核心：「數據驅動」+重構「人-貨-場」

阿里研究院在《新零售研究報告》提到，新零售是「以消費者體驗為中心的數據驅動的泛零售形態」。

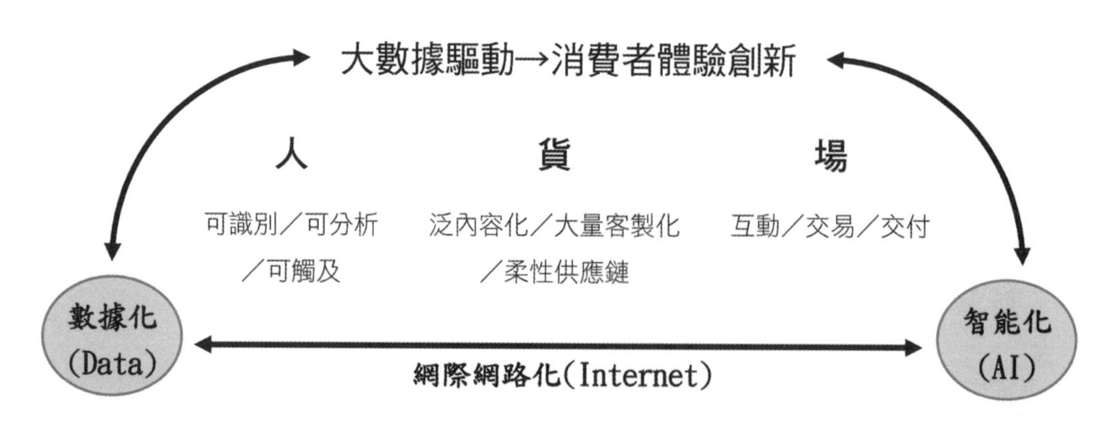

圖 4-3 以數據驅動重構「人-貨-場」的新零售概念圖

報告重點強調零售活動中的三大要素「貨（商品或服務）-場（場景）-人（消費者）」將因為「新零售」而進行重構，從「貨-場-人」轉變為「人-貨-場」。所以，新零售的本質就是「數據驅動」重構「人-貨-場」，提升消費者購物體驗，以提高經營績效。

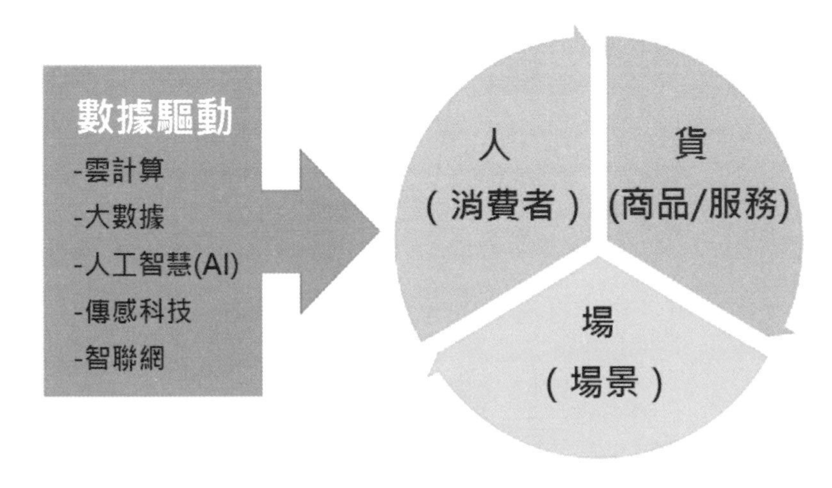

圖 4-4 「數據驅動」重構「人-貨-場」

四、新零售「銷售漏斗」提高坪效

一切零售形態都可以用銷售漏斗公式來表示：

銷售額＝流量×轉換率×客單價×回購率

1. **流量**：是有多少人進店，亦稱為人流或客流量。
2. **轉換率**：是進店的人中，有多少人買了東西，亦稱為成交率。
3. **客單價**：是一位客人在店中一次花了多少錢，買了多少東西。買得愈多，價值愈高。
4. **回購率**：是這位顧客走了，下次再回來購買的可能性有多大，亦稱為回頭客。

「人」（消費者）從漏斗的上方進入，與「場」（新零售之全通路接觸點）進行接觸。消費者一旦接觸了「場」，就被稱為「流量」，即一個人流進了銷售漏斗。

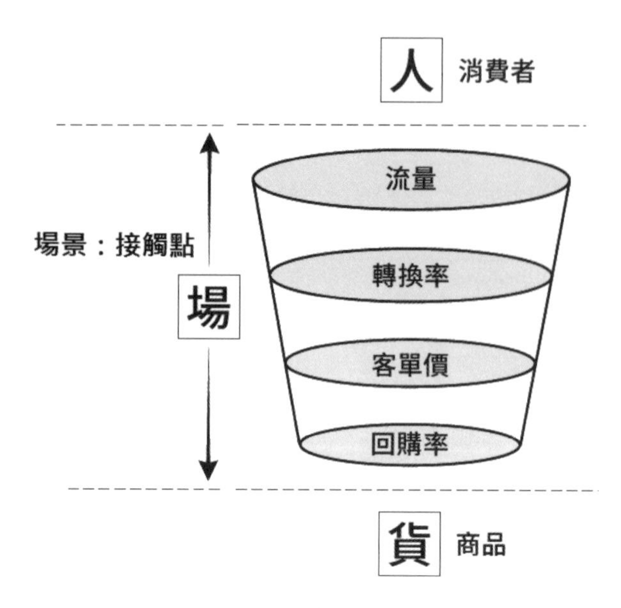

圖 4-5 新零售「銷售漏斗」
資料來源：修改自寶鼎

新零售時代，提高銷售額的四個途徑：

1. **提高流量，創造新的接觸點，以「流量思維」取代「黃金店面思維」**：任何一種零售都必須有與消費者的接觸點。沒有接觸點，就沒有「場」景，就無法把「人」與「貨」連接起來。「黃金店面思維」是坐在那裡，等著消費者來；「流量思維」是目標顧客在哪裡，就到哪裡去建立新的接觸點，建立新的消費「場」景。

2. **提高轉換率，利用社群媒體創造群蜂效應**：利用社群媒體建立產品與粉絲之間的情感關聯與信任關係，將一群有共同興趣、認知、價值觀的用戶抱成團，發生群蜂效應，在一起互動、交流、協作、感染，進而形成「信任連接+價值反哺」的社群經濟生態。

3. **提高客單價，利用大數據帶動「交叉銷售」與「向上銷售」**：利用大數據更精確推薦，進行「向上銷售」與「交叉銷售」，讓顧客買更多，提高客單價。

4. **衝刺回購率，善用會員獎勵機制**：利用大數據進行「精確行銷」（Precision marketing）或「再行銷」（retargeting），讓顧客買不停，還介紹親朋好友買，提高回購率。

4-2 從 O2O 到 OMO

一、何謂 O2O

O2O 是 Online to Offline 的英文縮寫，是指線上行銷線上購買帶動線下經營和線下消費。換句話說，就是「消費者是在線上購買、線上付費，再到實體商店取用商品或享受服務」。

圖 4-6 O2O 概念圖

二、O2O 代表虛實商務的進一步整合

自從美國折價券網站 Groupon 崛起之後，O2O 一詞開始廣泛受到討論。O2O 的狹義定義是消費者在網路上購買實體商店的商品、服務，再實際進店享受服務，這包括三個要素：實體商店的推薦、線上付費、效果監測。但經過這幾年的發展，O2O 也出現許多變形，而這變形也包括 O2O 的反向，從實體到網路（Offline to Online），網路商城開始往實體移動，包括販售更多線下的服務類商品，或是加入更多線下服務。因此可將 O2O 廣義的定義為「將消費者從網路線上帶到線下實體商店」或是「將消費者從線下實體商店帶到網路線上消費」。

三、何謂 OMO

「線上線下融合」（OMO）是 Online-Merge-Offline 的英文縮寫，是線上線下的全面整合，線上線下的邊界消失。

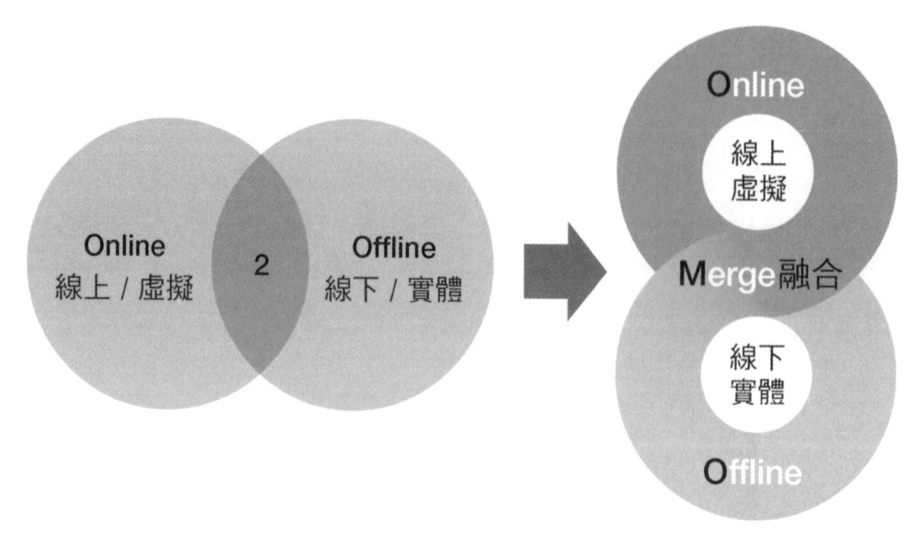

圖 4-7 OMO 概念圖

4-3 大數據行銷

一、資料引力法則（law of data gravity）

《數位時代》表示，企業數位化的過程中，內外部的軟體服務、應用程式（App）都會產生資料，累積並分析、應用資料會帶來效率與方便，進一步讓資料總量密度更高，並更規模化。當資料量規模大到難以移動或不容易分析，資料也已成為整個企業數位服務的真正核心，此時能夠低延遲、高吞吐處理資料的能力就成為營運重要關鍵。

二、資料驅動行銷（Data-Driven Marketing）

資料驅動行銷（Data-Driven Marketing）是一種以顧客相關資料為基礎，進而推動個人化行銷的手法，其主要先建立顧客的會員輪廓資料（Profile），接著再依顧客所註冊的會員輪廓資料進行區隔（Segment），最後依顧客的輪廓資料進行個人化行銷，以激活顧客。

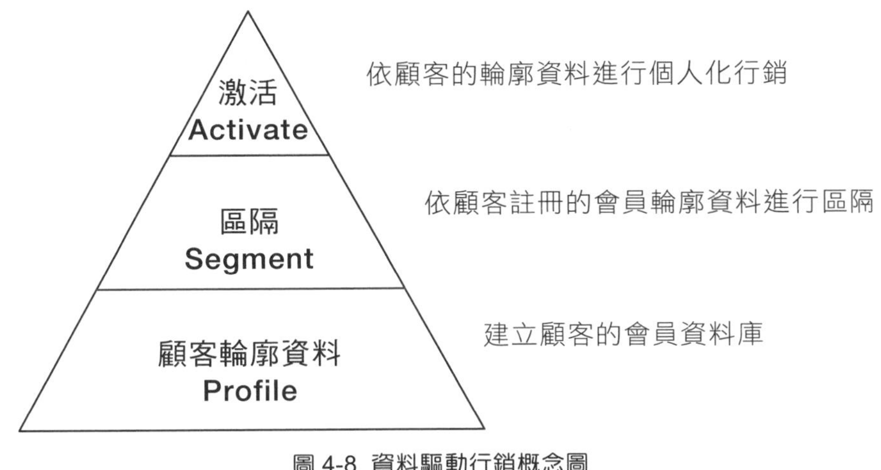

圖 4-8 資料驅動行銷概念圖

三、何謂大數據行銷

《維基百科》定義，「大數據」（Big Data）是指「傳統資料處理應用軟體，不足以處理其龐大而複雜的資料集」。簡單來說，當資料量龐大到或複雜到傳統資料庫系統，無法在合理的時間內，進行儲存、運算、處理，分析成能解讀的資訊時，就稱為大數據。

大數據的資料特質和傳統資料最大的不同是，資料來源多元、種類繁多，大多是非結構化資料，而且更新速度非常快，導致資料量大增。

大數據行銷是指先蒐集消費者一舉一動的記錄，藉由大數據分析找到貼近消費者偏好的行銷手法，再進行精準行銷。

四、大數據行銷的運作概念

大數據行銷是「數據驅動」（data-driven）的行銷創意，能夠幫助行銷人員更有效率、更快速地打造精確的內容，並在恰當的時間，通過合適的管道將其傳遞給精確的顧客。想打造真正具有顧客創新體驗的企業，需要擁有即時、智能且有預測性的顧客數據。

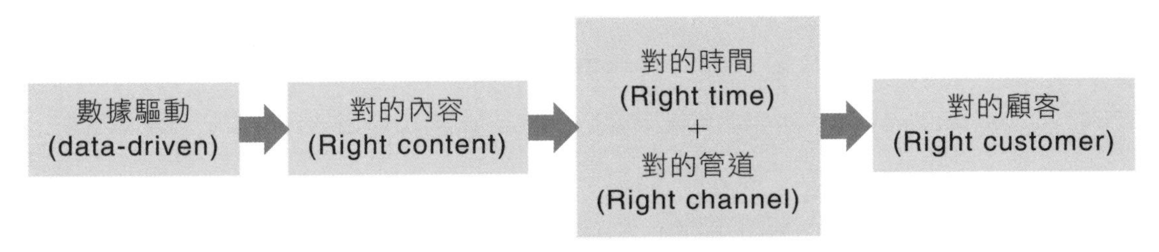

圖 4-9 大數據行銷的運作概念：精準行銷

五、大數據行銷新 4P

過去引領行銷學半世紀的行銷 4P 理論，將在未來面臨嚴峻挑戰。從前的消費者購買決策流程沒有全面數位化，無法了解消費者購買決策的每個環節，只能想像這個產品可能要賣給某個形象的人，所以傳統行銷學是以「產品（product）、價格（price）、通路（place）、推廣（promotion）」，也就是「產品找人」的行銷組合 4P 要素。

不過，大數據時代，行銷將完全改觀。因為能從消費者上網的智慧型手機、平板、電腦產生的大數據中，淘篩出某位消費者某段時間的行為偏好。過去以「產品找人」的行銷舊 4P 基礎將開始崩解，重組成由 Gartner Research 所提出的，以「人／消費者（people）」、「成效（performance）」、「步驟（process）」和「預測（profit）」為主軸的「大數據行銷新 4P」。

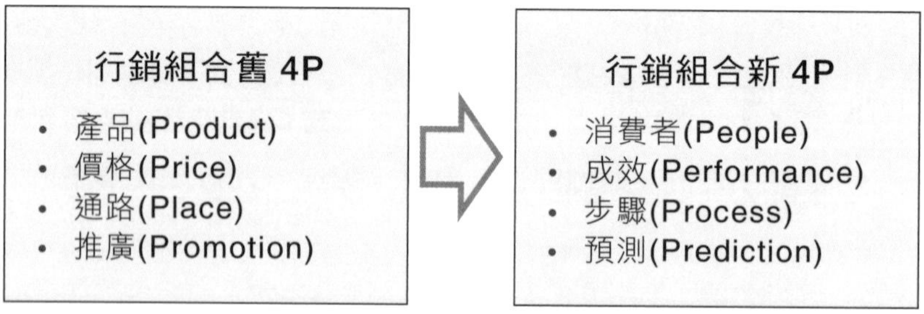

行銷組合舊 4P

- 產品(Product)
- 價格(Price)
- 通路(Place)
- 推廣(Promotion)

行銷組合新 4P

- 消費者(People)
- 成效(Performance)
- 步驟(Process)
- 預測(Prediction)

圖 4-10 大數據行銷新 4P

1. People：分析消費者輪廓或偏好。運用大數據分析可以看出顧客的輪廓或偏好，比如性別、年齡、喜好、常用社群等。例如，企業就能得知目前提袋率最高的族群是 24~30 歲的年輕女性、會吸引這類顧客的是美食 IG 照片、而這類顧客最喜歡的促銷方式是買一送一。

2. Performance：了解目前行銷成效。傳統媒體行銷無法告訴行銷人員的行銷成效，數位行銷都辦得到。分析消費者在網路上留下的數位足跡，企業可以知道最有效的廣告投放媒體是 FB 或者 IG，並可追蹤投放廣告後的明確成效。

3. Process：進一步執行行銷步驟。大數據分析了解消費者輪廓或偏好、也評估了解目前行銷成效之後，就可以找出主要來營收的目標顧客群，以精準行銷方式，企業就能把有限的行銷資源，透過最有效的宣傳管道傳遞到最正確的目標顧客群。

4. Prediction：預測消費者行為。重複上述，分析消費者、執行行銷步驟、再測試成效的過程，企業可累積大量數據，並以此預測消費者行為。例如，亞馬遜蒐集消費者相關資料、分析消費者輪廓或偏好，與消費者行為之間的關聯，預測他們的喜好或偏好，並透過「願望清單」、「推薦」、「購買同樣商品的人，也看了什麼商品」等方式推薦商品，這種個人化推薦，為亞馬遜增加 10~30%的營收。

4-4 大數據下的消費者

一、大數據的 NES 模型

《大數據玩行銷》提出大數據的 NES 模型，NES 模型不在乎年齡、性別等傳統人口統計特徵，而是根據消費者具體的購買行為，將消費者分為三種，一是首次購買的新顧客 N（New Customer），二是支撐主要營收來源的現有顧客 E（Existing Customer，主力顧客 E0 ＋瞌睡顧客 S1 ＋半睡顧客 S2），以及三是沉睡顧客 S（Sleeping Customer）。

整理來看：

- N＝新顧客（New Customer）
- E＝既有顧客（Existing Customer）
  - E0 主力顧客：個人購買週期 2 倍時間內回購的人
  - S1 瞌睡顧客：超過個人購買週期 2 倍未回購的人
  - S2 半睡顧客：超過個人購買週期 2.5 倍未回購的人
- S3＝沉睡顧客（Sleeping Customer），購買頻率超過個人購買週期 3 倍未回購、回購率低於 10%。

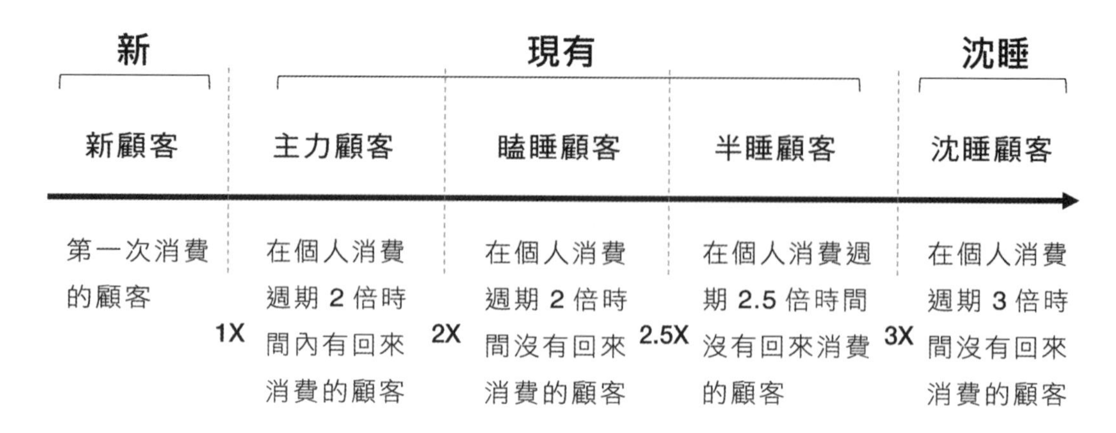

圖 4-11 大數據的 NES 模型
資料來源：修改自《大數據玩行銷》

透過 NES 標籤，企業可以清楚掌握顧客的回購潛力與現況。不用管顧客幾歲、職業、性別、收入、興趣、屬於哪個族群，重點是只要他反映出他要買鋼彈模型的動機，只要他願意成為鋼彈模型的消費者，就應該服務他，即使他是女性，一位 90 歲的老奶奶。

二、大數據與顧客生命週期

「顧客生命週期」包括新客戶獲取、客戶成長、客戶成熟、客戶衰退和客戶離開等五個階段的管理。

1. **新客戶獲取階段**：大數據的應用可透過演算法挖掘和發現具高開發價值的潛在客戶。
2. **客戶成長階段**：大數據的應用可透過「關聯法則」等演算法進行交叉銷售向上銷售，提升客戶平均消費額。
3. **客戶成熟階段**：大數據的應用可透過 RFM、聚類等方法進行客戶分群，並進行精準推薦，同時對不同客戶群執行忠誠計畫。
4. **客戶衰退階段**：利用大數據進行流失預警，提前發現高流失風險客戶，並作相應的客戶關懷。
5. **客戶離開階段**：利用大數據挖掘高潛在回流客戶。

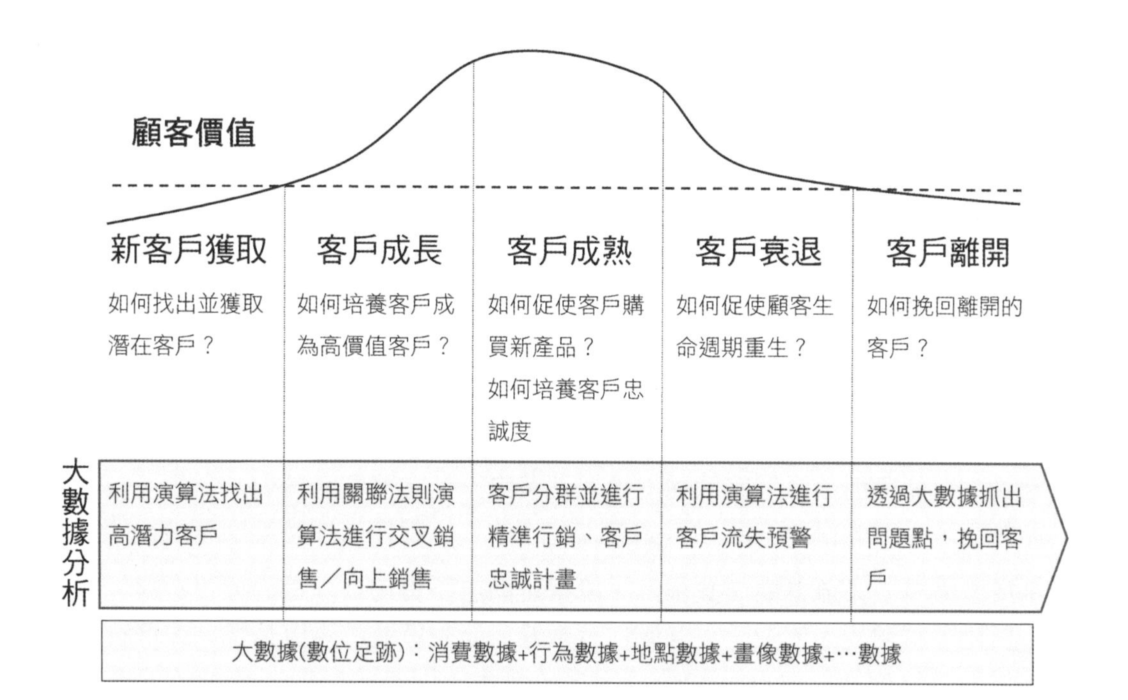

圖 4-12 大數據與顧客生命週期
資料來源：修改自《大數據玩行銷》

三、即時預測、一對一精準行銷

陳傑豪在《大數據玩行銷》一書提出，大數據行銷顛覆近半世紀的行銷 4P 理論，從產品（Product）、價格（Price）、通路（Place）、推廣（Promotion），進展到全新的 4P：消費者（People）、成效（Performance）、步驟（Process）和預測（Prediction）。其認為，大數據時代，企業應該從過去「經營商品」的思維，轉向以消費者為核心的「經營顧客」思維。大數據讓「一對一精準行銷」、「個人化精準行銷」不再是天方夜譚，而是基本服務。大數據行銷新 4P，即時預測消費者狀態和動態，零時差、零誤差的精準行銷，每一位目標顧客就是一個分眾市場。

四、位置數據

在人手一機的時代，「位置數據」成為高度敏感的個人資訊，從位置數據可以推斷出一個人生活方式跟輪廓。「位置數據」是實體和虛擬的連接橋樑。這得益於「位置數據」的兩大特性：廣泛存在性與超強的拼接能力。

1. **廣泛存在性**：位置數據廣泛存在的事實是毋庸置疑，而且它的獲取管道也較為豐富：除了 GPS 定位，還可以透過手機基地台、WiFi 連接、IP 位址等方式抓取位置數據；甚至越來越多的 APP 會通過簽到等方式，鼓勵用戶報告位置資訊。

2. **超強的拼接能力**：所有可被獲取的數據中，至少 80%都能與「位置數據」進行拼接。透過位置大數據的應用，能把幾乎所有的人、事、物編織成一張萬物聯網（Internet of Everything）。

「位置數據」的應用領域非常寬廣，比如基於位置數據的精準行銷、商業選址佈點等。

1. **地理圍欄（Geofencing）行銷**：消費者一旦進入某個設定好的地點區域範圍內，品牌便能夠將廣告即時觸發到其行動裝置上。例如，當消費者走到星巴克附近，手機便會收到星巴克的優惠券或相關的推播訊息。不過，這樣的手法備受爭議，因為它只能吸引該區域範圍內的潛在消費者，且在地理圍欄內的人們不一定都是能夠回應品牌的目標客群，例如開車經過的人，就無法即時地回應這樣的推播。
2. **基於區域有效人流量的商業佈局，讓選址開店不再盲目**：透過位置數據，可以綜合對比各區域的人流量、人群屬性等數據。能對區域的人流情況、人群特徵、人群偏好等維度進行橫向比較分析，準確篩選出周邊的有效人流量（即潛在客戶量），為商業、住宅、辦公等區域的選址規劃，為商圈選址提供多維度的數字化有效支撐，實現從整體上的選址佈局。

五、位置數據+時間數據：深化消費者行為

位置數據+時間數據，除了即時的位置資訊+時間數據，把這些資料視為連續的、長期性數據資料庫。就可以知道這一個人一星期會去兩次星巴克、一個月會看一次電影，比起知道他現在正在星巴克附近，是更珍貴且能夠應用在行銷操作的資訊。因此，位置數據+時間數據開始被更精細地檢視、分析，數據蒐集時間也開始拉長，以用來打造更精準的策略，或是評估一些行銷活動的成效，完成更精細的消費者行為洞察。結合了購買行為、瀏覽紀錄、社交數據，位置數據幫助行銷人員擴大了應用範圍，行銷對象。

六、適地性服務（LBS）與適地性行銷（LBM）

◆ 適地性服務（LBS）

《維基百科》敘述，「適地性服務」（Location Based Service，簡稱 LBS）是透過行動業者的無線通訊網路（如 4G、5G）或外部定位方式（如 GPS）取得行動終端用戶的位置訊息（地理坐標位置），以地理位置為基礎為用戶提供相應的增值服務。簡單來說，LBS 是基於地理位置衍生出來的相關應用服務。

◆ 適地性行銷（LBM）

「適地性行銷」（Location-based Marketing，簡稱 LBM）是指利用資通訊設備應用程式中的「適地性服務」（LBS），幫助行銷人員隨時隨地進行行銷活動，達到目標消費者在哪裡，行銷就在哪裡的境界。

「適地性行銷」也是直接行銷的一種，主要根據目標顧客行動裝置的 GPS 定位，推送目標顧客所在附近，他可能有興趣的資訊，例如:折扣、特價的資訊。

4-5 雲端運算（Cloud Computing）

一、何謂雲端運算（Cloud Computing）

雲端運算概念為：將所有的資料和軟體都儲存在雲端裡，不需要下載至個人電腦，電腦亦不需要大容量硬碟空間來儲存資料，任何事情都可以在雲端完成並分享給親朋好友。

基本上，「雲端運算」並不是「新技術」也不是「技術」，是在實現「概念」的過程中，產生出相應的「技術」。「雲端運算」是一種概念，代表的是利用網路使電腦能夠彼此合作或使服務更無遠弗屆。簡單來說，「雲端運算」=「網路」+「網路運算」。

其實所謂「雲端」就是泛指「網路」，名稱來自工程師在繪製示意圖時，常以一朵雲來代表「網路」。因此，「雲端運算」說白一點就是「網路運算」。舉凡運用網路溝通多台電腦的運算工作，或是透過網路連線取得由遠端主機提供的服務等，都可以算是一種「雲端運算」。因此，「雲端運算」不是一種新技術，更嚴格的說，甚至不能算是「技術」。「雲端運算」是一種概念，代表的是利用網路使電腦能夠彼此合作或使服務更無遠弗屆。

事實上，「雲端運算」的概念也不算新，其本質來自於「分散式運算」（Distributed Computing）與「網格運算」（Grid Computing）。所謂「分散式運算」，顧名思義，就是將大型工作區分成小塊後，分別交由眾多電腦各自進行運算再彙整結果，以完成單一電腦無力勝任的工作。而「網格運算」則是分散式運算加以延伸的一支，其主要特點在於將各種不同平台、不同架構、不同等級的電腦透過分散式運算的方式做整合運用。所謂「網格」是指以公開的基準處理分散各處的資料。基本上，「雲端運算」與「網格運算」並沒有顯著的不同。兩者都是分散式運算的延伸，但「網格運算」著眼於整合眾多異構平台，而「雲端運算」則強調在本地端資源有限的情況下，利用網路取得遠方的運算資源。

雲端運算的資源是動態、易擴充且虛擬化的，可以透過網際網路提供，主要服務模式包括「基礎設施即服務」（IaaS）、「平台即服務」（PaaS）和「軟體即服務」（SaaS）。雲端運算被視為繼 Web 2.0 之後，下一波科技產業的重要商機。

二、雲端商機

雲端的意義不在技術，而在商業模式的改變。在雲端世界裡，競爭無國界，一定要做到高度差異化，才有機會存活。雲端衍生出的商機可粗分為三大類：設備服務（Infrastructure as a Service，IaaS）、平台服務（Platform as a Service，PaaS）、以及軟體服務（Soft as a Service，SaaS）等。

1. **設備服務商機**：企業內部雲需求多。IaaS 是指專門提供設備或專業，協助企業建置或使用雲端運算服務的廠商。在做法上，第一步是先將伺服器整合，進行虛擬化工程，進而衍生龐大商機。其中，VMware 專攻伺服器虛擬化技術，全球占率超過九成。例如：全國加油站在 VMware 協助下，整合八台資料庫伺服器至兩台高可靠度架構伺服器上，並成功建置異地備援系統，進而省下 50%的成本支出。
2. **平台服務商機**：軟體大廠之戰。PaaS 是將多種不同的應用軟體整合在同一個介面下。微軟、Google 的雲端戰爭正是在此展開。Google 從搜尋引擎出發，逐漸將雲端服務擴增為 Google Maps、Google Docs、Gmail、Picasa 等，滿足客戶所有需求。而微軟啟動藍天計畫（Window Azure），微軟的策略是，軟體＋服務，將會針對現有軟體，發展對應的雲端服務。
3. **軟體服務商機**：創新機會更多。SaaS 是指，各類軟體安裝在網路上，只要上網，就可使用，客戶不需再下載至自己電腦，增加負擔。Google 是全世界提供最多雲端軟體服務的公司，從郵件信箱 Gmail、影片 YouTube，到地圖 Google Map 等，這些幾乎都已成為使用率最高的雲端服務。

三、雲端服務

簡單來說，「雲端服務」就是「網路服務」。舉凡運用網路溝通多台電腦的運算工作，或是透過網路連線取得由遠端主機提供的服務等，都可以算是一種「雲端服務」。使用雲端服務的好處是，企業不需投入大量資金採購 IT 軟硬體，也不需要增加資訊管理人員，只要透過雲端服務供應商所提供的服務，在很短的時間內就可以迅速取得服務。這對一些分秒必爭的企業營運來說，將會產生相當大的助益。

其實，雲端服務的成熟來自兩大關鍵因素：（1）虛擬化技術的普及，以及（2）連網裝置及速度的增加。有了虛擬化的技術，企業放在雲端的資料備份及備援將會得到相當程度的保障。這讓企業願意將資料及應用程式放在雲端，透過網路讓各分公司能夠及時取得服務，達到隨選服務的需求（service on demand），加快整體公司的營運效率。

此外，整體連網裝置將涵蓋個人電腦（PC）、筆記型電腦（NB）、平板電腦、智慧型手機、電子書等，再加上網路的普及頻寬的提昇、企業全球化的浪潮，行動辦公室對資訊的取得將更為迫切。而透過雲端服務供應商提供的服務讓資訊流可以隨時流入自己的手持裝置中，迅速做出決策，將是提昇企業競爭力的首要關鍵。

舉例來說，A 公司的業務主管時常在外面拜訪客戶，因為只有筆記型電腦及無線網路連線，有時無法及時掌握公司傳進來的重要 e-mail，錯失商機。B 公司的業務人員使用雲端服務將公司的 e-mail 主動 push 到自己的平板電腦，當 A 公司的業務還在為如何連網傷神時，B 公司的業務已經取得客戶最新的 e-mail 訊息迅速做出反應。因此，使用雲端服務的好處是讓中小企業不必投入 IT 固定資產，也能快速擁有優異的營運系統，企業只要專注自己的核心價值，其他麻煩的系統建置及維護工作就交給服務供應商就好了。雲端服務的趨勢成形，更促成了「電信網路」、「網際網路」、「數位傳播」的三網匯流趨勢。

四、雲端服務的分類

雲端服務的分類，主要可分為私有雲、虛擬私有雲、公用雲、社群雲以及混合雲等。茲依據維基百科的解說如下：

1. **私有雲（Private cloud）**：是將雲端基礎設施與軟硬體資源建立在防火牆內，以供機構或企業內各部門共享數據中心內的資源。私有雲完全為特定組織而運作的雲端基礎設施，管理者可能是組織本身，也可能是第三方；位置可能在組織內部，也可能在組織外部。
2. **虛擬私有雲（Virtual Private Cloud, VPC）**：是存在於共享或公用雲中的私有雲（Private Cloud），亦即一種網際雲（Intercloud）。
3. **公用雲（Public cloud）**：是第三方提供一般公眾或大型產業集體使用的雲端基礎設施，擁有它的組織出售雲端服務，系統服務提供者藉由租借方式提供客戶有能力部署及使用雲端服務。

4. **社群雲**（Community cloud）：是由幾個組織共享的雲端基礎設施，它們支持特定的社群，有共同的關切事項，例如使命任務、安全需求、策略與法規遵循考量等。管理者可能是組織本身，也能是第三方；管理位置可能在組織內部，也可能在組織外部。

5. **混合雲**（Hybrid cloud）：由兩個或更多雲端系統組成雲端基礎設施，這些雲端系統包含了私有雲、公用雲、社群雲等。這些系統保有獨立性，但是藉由標準化或封閉式專屬技術相互結合，確保資料與應用程式的可攜性，例如在雲端系統之間進行負載平衡的雲爆技術。

4-6 QR Code

隨著智慧型手機的普及，帶動行動行銷工具的多元應用，QR Code 因製作成本低且操作簡單，只要拿起智慧型手機「掃」一下，馬上就能得到想要的資訊，因此深受企業與消費者的喜愛。

一、何謂 QR Code

QR Code 是 1994 年日本 Denso Wave 公司所發明，原本是用來記錄工廠生產線資訊的一種黑白格子圖紋型態的二維條碼。一般常見的 QR Code 都是黑白細格所組成的正方形條碼，在正方形的 4 個角落，其中有 3 個印有較小、像「回」字的圖案，這 3 個圖案是提供解碼軟體定位用的圖案，使用者無須對準，無論以任何角度掃描，資料仍可被正確讀取。不同於只能儲存數字的傳統橫式條碼，QR Code 有更大的資料儲存量，只要透過讀取器掃描，就可讀取商品資訊或連結到 QR Code 內存的網址。

圖 4-13 QR Code 範例：朝露魚舖觀光工廠的 QR Code

二、QR Code 的行動行銷應用

QR Code 的行動行銷應用，大致可分為下列幾種類型：

1. **提供即時訊息**：QR 是英文「Quick Response」的縮寫，代表「快速反應」的意思，透過 QR Code，讓使用者不用輸入網址就能透過網路連結到行銷者想提供的文字、圖像資訊或網址。例如許多農業單位就將 QR Code 運用在生產履歷上，生產者只需上網填寫生產履歷，經過驗證後，就會產生一個存有生產履歷資訊的 QR Code；消費者只要用智慧型手機掃描農產品包裝上的 QR Code，便能看到該產品的生產履歷。此外，近年來 QR Code 也被廣泛運用來連結企業網址或企業行銷媒體網址，甚至將 QR Code 運用在名片上，只要掃描名片上的條碼，對方的姓名、手機、Email 等聯絡資訊就會自動儲存在手機裡。
2. **傳遞多媒體訊息**：除了文字與圖像外，還可利用 QR Code 連結更多無法詳細說明的多媒體訊息，例如例如《回到愛以前》偶像劇，在每集結束後都有 QR Code，影迷只要拿智慧型手機掃描一下該 QR Code，就可直接連結到該劇網址，觀看最新劇情預告。又例如 2011 年台北國際花卉博覽會，參觀者只要拍下花卉說明立牌上的 QR Code，即可閱讀解說內容。
3. **方便購物或訂位**：消費者購物時，只須用智慧型手機掃描一下商品目錄上的 QR Code，透過網路將資料傳送給業者以及二維條碼平台，經過驗證後，消費流程即告完成。例如航空公司推出的手機購票功能，只要掃描航空公司海報上的 QR Code 就可以直接購買機票；中華電信 emome 636 影城通服務也是一種利用手機直接訂購電影票，訂票完成後，並以簡訊傳送附有 QR Code 的訂位紀錄給訂購者，訂票人只需在開場前至櫃台出示 QR Code，即可確認訂位紀錄並進場。
4. **提供折扣優惠**：例如新光三越在宣傳 DM 上置放 QR Code，掃描後就會進入優惠券專區，消費時只要出示手機螢幕上的優惠券，就可享有折扣優惠。
5. **舉辦事件活動**：QR Code 結合實體店鋪與虛擬資訊的各種活動應運而生，例如 2011 年 5 月，美國星巴克（Starbucks）就與女神卡卡（Lady Gaga）合作，推出名為「SRCH」的尋寶活動，利用網站及店面設置隱含尋寶線索的 QR Code，消費者除了可以透過活動頁面看到卡卡的影片提示，也可以到星巴克的實體店面掃描隱藏的 QR Code 來獲得提示，闖關成功即可獲得獎品，有效連結實體世界與虛擬資訊。

三、QR Code 行動行銷的操作技巧

基本上，企業在操作 QR Code 行動行銷時應注意列下幾點，才能發揮 QR Code 的行動行銷價值。

1. **事先釐清行動活動目標與對象**：任何活動都會有它的目標與要溝通的族群，企業想藉由 QR Code 傳達訊息，想藉遊戲提升企業知名度、開發潛在客戶、收集 email 或地址、提供優惠券、強化社群互動。就如同其他行銷媒體一樣，QR Code 也有其優勢與限制，例如 QR Code 只能使用在特定的行動裝置（如智慧型手機、平板電腦）上、需要有連網裝置，以及通常擁有智慧型行動裝置的人是不是企業想溝通的目標對象？對這些人來說，QR Code 是否能吸引他們？最好都要一併考量。
2. **發佈前進行 QR Code 測試**：在操作 QR Code 行銷前，千萬別忘記事前進行條碼測試，QR Code 的位置必須要是收得到訊號的地方，最好是在固定的平面（如果在移動介面上，最少要有 30 秒的停留時間），同時也不要事先預設大家都知道如何操作，解說步驟還是必要元素。一個成功的 QR Code，最重要的是在第一時間讓使用者清楚了解「掃了這 QR Code 能得到什麼」，如果能在 QR Code 旁加上一句簡短有力的標語，將會吸引使用者目光並促使其行動。
3. **提供獎勵創造使用動機**：許多企業在操作 QR Code 時都只是單純地提供企業網站連結，當使用者連進頁面後，如果看到的內容只是企業的廣告宣傳，而沒有足夠讓使用者驚喜的內容，恐怕只會讓使用者興趣缺缺，更無法吸引其進一步的購買或參與行為。既然消費者已經特地打開智慧型手機，掃描 QR Code，如果能夠提供像是實用資訊、額外的影片內容，或是給一張小額折價券，都能幫助提升 QR Code 的掃描率。
4. **深度整合成效追蹤**：一個成功的行動行銷活動，需要良好的成效追蹤系統，像是 QR Code 被掃描了多少次、在什麼時間、什麼地點、重複訪客數為何、用何種行動裝置或瀏覽器等，才能實際評量活動成效並做為下次活動的參考。因此如能善用 QR Code 與社群媒體深度整合，讓推廣訊息如病毒般傳遞，將能有效提升商品的能見度及傳遞活動訊息。

4-7 擴增實境（AR）行銷-讓顧客體驗再升級

「擴增實境」（Augmented Reality，簡稱 AR）是把虛擬化技術加到使用者感官知覺上，讓使用者眼中的世界更加多樣性，並能提供現實中無法直接獲知的訊息。

近年來行銷人員發現到，擴增實境（AR）有可能改變一系列的消費經驗，包括消費者如何找到新產品，以及如何決定要購買哪些產品。擴增實境技術可增強消費者看到的實體環境，做法是把虛擬元素（例如資訊或圖像）疊加（overlay）在實體環境上，可透過微軟的全息虛擬實境眼鏡 HoloLens 或 Google 眼鏡之類的顯示器，或是透過智慧型手機上的相機視圖來做到。

若要進行擴增實境行銷，品牌必須更了解消費者將如何使用擴增實境（AR）這類技術，並將擴增實境（AR）行銷整合到現有的「消費者體驗旅程」（consumer journey）中。例如時下流行的手遊 Pokemon Go（寶可夢）的 AR 抓寶行銷就是應用之一，只要開啟 AR 功能，畫面便模擬神奇寶貝出現在使用者身旁場合。《Pokemon GO》是由任天堂、Pokemon、Niantic 聯合推出的手機游戲，中文翻譯是《精靈寶可夢 GO》。這是運用 AR 擴增實境技術加上 GPS 系統，讓玩家可以在現實世界中透過手機捕抓神奇寶貝與挑戰道館。

4-8 新名稱與新觀念

數位科技的快速發展，徹底顛覆過往的行銷準則，行銷長（Chief Marketing Officer，簡稱 CMO）該如何自我改造，換新腦袋，才能在喧鬧的市場中放大聲量，抓住消費者的目光？幾個行銷新名稱與新觀念，不可不知。

一、數位長（Chief Digital Officer）

◆ 何謂數位長（CDO）

「數位長」（Chief Digital Officer，簡稱 CDO）是混合行銷與科技的人才，被賦予帶領公司數位轉型與數位策略擬定的職責。根據 Gartner，2015 年有 25%企業設立「數位長」這個職位，已有 20%的「資訊長」（Chief Information Officers，簡稱 CIO）已經擔負起數位長的職責。

◆ 數位長（CDO）與資訊長（CIO）的異同

數位商業需要顧客導向的資訊長（CIO）—數位長（CDO）。不可否認的，在企業中，所有數位化都需要資訊技術在背後支援，「資訊長」（CIO）通常專注於資訊技術支援，比較少參與顧客端的前端創新；「數位長」（CDO）則是將資訊技術和消費者需要與慾望結合的那個人。數位化資訊技術必須能夠傳達消費者真正想要的消費體驗，而非只是靠資訊系統運作，「數位長」可以利用分析資訊，瞭解消費者需要與慾望，進而透過這些資訊進行數位策略調整。也就是說，數位長需要具備「行銷長」（Chief Marketing Officer，簡稱 CMO）與資訊長（CIO）的能力與特質。數位時代，商業模式不能再被傳統資訊能力限制，相反的，應該要能讓消費者得到真正想要的商品或服務，這就是數位長扮演的角色。

因此，資訊長（CIO）逐漸轉型為「數位長」（CDO）。這不只是換個名詞而已，意謂著他們不再只有負責管理系統和應用程式 APP，更要從資訊中挖掘出新的顧客價值，進而建立新通路和接觸新市場，而不只是「數位化」而已。

◆ 數位長是混合行銷與科技的混血人才

想把「行銷長」（CMO）做好，得先學會做「數位長」（CDO）。這說明掌握行銷科技變遷，同時也是行銷人應具備的專長。

稱職的數位長必須有權且負責執行企業數位化策略，而非從其它部門拆分工作，也不是負責資訊科技基礎架構業務。數位長必須負責分析資訊，並知道如何運用資訊，進而跨平台接觸更多用戶，這也是為何數位長必須是個混合型人才，他像是一部分的「行銷長」（CMO），加上一部分的資訊長（CIO）。

知名案例，星巴克首席「數位長」（CDO）Adam Brotman 發現，消費者經常帶著自己的電腦或是手機到店內，並擺放在桌上，因此提前預測到無線充電的需求，希望能夠幫助消費者自然地將電器用品充電。星巴克在美國已經開放，讓消費者在店內無線充電統。

二、從引領消費者（Lead Customer）到跟隨消費者（Follow Customer）

許多大企業自鳴得意於告訴消費者什麼是最新、最酷！但先問問自己：到底知不知道消費者要什麼？現在是「混種消費」的年代，請用新的座標定義消費者。描繪消費族群已不能單純用性別、年齡等人口結構變數來區分，一個八年級生和年薪千萬的企業 CEO 可能同時都是 iPhone 手機使用者，只有「行為變數」才能看出消費者樣貌。諸如宅男、宅女、草食男、干物女等「行為名詞」更能幫助你掌握目標族群。

事實上，企業必須試著建構消費者「生活形態」的軌跡，以觀察消費者的生活細節來找出創新商機：例如在北京，婦女會在家具賣場休息區做女紅；在香港，則有上班族下班後前進畫室透過繪畫舒壓；在台灣，則只要是新景點假日滿滿都是人，因為沒地方去。這些無微不至的紀錄與觀察，都是想以具體化影響消費的行為動機。如此費心地去認識消費者，是因為行銷人正面對勢不可擋的局面：消費者不再被動、沉默，他們是意見領袖、是觸媒，他們也是傳播者。

三、從「購買媒體」（Bought Media）到「讓消費者為你發聲」（Earned Media）

消費者勢力愈來愈強大，行銷人要如何因應？這幾年，相較於傳統五大媒體廣告量連年下降，具「互動性」的網路自媒體則持續成長。首當其衝的莫過於掌握五大媒體預算的背後操盤手—「媒體代理商」。

事實上，消費者對於只要有利、有趣、必須要知道的情報，並不在乎是從哪個媒體上接收到。因此，媒體的種類不重要，訊息傳播是否強大完整才是關鍵。所以這時候，反而要談的是「跨訊息」（cross-message），而不是「跨媒體」（cross-media）。

現今的行銷，不管從哪個面向，主體都圍繞著「消費者」這三個字，在網路科技不斷推陳出新的當下，行銷人更應該放低身段，親近說話的對象。

四、從「線性思考」（Liner）到網狀思考（Net）

寶僑（P&G）觀察發現，全球已有高達九成的網路消費者相信的是素人「口碑」。這背後透露的是：「現在消費者相信的是和自己一樣的人。」因如，寶僑（P&G）旗下的保養化妝品牌 SK II 向來找國際巨星代言，2009 年起卻改變做法，改以「名媛」做見證。接連在母親節、週年慶檔期業績成長 2 成，更重回市佔率第 1 名。寶僑（P&G）解釋，名媛和一般消費者一樣追求完美，「但消費者更相信消費者。」

過去習慣先鎖定目標顧客、決定策略、再執行的「單線思考」，現在已不再管用，你必須改變思考行銷的邏輯：從線狀思考到網狀思考。而網狀思考並不同於過去所謂的「整合行銷」。「整合行銷還是掛在單一大概念（big idea）下」，推出只有單一訊息的行銷活動，效應一定逐步遞減，等於從誕生起就等待死亡。網狀思考認為，應該針對不同消費者，做不同心理需求切割，去思考不同消費情境下，對不同的消費者產生什麼不同的影響力，例如中華電信行銷 iPhone 的規劃，先對優質客戶推出專案、對一般民眾發動 iPhone 體驗車，又針對 iPhone 達人舉辦達人分享會。

五、從單一事件行銷（event）到永續行銷（sustainability）

除了橫向包裝訊息，更要縱向整合、講求策略「永續性」。想像一下：如果購買一瓶飲料，就能讓你換來「第二人生」，會是什麼滋味？icoke 讓消費者上網註冊飲料瓶蓋序號，兌換虛擬點數。消費者可藉此開啟網路上的新身分，不但能拿點數兌換電玩遊戲中的寶物，還有機會下載最新歌曲，等於把每次活動都當成傾聽消費者的機會，邊做、邊調整，讓這次活動都成為下次和消費者接觸的入口。這過程就像「種樹」，所有行銷活動都是「誕生是為了活著」，種子灑出後，要多澆水、還是多曬太陽，就看網友的回饋，這是雙方互利。這樣來來回回的傳播，讓 icoke 網站會員迅速佔了中國網友的四分之一強。

六、從「80／20 法則」（80／20rule）到「客製化」（Customize）

過去接觸消費者的成本高，做行銷得先看「有多少預算」，「每個行銷人心中都有一套「80／20 法則」，因為行銷預算有限，只做邊際效應高的行銷活動。但數位行銷科技的進步，讓行銷人接觸消費者的方式變多，假如透過 Facebook 舉辦免費投票、民意調查，或直接在噗浪上發問，可用「趨近於零的成本」去親近消費者。然而不管以何種形式，一切焦點將再度回歸到「消費者」，才不會失焦。掌握消費者洞察，是亙古不變的原則。

學・習・評・量

1. 請簡述何謂「擴增實境」（AR）？
2. 請簡述何謂「O2O」？何謂「OMO」？
3. 請簡述何謂「適地性服務」（LBS）？
4. 請簡述何謂「適地性行銷」（LBM）？
5. 大數據行銷新 4P 是指哪 4P？請簡述之。
6. 請簡述何謂「新零售」？

網路行銷規劃程序

5
CHAPTER

5-1 傳統行銷規劃程序

科特勒（Kotler）的定義，「行銷管理是對行銷活動的分析、規劃、執行與控制的過程」。也就是在有限的企業資源限制條件下，充分分配資源於各種行銷活動，透過行銷計畫做分析、規劃、執行與控制，以產生、建立、並維繫與目標對象有利的交換，以達成企業行銷目標。依此定義，科特勒（Kotler）認為行銷規劃程序可區分為四個階段，如圖 5-1 所示。

1. 分析市場機會與消費者行為。
2. 研究並選擇目標市場。
3. 發展並擬定行銷組合決策。
4. 行銷活動之組織、執行與控制。

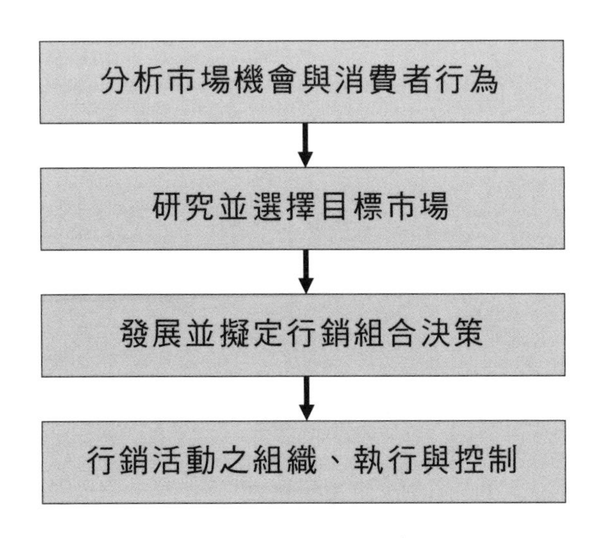

圖 5-1 行銷規劃程序

一、分析市場機會與消費者行為

行銷的思考模式是「由外而內（outside-in）」的思考，而非傳統的「由內而外（inside-out）」的思考。行銷管理的第一個步驟就是要先分析各種行銷環境和消費者行為，俾能掌握現有的市場機會或創造新的市場機會。

企業在進行「行銷組合決策」之規劃前，必須先就目前市場環境進行瞭解。整體市場環境可以分成「總體環境（macro environment），亦稱為宏觀環境」和「個體環境（micro environment），亦稱為微觀環境」兩大部份。總體環境又稱為一般環境（general environment）；而個體環境又稱為任務環境（task environment）。行銷總體環境是指會對企業帶來機會或威脅，而企業無法制的外在環境力量，包括人口統計（demographic）環境、經濟（economic）環境、科技（technology）環境、政治／法律（political/legal）環境、以及社會文化（social cultural）環境等。行銷個體環境是由所有協助或直接影響企業產銷活動的個人、群體或組織所組成，包括顧客、供應商、行銷中間機構和競爭者。由於這些行銷個體環境和總體環境因素對企業的行銷組合決策都有很大的影響，因此應有系統地、定期地加以分析，瞭解它的變動趨勢和可能的影響。如圖 5-2 所示。

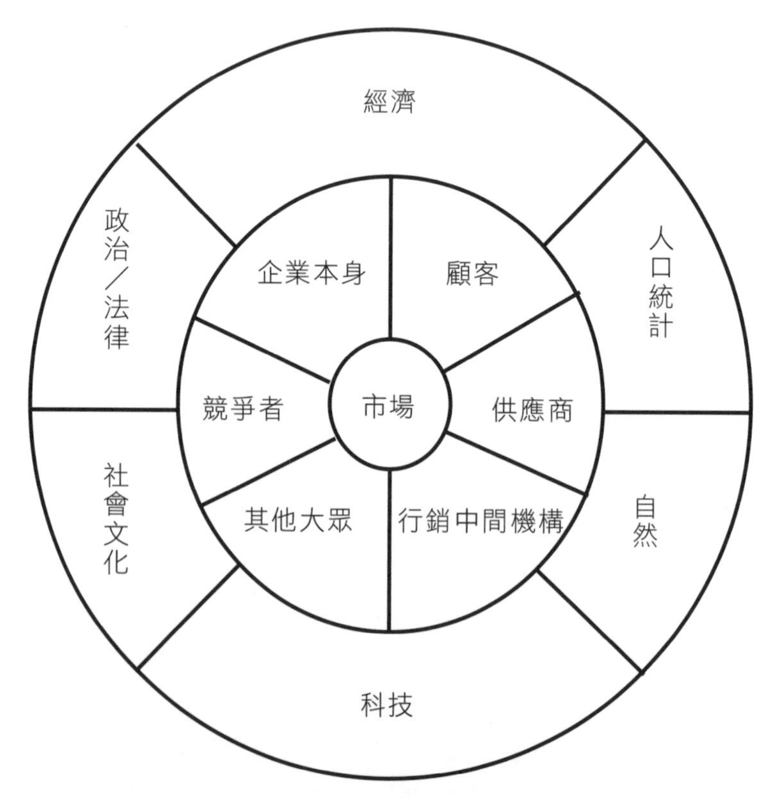

圖 5-2 行銷個體環境與總體環境

二、研究並選擇目標市場

企業在經過分析市場機會後，接著便對該市場機會中，選擇其最有利可圖的區隔市場，期能集中企業資源與火力，強攻下該市場區隔。在此階段中包括四個步驟：

1. 需求的衡量與評估。
2. 市場區隔。
3. 選擇目標市場。
4. 市場定位／產品定位。

◆ 需求的衡量與評估

需求的衡量與評估，就是在掌握企業外在環境的一般動向，同時確定企業的發展方向，預測企業產品品質，瞭解潛在市場規模、做為原物料訂購、生產計劃與財務調度的基礎。

在進行需求衡量與評估之前，企業最好先蒐集相關資料與資訊，以做為決策之依據。而企業所做的需求衡量與評估一般包括兩大作業：

1. 第一項作業為當期市場需求的衡量。
2. 第二項作業為預測未來的需求。

◆ 市場區隔（market segmentation）

所謂「市場區隔（market segmentation）」係指運用適當的區隔變數，將市場切割成較小的區隔，再從這些區隔中選擇規模適合，而且企業具有吸引力的區隔，以作為行銷對象。

一般企業在進行市場區隔時，可採用的區隔變數，包括地理區隔變數、人口統計變數、心理區隔變數、行為區隔變數等，先將市場區隔成若干細分的市場，再從中選擇有利可圖的市場區隔。

◆ 選擇目標市場

在市場區隔後，企業必須衡量本身的條件，決定其目標市場策略，並評估各區隔市場的潛力，以選擇其所要服務的特定目標市場。同時應針對目標市場的需要，選定有利可圖又具競爭性的定位，以爭取目標市場中目標對象的認同與喜愛。選擇目標市場是衡量各區隔市場之吸引力，選定一個或多個區隔市場為目標。

◆ 市場定位（market positioning）／產品定位（product positioning）

當企業已做好市場區隔，以及選定目標市場與目標對象後，接著須決定企業本身在該區隔市場要如何定位的問題。換句話說，一旦選定「無差異行銷」、「差異化行銷」、「專注化行銷」、或是「微行銷」等策略之後，行銷人員必須為其商品找尋最佳的市場定位。所謂「定位（positioning）」是要在可能消費某項商品的消費者心中，為商品找到或創造出適當的定點或相對位置。透過定位策略，行銷人員可以讓企業的商品與眾不同，並有效地與消費者進行溝通。

行銷者可以根據商品的屬性、商品的用途、商品的使用時機、商品使用者的特性、商品品質對價格的關係、以及市場競爭者的相對關係為其商品進行適當的定位。無論上述的任何一種方式進行商品定位，行銷人員都必須強調商品特色，突顯商品的與眾不同。而透過商品定位圖（positioning map），行銷人員可以明確地瞭解在特定產業中，競爭品牌在消費者心中，定位的相對位置關係。

競爭環境的不斷變化，迫使行銷人員必須不斷重新思考與調整行銷策略，並對其商品做新的再定位。所謂「再定位（repositioning）」，是一種重新調整商品在消費者心中與競爭商品的相對位置。

發展行銷策略時，尚應考量企業本身的市場地位或角色，不同的市場地位（先驅者、領導者、挑戰者、追隨者或利基者）常須採用不同的行銷策略。

三、發展並擬定行銷組合決策

企業在決定市場定位（positioning），即必須發展並擬定行銷組合決策。所謂「行銷組合（marketing max）」是指一組可由企業控制的行銷變數，而企業混合這些變數以期實現行銷目標。因此，行銷組合即達到行銷目標之手段的整合。一般而言，行銷組合可分為四大項，簡稱為「4P 策略」：即產品（product）、定價（price）、通路（place）、以及推廣（promotion）。如圖 5-3 所示。

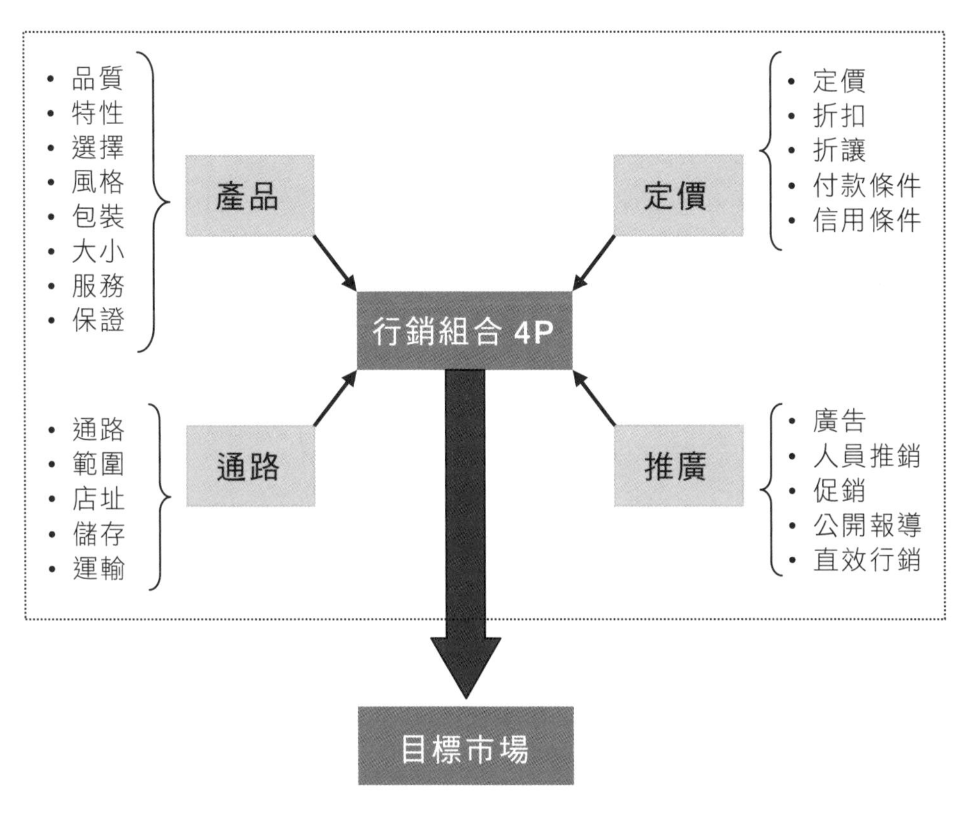

圖 5-3 行銷組合 4Ps

◆ 行銷組合 4Ps

1. **產品**（product）：產品泛指可以提供於市場上，引起消費者注意、購買、使用或消費，並能滿足消費者慾望之各項有形與無形的東西。而產品策略代表企業所提供給目標市場品質與服務之組合，包括產品品質、品牌、樣式、產品組合、產品線、包裝、標示及服務等。

2. **價格**（price）：價格策略代表消費者為獲得該項產品所付出的金額，包括產品的定價、折扣、折讓、付款條件、信用條件等。

3. **通路**（place）：通路策略代表企業為使產品送達目標顧客手中所採取的各種活動，包括中間商的選擇、產品的倉儲、裝運與存貨等。

4. **推廣**（promotion）：推廣策略代表企業為宣導其產品的優點，並說服目標顧客購買所採取的措施，包括廣告、人員推銷、促銷、公開報導、直效行銷等。

◆ 行銷組合 4Cs

行銷 4P 是從銷售者的角度來看，用來影響消費者的行銷工具。如果從消費者的角度來看，每一個行銷工具都是用來傳送某一種消費者利益，因此有學者建議銷售者角度的行銷組合 4P 要和消費者角度的行銷組合 4C 相對應，如表 5-1 所示：

表 5-1　行銷組合 4Ps 與行銷組合 4Cs 對照表

行銷組合 4Ps	行銷組合 4Cs
產品（products）	顧客需要與慾望（customer needs and wants）
價格（price）	顧客成本（cost to the customer）
通路（place）	便利（convenience）
推廣（promotion）	溝通（communication）

行銷組合雖然已邁入 4C：顧客需要與慾望（customer needs and wants）、成本（cost）、便利（convenience）、溝通（communication）的範疇，但在理論上仍以行銷 4P 做探討（參考圖 5-4 所示）。

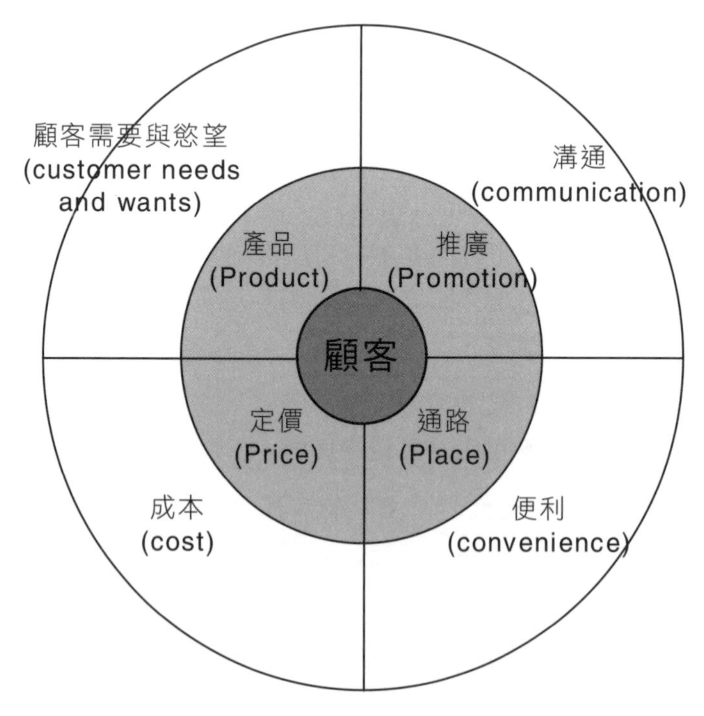

圖 5-4　行銷組合 4P 與 4C 的關係

四、行銷活動之組織、執行與控制

◆ 行銷組織結構

行銷組合策略擬定之後，企業接著要進行「行銷組織結構」的規劃。所謂「組織結構」是指在企業人員與部門，在企業機構中的安排。行銷組織結構可區分為：1. 功能別組織結構、2. 地區別組織結構、3. 產品別組織結構、4. 顧客別組織結構。

◆ 行銷計劃的執行

在行銷計劃之執行過程中，有四項足以影響行銷方案執行效果的技能，即診斷技能（diagnostic skills）、公司層次（company level）、行銷執行技能（marketing implement skills）、以及評估執行結果的技能（evaluative skills）。

1. **診斷技能（diagnostic skills）**：當行銷方案的執行結果與原先的預期有所出入時，行銷人員必須藉由診斷技能來瞭解差異發生的原因，以做有效之修正。
2. **公司層次（company level）**：行銷人員必須深入評估問題發生的層級。一般而言，行銷問題會發生在三種層次上：
   （1）行銷任務：指各行銷組合 4P 方案下，各任務之執行。
   （2）行銷方案：指問題發生在行銷組合 4P 方案。
   （3）企業策略：指問題發生在企業策略層次，其為指導行銷組合方案規劃的基本政策。
3. **行銷執行技能（marketing implement skills）**：四項主要的行銷執行技能：
   （1）分配技能：能將行銷人員與可行經費做有效配置的技能。
   （2）監控技能：能發展出一套控制系統以做有效回饋的技能，主要控制內容包括一年度計劃控制、獲利力控制、策略控制。
   （3）組織結構技能：須重視有關行銷組織結構的問題，以確定此一組織結構能達成企業行銷目標。
   （4）互動技能：必須能善用企業所有人力物力，以影響別人的方式，形成互動關係，完成企業之使命。
4. **評估執行結果的技能（evaluative skills）**：企業必須明瞭考績與計劃執行成果間的連結關係，以做有效評估。

◆ 行銷計劃的控制

行銷控制系統（marketing control system）的主要目的在於，協助企業有效經營並完成企業行銷目標，其主要內容包括：

1. **年度計劃控制**（annual-plan control）：在年度計劃控制下，行銷人員以原訂之年度計劃為基礎，對當期所完成的績效進行考核，並作必要之修正。
2. **獲利力控制**（profitability control）：獲利力控制採取不同的測量工具，以瞭解不同產品、地區、市場及通路的獲利能力。
3. **策略控制**（strategic control）：策略控制定期衡量不同環境變化衝擊下，企業策略的適用性與可行性，以作適當修正。

5-2 網路行銷規劃程序

網路行銷計畫（Internet marketing plan）是網路行銷規劃的結果，也是執行網路行銷策略的藍圖。換句話說，「網路行銷計畫」是指引企業網路行銷方向、網路行銷資源配置，在網路行銷關鍵點做決策的藍圖。

基本上，網路行銷規劃程序與傳統行銷規劃程序大致相同，所不同的是網路行銷規劃程序更重視顧客角度，也更重視科技的應用，因此多出三個部份—設計與管理顧客經驗、規劃與設計顧客介面、以及善用科技整合顧客資料。

Mohammed, et al.（2002）的建議，從事網路行銷規劃應有七大步驟，如圖 5-5 所示：

1. 分析市場機會
2. 擬定網路行銷策略
3. 設計與管理顧客經驗
4. 規劃與設計顧客介面
5. 擬定網路行銷行動計畫（Action Plan）
6. 善用科技整合顧客資料
7. 評估網路行銷方案執行成效

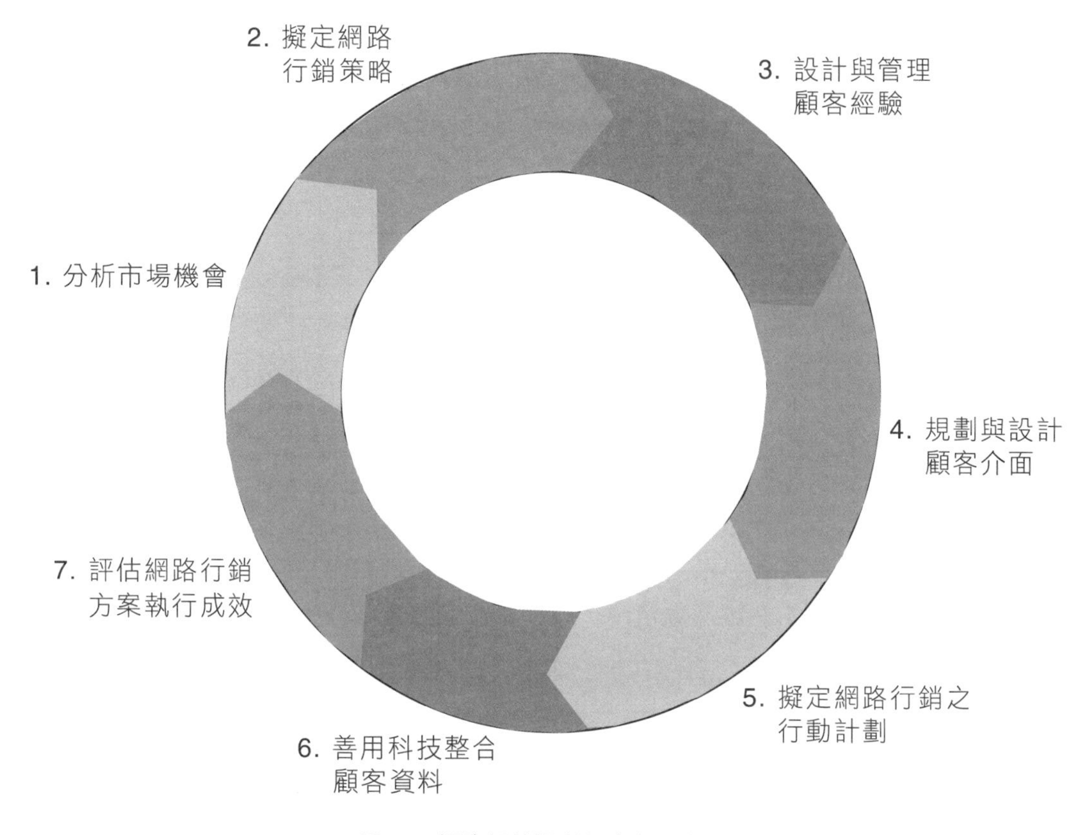

圖 5-5 網路行銷規劃程序七大步驟

一、分析市場機會

網路行銷規劃始於對行銷環境的了解，而行銷環境大致可區分為總體行銷環境及個體行銷環境。總體行銷環境包括政治與法律環境、經濟環境、社會與文化環境、科技環境、人口環境、能源與自然資源環境等。個體行銷環境則涵蓋競爭環境、社會大眾、供應商、中間商、顧客等直接與企業關係較密切的因素。

在網路行銷規劃中，了解網路行銷環境的機會與威脅是相當重要的一環。機會之所以產生係因為環境變化所帶來的未被滿足的需求之故；而當需求被過度滿足，威脅就可能產生。但注意，在網路上企業所具有的優勢與劣勢，可能與網路下實體的優勢與劣勢有所不同。

分析市場機會，目的在於確認目前及未來行銷上的機會與困難之處。雖然有許多學者提出多種不同的分析市場機會方法，但基本上，分析市場機會包含 6 個步驟，如圖 5-6 所示：

1. 在既有環境中，尋找新價值體系的機會
2. 識別出未獲解決或服務不周的顧客需要
3. 識別出目標市場區隔
4. 宣告有助於組識資源基礎之競爭優勢的機會
5. 評估是否具有競爭性、技術性和財務性的機會吸引力
6. 評估「做」還是「不做」

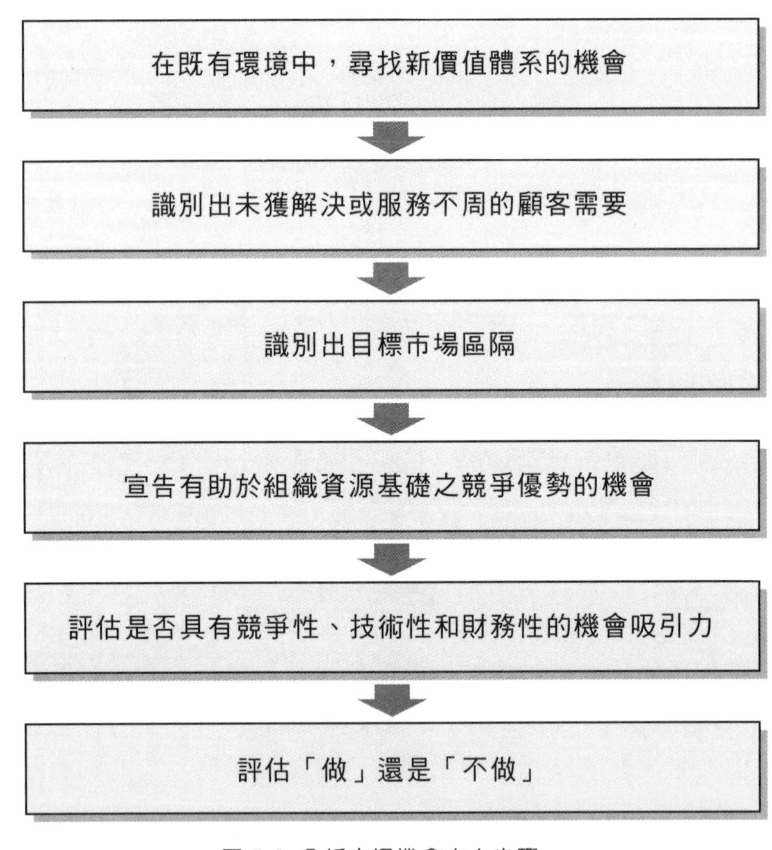

圖 5-6 分析市場機會六大步驟

二、擬定網路行銷策略

在擬定網路行銷策略時，必須先進行 STP 策略規劃，即市場區隔（Segmentation）、目標市場界定（Targeting）、市場定位（Positioning）後，才能展開網路行銷組合決策。如圖 5-7 所示，在經過 STP 分析之後，接著擬定網路行銷組合策略。

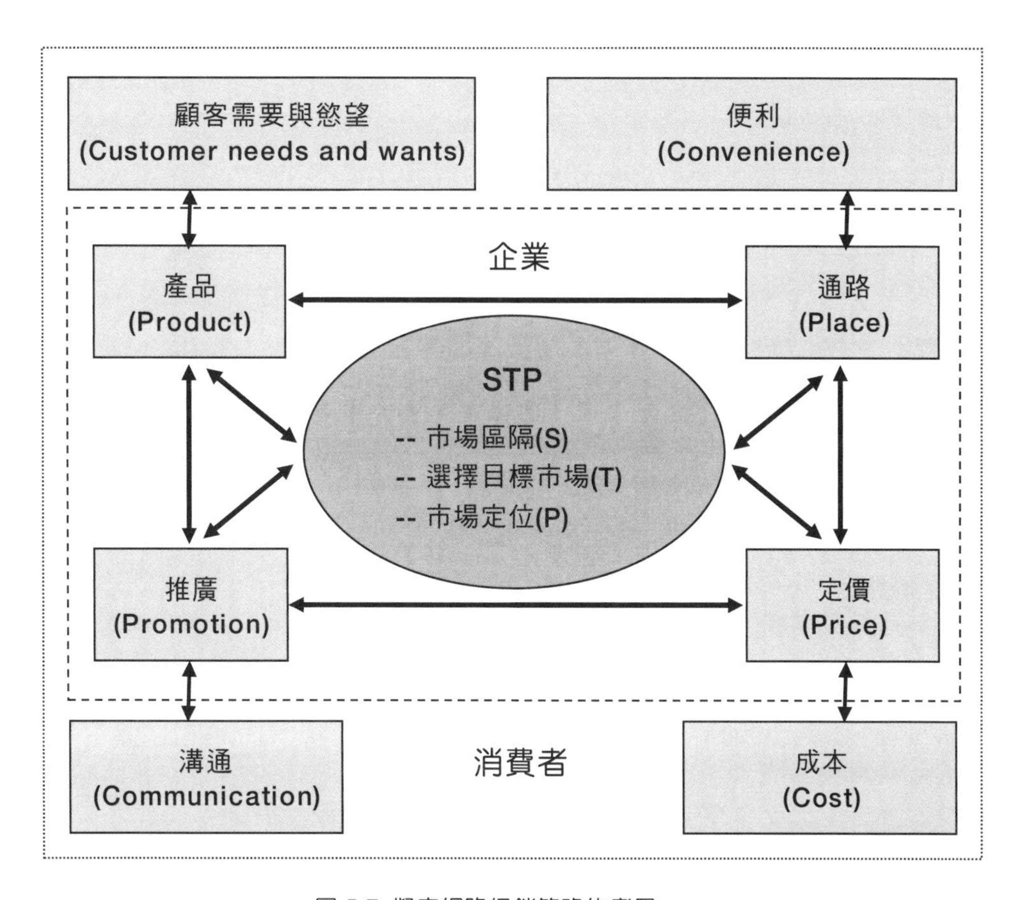

圖 5-7 擬定網路行銷策略的考量

在「傳統行銷」裡，發展行銷策略可以由 4P 切入；但對於「網路行銷」來說，將發展行銷策略的工具擴充至 4P+4C。在網路行銷中，行銷經理人除了要注意產品（Product）、定價（Price）、推廣（Promotion）、通路（Place）等 4P 外，尚須注意 4C。此 4C 分別為：顧客需要與慾望（Customer needs and wants）、顧客滿足其需要與慾望所需付出的成本（Cost）、溝通（Communication）、便利（Convenience）。管理者可透過這 STP→4P+4C 和顧客建立長遠的關係，以獲得長期的競爭優勢。

產品、定價、推廣、通路被稱為行銷組合 4P，而行銷策略就是 STP（市場區隔、選擇目標市場、市場定位）後的行銷組合 4P 決策（產品決策、定價決策、推廣決策、通路決策），然而網際網路與顧客關係行銷的思維興起，網路行銷策略從消費者角度來看就變成顧客需要與慾望、滿足需要與慾望的成本、溝通與便利，又稱為網路行銷組合 4C。因此企業要思考的是如何提供可讓消費者滿足需要與慾望的商品？如何降低消費者滿足需要與慾望的成本？如何與消費者之間建立良好的溝通？如何以消費者便利的方式滿足其需求與慾望？這就意謂著企業必須從 4P 的思維轉變成 4C 的思維，如圖 5-8 所示。

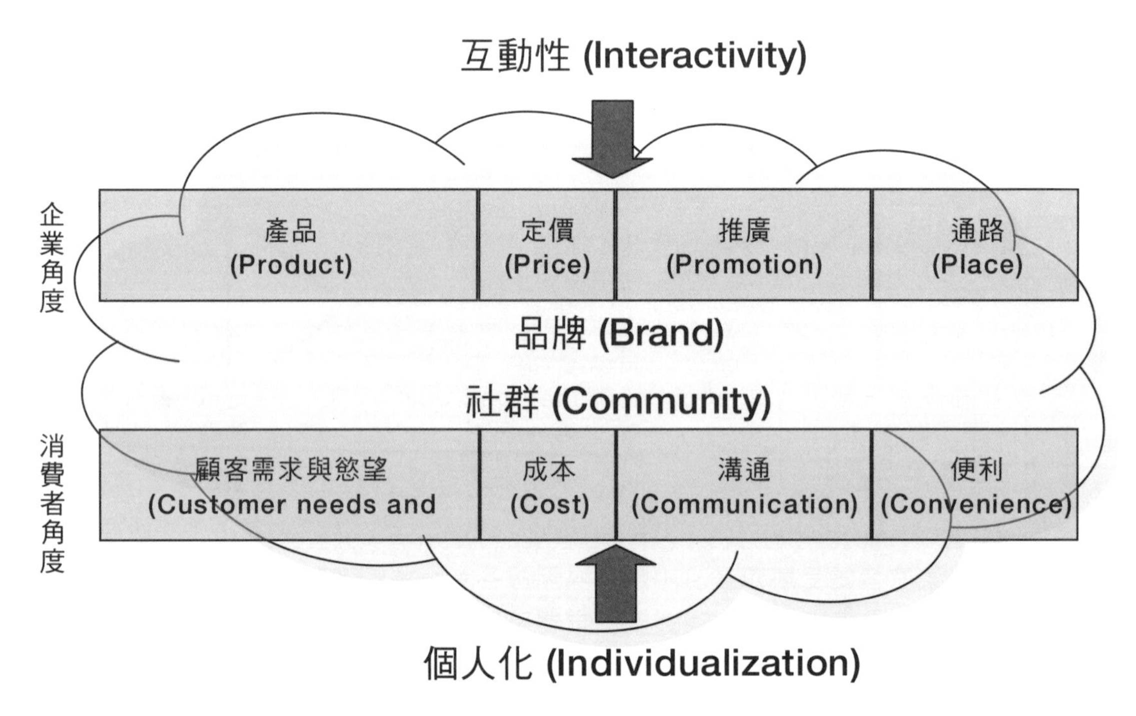

圖 5-8 網際網路對行銷組合 4P 與 4C 的影響

此外，過去的推廣是單向的，而互動是網路的特性，因此消費者角度下的溝通是雙向互動而不再是企業角度下的單向推廣。除了「互動性」之外，網際網路的另一個好處是可以協助企業達到「個人化」，這對一對一行銷或顧客關係行銷十分有助益。最後應留意網路品牌經營與網路社群經營。

三、設計與管理顧客經驗

所謂「顧客經驗」（consumer experience）是顧客一開始的期待，到顧客最後下決定購買的整個過程。許多研究顯示上網者在網站瀏覽的經驗，將決定其對該網站的忠誠度。上網者對網站的經驗可區分成四個階段：

表 5-2 顧客經驗的階段分析

階段	顧客經驗（Customer Experience）
功能性階段（Funicational）	· 網站是可用的（Site is usable） · 容易瀏覽（Easy navigation） · 快速下載（Quick download） · 快速的網站（Speedy site） · 可靠的（Reliable）
親近階段（Intimacy）	· 高度信任（High Trust） · 一致的經驗（Consistent experience） · 快速而有效的溝通（Quick, effective communication） · 高度個人化（High personalization） · 獨特價值（Exceptional value） · 有一致的品牌訊息（Consistent with brand message）
內化階段（internalization）	· 網站是生活的一部份（life） · 網站是有價值的（value）
代言階段（Evangelism）	· 在市場上到處宣傳（Takes word to the market） · 辯護其經驗（Defends the experience）

1. **第一個階段是功能性階段（functional）**，使網友認為網站具有實用性，容易瀏覽，下載速度快而可靠。為了要達到此階段，網站必須具備良好的版面設計與資訊架構，並且瞭解上網者的需求。
2. **第二個階段是親近階段（intimacy）**，網友可以獲得個人化的資訊，對網站持續的經驗逐漸增加信任感。在此階段，網站必須能夠運用資料探勘（data mining）或大數據分析技術，整合網站資訊提供個人化的版面與資訊。
3. **第三個階段是內化階段（internalization）**，該網站已成為網友生活的一部份，網友可時時從網站獲得特有的價值。網站經營者必須有持續、穩定的投入與創新，才有辦法使網友進入此一階段。
4. **最後一個階段為代言階段（evangelism）**，網友自願為網站代言，推薦給週遭朋友。在此階段網站必須能確認忠實的民眾，提供忠誠客戶足夠的鼓勵與誘因。

四、規劃與設計顧客介面

網站是數位企業關鍵的顧客接觸點（contact point），因此在接觸點設計中顧客介面的設計致關重要。Rayport & Jaworski（2003）認為在設計顧客介面時要注意七個要素，此稱為「顧客介面的 7C 架構」，如圖 5-9 所示。

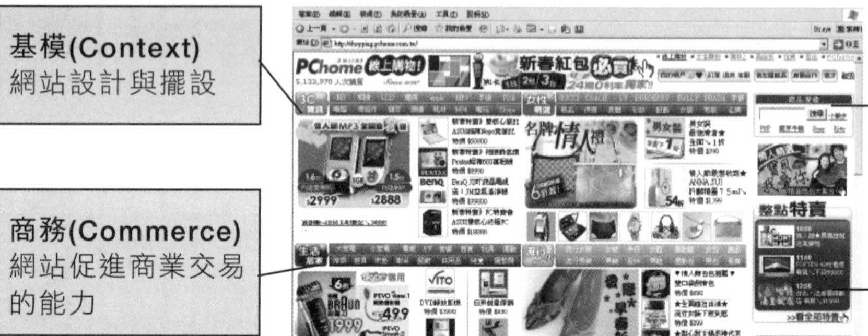

圖 5-9 顧客介面的 7C 架構
資料來源：修改自 Rayport & Jaworski（2003）

設計網站時顧客介面設計的七要素：基模（context）、內容（content）、社群（community）、客製化（customization）、溝通（communication）、連結（connection）、商務（commerce），茲說明如下：

1. **基模**（context）：基模的設計與擺設，也就是指螢幕面對顧客的介面所給人的感受。基模的好壞取決於「美觀」與「機能」，美觀屬於主觀的感受，每個人對美的定義不同，故難以判別其優劣。
2. **內容**（content）：內容是指網站上的數位資訊，包括文字、聲音、影像和圖形等。換句話說，內容的主題包括商品、服務或資訊的提供，而主題的格式包括文字、聲音、影像與圖形。內容建立在基模之下，是顧客介面七項要素中最重要也是最基礎的一項。
3. **社群**（community）：社群的定義是網路使用者之間的互動，而非網路與使用者的互動。使用者對使用者的溝通可以在兩個使用者間或發生在一個使用者對許多使用者。例如，網路上的部落格（Blog），由網站提供一個平台讓網友來討論，以產生共同的話題，久而久之網站的虛擬社群便會形成一種次文化的群體以集結顧客及上下游廠商，因社群所造成的口碑往往是市場行銷與品牌塑造的利器。

4. **客製化（Customization）**：網站為不同使用者訂做，或使用者可以管理網站的個人化能力。當客製化是由企業所發起並管理時，稱為個人化；若是由使用者發起並管理時，稱為量身訂做。
5. **溝通（Communication）**：溝通是網站讓使用者對網站，網站對使用者，或雙向溝通的方式。能夠利用網路與顧客或目標受眾保持溝通，是網路行銷成功的不二法門。
6. **連結（Connection）**：網站與其他網站連結的程度：連結的類型有由外面連進來或由內面連出去。透過連結企業可以增加爆光和交易的商機。
7. **商務（Commerce）**：商務就是網站促進商業交易的能力，也就是上述六項要素所要達成的最終目標。

表 5-3 網站顧客介面七個設計要素

設計要素	內容
基模（Context）	網站的設計與擺設
內容（Content）	網站所包含的文字、圖片、聲音與影像。
社群（Community）	網站促進使用者對使用者溝通的方式。
客製化（Customization）	網站為不同使用者訂做，或使用者可以管理網站的個人化能力。
溝通（Communication）	網站讓使用者對網站，網站對使用者，或雙向溝通的方式。
連結（Connection）	網站與其他網站連結的程度。
商務（Commerce）	網站促進商業交易的能力。

資料來源：修改自 Jerry F.Rayport & Bernard J.Jaworski（2003）

上述介紹顧客介面 7C 中每一個 C。然而數位企業的成功有賴於將所有的 C 整合在一起，以支援其「價值主張」與「商業模式（business model）」。「適合度（fit）」與「增強度（reinforcement）」這兩個觀念有助於說明企業如何獲取 7C 的整合綜效。適合度（fit）係指每個 C 都能單獨支援商業模式（business model），圖 5-10 中利用每個 C 與企業商業模式之間的連結關係來說明適合度。增強度（reinforcement）則是指每個 C 之間的相互強度，圖 5-10 以每個 C 之間互相連結關係來說明增強度。

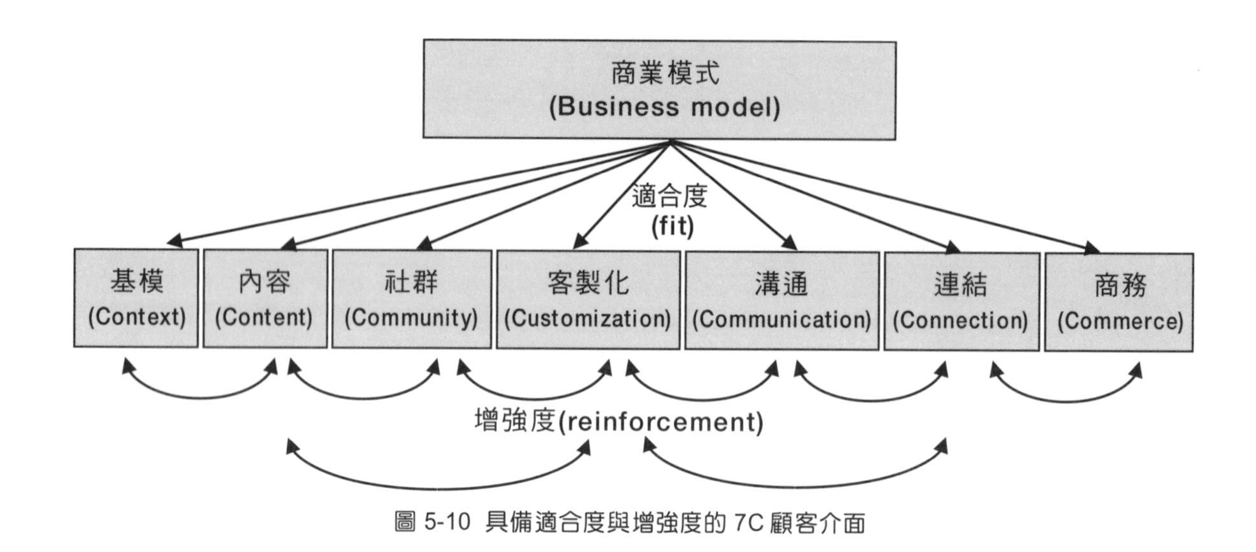

圖 5-10 具備適合度與增強度的 7C 顧客介面

此外，也有學者認為網頁介面之設計應注重七大項目：

1. 網頁設計與頁面配置。
2. 網頁訂購流程清楚易用。
3. 網頁連結速度與操作容易度。
4. 網頁內容與聲光效果。
5. 虛擬設群的使用介面。
6. 符合民眾個人化程度。
7. 促進雙向溝通的介面設計。

網頁介面設計需要結合技術、美工、流程設計等專業進行開發，未來網路商店的設計須深入瞭解網友的需求，提供最適當的網頁介面。

五、擬定網路行銷之行動計劃

網路行銷之行動計劃（Action Plan）階段，係指網路行銷人員必須確認執行策略時所需的「資源」、「人力」及「時間點」，這些都是日常執行行銷活動細節。擬定書面行動計畫是為確保有效執行「網路行銷策略」的重要步驟，因為書面行銷計畫詳細說明要採取什麼行動（What）、何時採取行動（When）、以及由誰負責執行（Who）。

基本上，一般企業將行動計劃以週期來分有年度行銷行動計畫、每季行銷行動計畫、每月行銷行動計畫、甚至每旬（10天）或每週行動計畫。此外，也有針對特殊日子，例如週年慶、情人節、中秋節…等所作的行動計畫。

在大型企業內，書面行動計畫特別重要，因為網路行銷人員的計畫通常必須經過更高階管理者的檢視與認可，同時也因為經認可的行銷計畫將可作為評估行銷人員工作績效與行銷績效的標竿。即使是中小型企業，研擬簡潔而有力的正式書面行銷計畫，也是一項非常實用的工作，因為其中所包含的工作規範，有助於企業確保所計畫的行銷目標、行銷策略、行銷執行計畫等，都以行銷組合 4P 或 4C 為基礎，而且每一細項都有詳細說明。行動計畫可作為分配企業資源的一種方法，同時可以作為分派計畫執行責任的一種方法。換句話說，行動計畫必須結構完整以確保是詳盡、正確的計畫，使「行銷策略」、「行銷資源」與「行銷績效」三者都能與「市場狀況」確實連結。

而擬定網路行銷之行動計畫有如下的好處：

1. **辨識新的機會**：幫助企業發現新的機會並認清威脅所在不是「計畫」本身，而是形成計畫的「過程」。要作出好的行動計畫，必須經過系統化的外部市場與內部能力評估，這讓企業有機會從日常行銷活動中抽離出，以更寬廣、更詳盡的眼光來審視市場和企業狀況。
2. **充分運用核心能力**：企業藉由擬定網路行銷行動計畫的主要利益，就是能夠更加充分運用與活絡企業的既有資產與獨特能力。
3. **專注對的顧客**：大部份的網路市場是由許多較小的利基市場和微區隔交錯聚集而成，這些區隔可以進一步分割成更小的利基市場或更小一對一區隔。要是沒有行動計畫，企業很容易迷失自身的定位。好的網路行銷行動計畫能清楚地描繪目標顧客的輪廓，如此就能藉由這些輪廓作出對的微區隔，甚至一對一區隔，進而作出對的定位策略，而所有的網路行銷焦點也自然就能有效鎖定這些目標顧客。
4. **有效資源分配**：行動計畫有助於企業專注對的顧客。這樣企業就不會發生不知道誰是企業的顧客，而將資源與精力用在錯誤的地方。

六、善用科技整合顧客資料

數位時代的行銷特色，是以「資料庫/大數據」為核心，依據所收集到的資料，先將顧客群區分為數種類型，再就其類型上的特性，選擇最合適的行銷策略。

有關數位行銷模式的建構，主要有六個步驟：

1. **建立顧客資料庫**：將由各種數位工具或傳統的行銷管道所收集到的顧客資料，鍵入資料庫。
2. **區隔不同的顧客**：依據顧客的特性，可將之區分成不同的顧客群，例如可依其年齡層區分，或以消費能力、消費習慣、來往關係等加以歸類。

3. **發展出獨特的產品和服務**：針對每一顧客群，開發出新的數位產品或服務。
4. **數位促銷**：對每一種數位產品或服務進行促銷。為吸引顧客的注意，數位促銷的手法，要竭盡所能的達到有用性、娛樂性、或創新性。
5. **運用數位工具與顧客溝通**：可透過數位工具或線上機制與現有顧客和潛在顧客來互動，並留下顧客的個人特徵資料。擁有這些資料之後，可善加使用，並定期主動地和顧客聯繫。
6. **擴展數位領域（Digital Domain）**：環繞在資料庫的週邊環境，就叫做數位領域（Digital Domain）。當資料庫不斷成長時，數位領域亦將不斷擴大，連帶地可創造出新的市場區隔，發展出更多的數位產品和服務，進而啟動新的數位促銷方法，也增加了新的數位工具和能力。

網路行銷是善用資通訊科技（ICT）來達到跨領域的綜效（synergy）。企業可藉由資通訊科技為工具，以累積顧客知識，一方面利用電話、傳真、電子郵件、網站、社群媒體…等方式，立即回應、滿足顧客需求，創造顧客價值；另一方面，企業可利用「資料庫」中所儲存的紀錄，讓行銷人員得以找出其所需，形成企業智慧，以訂定更佳的行銷策略，進而吸引顧客，提升經營績效。其觀念如下圖 5-11 所示：

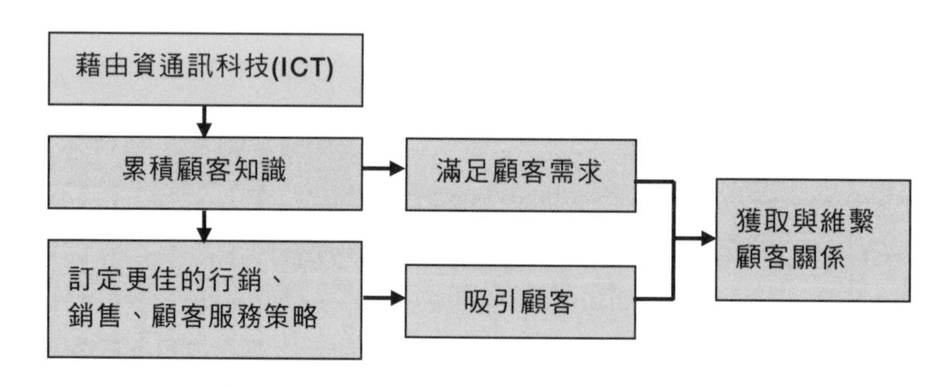

圖 5-11 善用科技整合顧客資料

總而言之，若要達到一對一行銷之目標，必須善用資通訊科技（ICT），才能收事半功倍之效。資通訊科技（ICT）因可提供個人化行銷，一改傳統大眾化行銷的缺點，已是一對一行銷中不可或缺之工具。

七、評估網路方案執行成效

網路行銷最後一階段的工作，即在於評估前述種種策略選擇與計畫執行是否符合企業整體策略與整體目標。

5-3 網路行銷計畫（Internet Marketing Plan）

一、網路行銷計畫的意義與內涵

「網路行銷計畫」（Internet Marketing Plan）是規劃與執行網路行銷策略的藍圖，也是指引公司方向、配置公司資源、在關鍵時刻做困難決策的藍圖。

行銷策略在企業整體策略架構中是很重要的一環，而網路行銷策略是行銷策略的一支，因此也必須與企業整體策略一致，和行銷策略不同的是，網路行銷策略必須建築在網路的特性和模式下。

一個注重行銷的企業，會採取各種不同的方法來行銷自己的產品。所以行銷策略應根源於企業的整體策略，並進一步思考網路上的行銷策略，最後才是制定出自己網站的走向與其在整體行銷中的定位。因此，企業主在思考如何做網路行銷或架設企業網站時，應先思考自己企業的整體策略、行銷策略，再決定網路行銷的策略及網站的定位與功能，才能使整體行銷的效果倍增，如圖 5-12 所示。

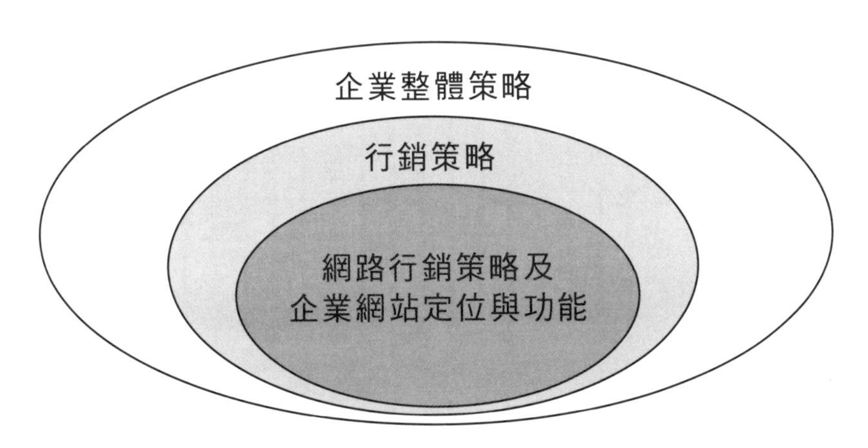

圖 5-12 企業整體策略、行銷策略與網路行銷策略間的關係

網路行銷的種類與手法繁多，會因為不同的策略而有不同的方式，但不管是什麼樣的方式，企業都應該先訂定一個行銷的策略，而當企業在訂定網路行銷策略時，最基本應該對企業的行銷目標、行銷預算以及網路媒體的特性三者有所認識，因為這些都會影響網路行銷策略。圖 5-13 說明網路行銷策略的建構，可以做為思考網路行銷策略的參考。

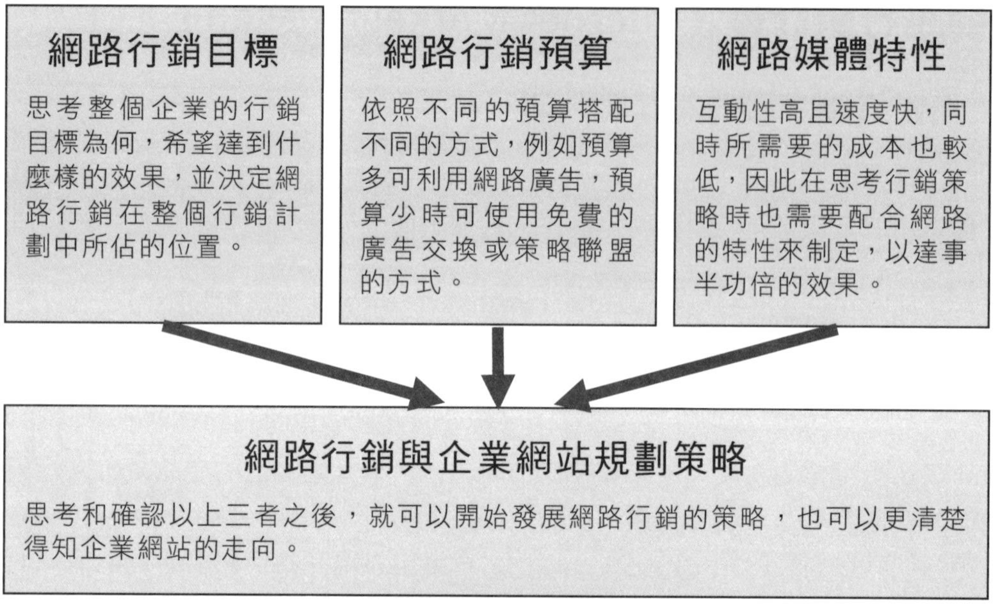

圖 5-13 網路行銷策略的建構

二、網路行銷目標

網路行銷目標係透過網路行銷策略相關活動所要達到的一般化成果。網路行銷目標的建立最好符合 SMART 原則：特定的（Specific）、可衡量的（Measurable）、可達成的（Achievable）、符合實際的（Realistic）、有時間性的（Timely）。同時由於網路行銷環境十分多變，因此在建立網路行銷目標時應有相當的洞察力。網路行銷目標可分為定性目標與定量目標。定性目標比較抽象，不易量化，但卻是努力的方向與標竿。一般而言，網路行銷的定性目標有：

1. 改善企業形象
2. 提高知名度（能見度）
3. 發展新市場或新顧客
4. 提高銷售量
5. 增加營業額
6. 提高或維持市場佔有率
7. 滿足消費者期望

網路行銷的定量目標有：

1. 到訪率
2. 網路廣告瀏覽率
3. 網路廣告觸擊率（hits）
4. 電子報訂閱率
5. 顧客停留時間長度
6. 顧客回饋：電子郵件、留言板、FB、Line

三、網路行銷策略

Bearden、Ingram & Laforge（1995）認為行銷策略之定義為：「選擇目標市場和發展行銷組合，以滿足市場的需要所構成」。Schoell & Guiltinan（1995）定義行銷策略為：「使用企業資源以達成行銷目標的一組行動計劃」。

Kotler（1998）則認為「行銷策略即係某一特定之公司在某一特定之競爭環境中，為達到其長期顧客與利潤目標，而設定之一套一致性適切與可行之原則」。企業的行銷策略必須考慮下列諸項因素，其中包括：企業在市場之競爭規模與地位，企業之資源、目標、目的與政策，競爭者之行銷策略，目標市場之購買行為，產品生命週期之階段，經濟體系之特質。

在擬定行銷策略時，必須先進行 STP 策略規劃，即市場區隔（Segmentation）、目標市場界定（Targeting）、市場定位（Positioning）後，建立合適的「顧客關係管理」（CRM）與「夥伴關係管理」（PRM），才能展開網路行銷組合 4P+4C 決策，即顧客需要與慾望（customer needs and wants）→產品（Product）、顧客成本（customer cost）→價格（Price）、顧客便利（convenience）→通路（Place）、顧客溝通（convenience）→推廣（Promotion）之組合決策，其完整步驟如圖 5-14 所示。

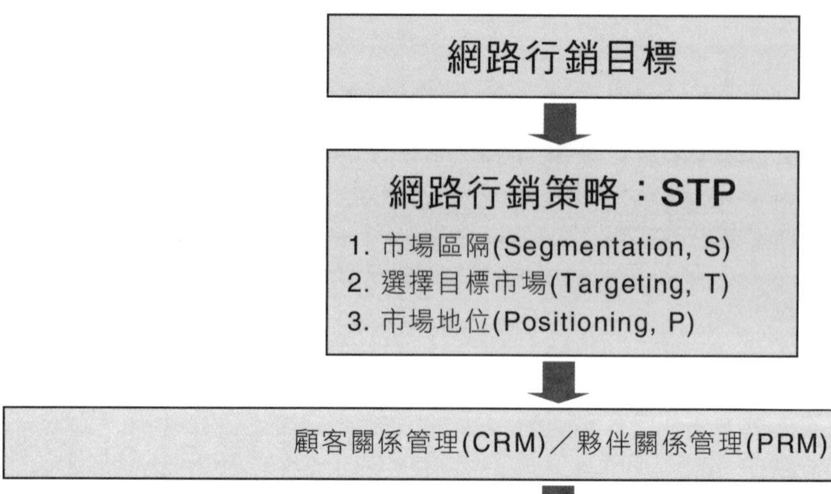

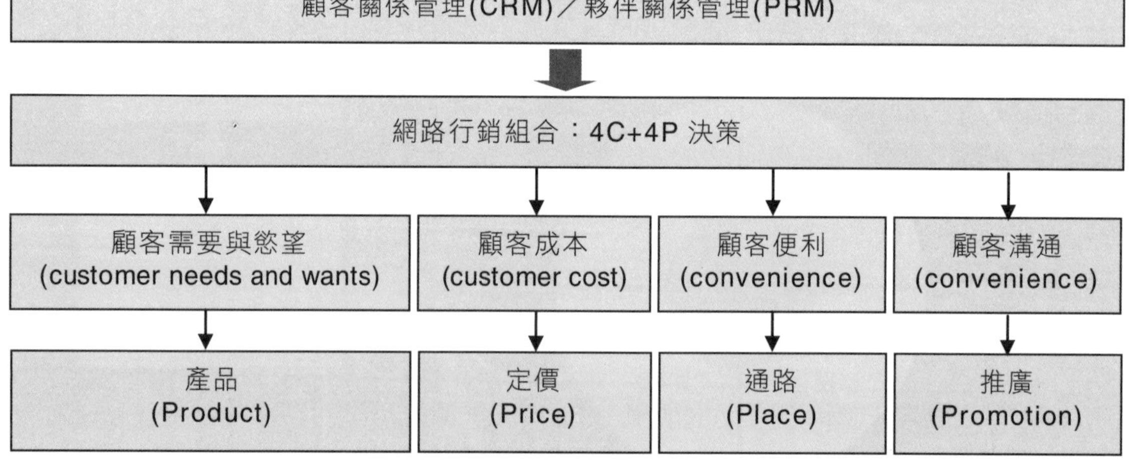

圖 5-14 網路行銷策略的展開

Kotler（1994）認為現代策略行銷的核心，就是所謂 STP，亦即市場區隔（segmenting）、選擇目標市場（targeting）、市場定位（positioning）。STP 能提供行銷策略架構。而行銷策略的觀點經歷三階段：大量行銷、產品多樣化行銷、目標行銷，愈來愈多公司發現到要實行大量行銷或產品多樣化行銷是愈來愈困難，公司逐漸轉向目標行銷，由於目標行銷有助於銷售更能明確地確認行銷機會，並能針對每一個目標市場發展適當的產品，銷售者可以有效地調整其價格、配銷通路及推廣活動，以求更有效地接近目標市場。簡單地說，策略行銷的本質就是 STP，而整過 STP 過稱，又稱為「目標行銷」，如圖 5-15 所示。

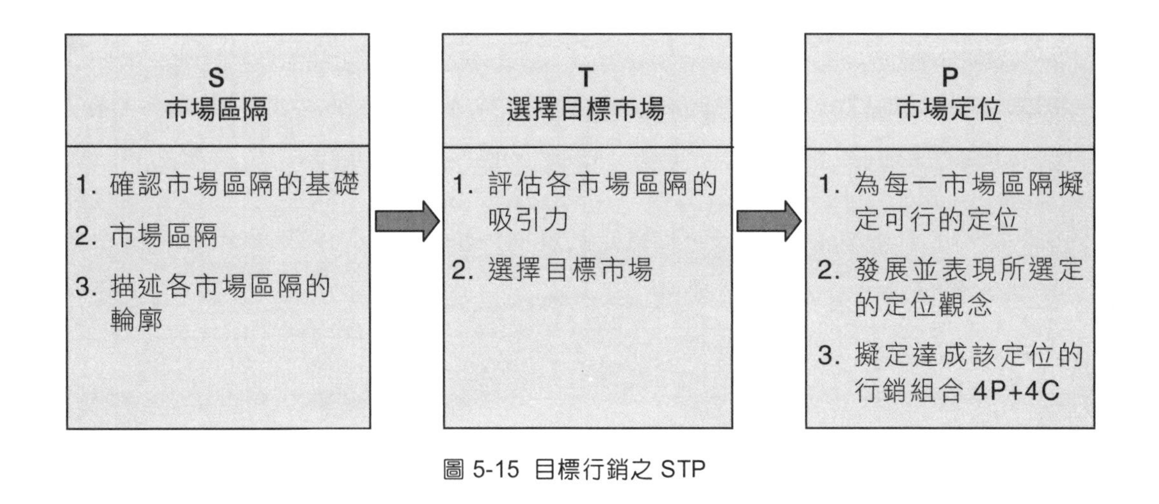

圖 5-15 目標行銷之 STP

目標行銷須具備三個主要步驟：

1. **市場區隔（S）**：依據購買者對產品或行銷組合的不同要求，將市場區分為幾個明顯區別的子市場。必須確認不同的市場區隔方法，並描述各市場區隔的輪廓。
2. **選擇目標市場（T）**：評估及選擇所要進入的市場區隔。
3. **市場定位（P）**：針對所選定的目標市場，尋求、發展、傳達定位理念。

四、網路行銷市場區隔（S）

市場區隔化係確認不同的市場區隔方法，並描述各市場區隔之輪廓。將市場分割成幾個不同的購買群體，每個購買群體的購買者對個別的產品或行銷組合感到興趣。行銷人員嘗試以各種不同的變化，找出何種能提供最佳化的區隔機會。區隔化分析的效果，端視市場區隔的可衡量性（Measurability）、足量性（Substantiality）、可接近性（Accessibility）、可區別性（Differentiable）、可行動性（Action ability）等特徵而定。如未能滿足上述的要求，則必須重新檢討，藉由有效的策略方案加以補足。如此周密的考量，才能確保區隔市場的有效性。

五、網路行銷目標市場選擇（T）

選擇目標市場係評估及選擇所要進入之市場區隔。在選擇目標市場時，必須考慮各個市場區隔的關連性以及潛在市場區隔之進入計劃。

六、網路行銷市場定位（P）

產品之市場定位係擬定具競爭性的產品定位及行銷組合的細部計劃。最早提出定位（Position）觀念者為 Ries & Trout（1982），他們將定位視為對現有產品的一種創造性活動。許長田（1991）認為行銷定位（Marketing Positioning）是針對潛在顧客心理的一套「抓心策略」，如何將商品定位於潛在顧客的心目中，最主要的方法就是先定位消費者的心理，也就是「消費者心理的定位」。定位的工作包括三個步驟：首先，企業必須確認其在產品、服務、人員及形象等方面，相對於競爭者之差異性的地位。其次，企業必須利用一些標準來選擇其中最重要的差異屬性。最後，企業必須在其目標市場中推廣差異化的競爭優勢。

5-4 網路行銷市場區隔（S）

一、市場區隔的內涵

史密斯（Wendell R. Smith, 1956）提出市場區隔（market segmentation），其認為市場內的消費者並不是同質的，具有不同的需求，因此若將一個市場區隔成幾個較小的消費群，再針對每一群的特殊習性或需求，發展不同的行銷組合策略，將能滿足這每一消費群的需求，達到更好的行銷績效。亦即市場區隔的基礎建立於市場需求面的發展上，針對產品和市場行銷活動做合理及確實的調整，以使其適用於消費者之需要。

由於企業資源是有限的，為達到最大行銷之效能，市場區隔是必要的。針對不同市場區隔，為符合市場區隔中顧客需求而有不同之行銷組合，使其同市場區隔內具有高度同質性，不同市場區隔間具有高度異質性，以達到事半功倍之效益。

在面對需求異質化的市場時，應用市場區隔化的策略一般都能增加企業之期望報酬。市場區隔有助於銷售者更明確地確認行銷機會，並能針對每一目標市場發展適當的產品，並且可以有效地調整其價格、配銷通路及推廣活動等行銷策略，將力量集中於那些有更大機會滿足其需求的購買者身上。其利益如下：

1. 針對最具潛力及利益的市場區隔投入適當資金及關注。
2. 設計出真正符合目標消費者需求的產品。
3. 針對目標消費者提供有效的行銷訴求。
4. 決定最適當的行銷媒體並決定預算比例。

5. 銷售下降時，適時地修正廣告策略和促銷活動
6. 掌握及預測瞬息萬變的市場趨勢，使企業事先準備以獲取利益
7. 充分瞭解與運用人口統計變數

市場區隔的基礎變數相當多，但並非所有已形成之市場區隔皆具有意義，在進行市場區隔時，應考慮區隔是否有效，選擇最有效的區隔基礎。此外，市場區隔化觀念帶來三個基本策略思維，包括無差異行銷（undifferentiated marketing）、差異行銷（differentiated marketing）、集中行銷（concentration marketing）。

二、為何需要進行市場區隔？

1. 根據行銷法則，任何針對消費者市場的產品均無法吸引全部的購買者，此因購買者的數量很多，而且彼此的的需求與偏好都不相同。
2. 企業的網站可能會被世界各地的消費者使用，但這並不表示產品會被所有的消費者接受，只是表示以往區域的限制被打破。企業仍然要實施市場區隔，把企業的資源集中在那些有較大購買興趣的顧客身上。
3. 透過市場區隔針對市場規模、潛力不同，更正確地定義出目標市場，並更有效率分配資源，以使目標更精確、更容易評估，達到更高的行銷績效。

三、市場區隔的基礎

市場區隔的基礎（basis for segmentation）係指將整體市場劃分成數個同質子市場的標準。以下就各學者的觀點，將基礎變數加以劃分。

依「變數屬性」區分如下：

1. **描述性變數**：以地理變數、人口統計變數或使用量等來做區隔。
2. **因果性變數**：係指導致消費者購買的主要利益變數，如動機、產品利益、態度等，故又稱之為利益區隔。

依「人及產品」區分如下：

1. **以人為導向的變數**：如生活型態、動機、地理變數、人格特質及社會階層等。
2. **以產品為導向的變數**：如追求的利益、使用率、品牌忠誠度、商店忠誠度及其他與產品相關之特徵。

依「消費者行為」區分如下：

1. **一般變數**：包括人口統計變數、社會經濟特徵、個性、生活型態或心理變數等。
2. **特定情境變數**：包括使用及購買型態、追求利益、使用頻率、品牌忠誠度等等。

四、常見的市場區隔分類

常見的四種市場區隔分類，如表 5-4 所示：

1. **地理區隔變數**：例如國家、地區、區域、城市大小、人口密度、氣候等。
2. **人口統計區隔變數**：例如年齡、性別、所得、職業、教育、宗教、家庭人數、家庭生命週期等。
3. **心理區隔變數**：例如社會階級、生活型態、人格等。
4. **行為區隔變數**：例如使用時機、使用頻率、消費情境、追求的利益、品牌忠誠度等。

表 5-4 市場區隔基礎之分類

劃分方式	地理性（Geographic）	人口統計（Demographic）	心理方面（Psycho graphic）	行為方面（Behavioral）
市場區隔變數內容	國家 地區 區域 城市大小 人口密度 氣候	年齡 性別 所得 職業 教育 宗教 種族 家庭人數 家庭生命週期 世代 國籍	社會階級 生活型態 人格	使用時機 使用頻率 消費情境 追求的利益 品牌忠誠度 購買準備階段 對產品的態度

市場區隔變數可分為二：一為區隔變數，作為劃分市場之用；一為描述變數，則是針對區隔變數所劃分而來的各個集群加以描述，使得行銷研究人員能對各區隔有更深入的認識與瞭解。以下針對市場區隔基礎內容，分為地理變數、人口統計變數、心理層面變數和行為變數四部分討論。

◆ 地理（Geographic）變數

各區域需求及偏好可能不同，企業需讓不同區域的消費者可以選擇適合自己的產品。網際網路打破了區域的限制，因此台灣企業的產品可以被美國的消費者在網路上訂購，但是某些產品具有時效性，無法承受長時間的運送，企業必須針對這個特性，改進包裝或限制太遠的消費者購買。

◆ 人口統計（Demographic）變數

人口統計區隔化是以一些基本的人口統計變數將市場分成數個群體，內容包含年齡、家庭人口、家庭生命週期、性別、所得、職業、教育、宗教、種族、世代、國籍。由於消費者的慾望、偏好及使用率常與人口統計變數有很大的關聯，而且人口統計變數較其他類型的變數易於衡量，因此人口統計變數是最普遍用以區隔消費者的變數。其中「所得」方面，因網際網路使用者包含學生或無實際工作收入者，故擴大「所得」為「平均月收入或可支配零用金」。

◆ 心理層面（Psychographic）變數

1. **人格**：在消費者研究中，人格為對環境刺激的一致性反應。人格是一種特定的組成類型，使一個人與他人不同。人格的一致性反應乃是基於較持久的、內在的心理特質。企業進行市場區隔時，要注意網路上每個人的行為可能與現實生活並不相符，產品本身應要有一些獨特的特性，以吸引這些潛在的消費者。
2. **生活型態**：生活型態是個人價值觀及人格特性經由不斷整合所產生的結果，是消費者生活、支配時間和運用金錢的方式。生活型態可以較精確描繪消費者特質及其心理層面，有助於行銷人員對消費者行為的瞭解及預測。
3. **科技生活型態**：科技生活型態係將一般的生活型態以網路使用動機、科技資訊敏銳度、科技產品使用活動、對科技的觀點等構面加以衡量之，例如網友的科技基礎環境、網路使用能力、以及網路購物能力等變數。
4. **涉入程度**：「涉入」是個人對事物感覺到的攸關程度，屬於一種內心狀態。涉入是「個人基於本身的需求、價值觀和興趣等因素來考量個人與產品之相關程度」。涉入是個人對目標主體所存在的知覺價值，以表示對於目標主體的興趣，其所指的目標主體可以是產品本身、廣告訊息或是購買決策。

◆ 行為（Behavioral）變數

1. **利益區隔**：利益區隔係指依據消費者對於產品或服務所尋求的不同利益，對消費者市場加以區隔。利益係指消費者在使用某產品或服務時，希望從中獲得某些利益或滿足某些需求，所以消費者在選擇商店及選購產品時，心中會有一些評估標準及所重視之條件。
2. **使用（購買）型態**：使用（購買）型態變數係指消費者對產品採用決策過程中，所表現的各種行為特徵，例如購買時機、購買頻率、使用頻率等。

五、市場區隔方法

市場區隔方法可分為下列四種型態：

1. **事前區隔化模式（Prior Segmentation Model）**：此模式有直接觀察法、歸類法、編列交叉列連法等方法，所採取的區隔基礎通常為人口統計變數、品牌忠誠度、產品使用（購買）率等。在選定區隔基礎後，於區隔型態分析之前，即可計算出市場區隔數目及各區隔內人數。
2. **事後區隔化模式（Post Hoc Segmentation Model）**：此模式有集群區隔分析法（Cluster-based Segmentation Design）、多元尺度分析法（Multi-Dimensional Scaling Analysis）等方法，以集群區隔分析法較常用，所採取的區隔基礎有利益追求變數、需求態度、生活型態及其他心理變數等。在選定區隔基礎後，尚無法立即先計算出市場區隔數目及各區隔內人數，它是依據受試者在某些區隔基礎上之相似程度予以分群，且必須運用特定研究技術分析後，始能決定區隔變數、區隔內數目以及區隔型態。
3. **彈性區隔化模式（Flexible Segmentation Model）**：此模式是綜合聯合分析（Conjoint Analysis）和顧客選擇行為之電腦模擬而成許多區隔市場，且每一個區隔中，分別包含一些對產品特性組合有相似反應的顧客，可供行銷人員用以彈性的區隔市場。
4. **成份區隔化模式（Componential Segmentation Model）**：以聯合分析和直交排列統計方法（Orthogonal Analysis）而得，用產品及人格特質來區隔，強調預測何種型態的人會對何種型態的產品積極的反應。其與彈性區隔化相異之處在於，它同時包含產品與人的特性，如此便具有區隔市場和預測的雙重變數。

六、評估市場區隔是否有效

一個有效的市場區隔，必須具備五項要件：

1. 可衡量性(Measurability)：係指該市場區隔其大小與購買力可以被衡量的程度。
2. 足量性(Substantiality)：係指該市場區隔其大小與獲利性是否足夠大到值得開發的程度。例如汽車工廠可能會製造一些座椅較寬的汽車，但就市場的觀點來看，身高較高或體重較重者很少，造成這個區隔市場可能太小而無法獲利。
3. 可接近性(Accessibility)：係指該市場區隔能夠被接觸與服務的程度。例如可能區分出老年人這個市場，可是此一族群較少上網使得網站無法有效接近，因而無法成功銷售相關產品。
4. 可區別性(Differentiable)：市場區隔在觀念上是可加以區別的，且可針對不同的區隔採行不同的行銷組合。
5. 可行動性(Actionable)：係指該市場區隔足以擬定有效行銷方案，吸引並服務該市場區隔的程度。例如一汽車公司將市場區分出高級車、中型房車、小型車、箱型車、貨車五個市場，但是因資源有限而無法一次進入所有的市場。即使企業只決定要進入高級車的市場，但可能會因為知名度不足或技術不足而需退出。

表 5-5 有效市場區隔的條件

有效條件	說明
可衡量性(Measurability)	該市場區隔要有具體可衡量的市場範圍大小
足量性(Substantiality)	該市場區隔其大小與獲利性是否足夠大到值得開發的程度
可接近性(Accessibility)	該市場區隔能夠被接觸與服務的程度
可區別性(Differentiable)	該市場區隔與其他市場區隔可區別出有所不同
可行動性(Actionable)	該市場區隔足以擬定有效行銷方案，吸引並服務該市場區隔的程度

5-5 選擇進入那些目標市場（T）

一、評估所區隔的市場是否適合作為目標市場

評估市場區隔是否適合作為目標市場的方法：

1. **長期獲利**：評估區隔在市場規模及成長率方面，長期而言是否具有吸引力。
2. **競爭威脅**：評估目前及未來競爭者所帶來的影響，以及替代品的威脅。
3. **供應商**：好的供應商會讓企業在原物料、設備的取得上比其他的競爭者來得有優勢。
4. **本身目標與資源**：考慮企業本身的目標與資源是否與市場有相關性。

二、選擇進入目標市場的方式

選擇進入目標市場的方式可分為四種，說明如圖 5-16 所示：

1. **無差異行銷（undifferentiated marketing）**：以一套產品、服務及策略提供給整個市場，而將重點放在消費者的共同點，而非差異點。公司不重視各區隔間的差異性，而將整個市場視為一個整體，企圖以單一產品或單一行銷組合來服務市場上所有的顧客。換句話說，企業只生產一種商品，而企圖以單一的行銷組合向所有的消費者行銷時，這樣的策略稱為無差異行銷（undifferentiated marketing），又稱為大眾行銷（mass marketing）。
2. **差異化行銷（differentiated marketing）**：企業認為各區隔市場間存在差異性，因而決定選定一個或數個區隔市場為目標市場，進而針對每一區隔市場，設計不同的產品與不同的行銷組合策略。換句話說，當企業將市場切割成不同的區隔市場，而以不同的行銷組合滿足各個不同區隔市場的需要（needs）時，這樣的策略即為差異化行銷（differentiated marketing）。
3. **集中式行銷（concentrated marketing）**：企業本身因資源有限，某些企業會決定將全部行銷資源專注在某特定區隔市場。在這種策略下，行銷者集中一切力量，試圖滿足單一市場區隔的需要（needs），這種策略最適用於資源較少，或者是生產提供高度特殊化產品或服務的企業。這種策略又稱為利基行銷（niche marketing）。

4. 微行銷（micro marketing）：微行銷專門針對一個郵遞區號、一種特定的行業、特定生活方式或是單一家庭的消費需要(needs)進行行銷，其所認定的區隔較「集中式行銷」更小。當微行銷策略推行到極致時，即是針對個人的一對一行銷。網際網路的興起更有利於微行銷策略的推行。利用網路使用者的個人資料，行銷人員直接運用電子郵件或行動簡訊，直接與目標消費者個人取得連繫，對目標消費者進行個人化的一對一微行銷。

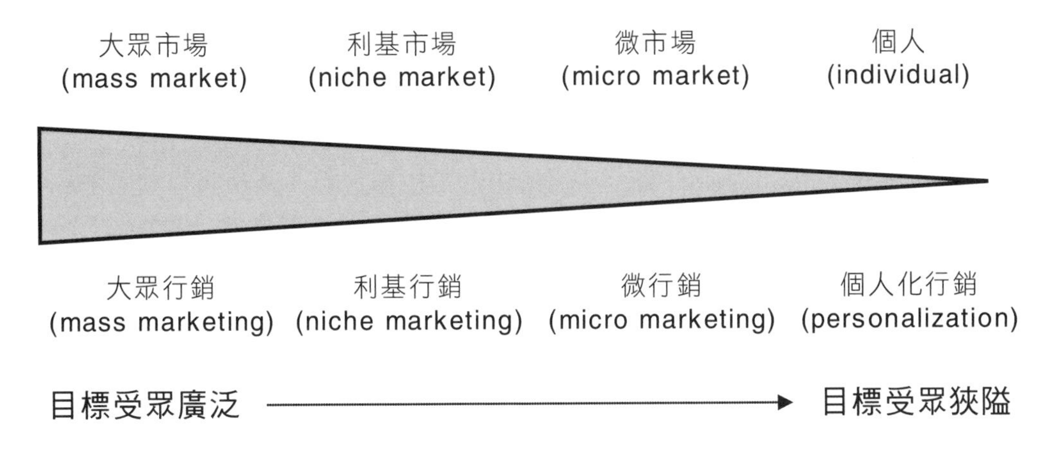

圖 5-16 市場區隔的概念

表 5-7 選擇進入目標市場的方式

行銷方式	說明
無差異行銷（undifferentiated marketing）	認為消費者的需要(needs)並無特別差異，將市場視為同質，只提供一種產品或服務。
差異化行銷（differentiated marketing）	認為消費者的需要(needs)有不同差異，針對不同市場區隔，提供不同的產品或服務組合。
集中式行銷（concentrated marketing）	只針對單一市場區隔，提供一套產品或服務組合。
微行銷（micro marketing）	針對比「集中式行銷」更小的市場區隔，提供一套產品或服務組合。

5-6 網路行銷市場定位（P）—產品定位、品牌定位

一、產品定位

市場定位是指目標市場中的消費者對產品所認知的市場地位。行銷者必須瞭解消費者對產品的印象如何，並發展有效的行銷策略，以達成企業目標。因此市場定位的主要目的為協助完成市場區隔，找出利基的所在。

產品定位是指企業建立一種滿足消費者心目中特定地位的產品，並結合產品設計，產品製造，產品行銷包裝，廣告組合等之相關活動，即是說所有的產品定位，來自市場消費者不同區隔之需求，並由既定的定位來執行後續的所有相關活動的 4P 組合。產品定位是行銷策略中有關產品決策中的最重要課題，甚至可以說是整個產品策略的核心，產品定位的意義是將本身定位在比較競爭對手更易獲得顧客偏好。

選擇產品定位的構面與型態很多，就學理而言可區分為六種方法：

1. **以產品屬性的特色或顧客想要的價值來定位**：例如，耐用型、經濟型或是兩者之間的結合。
2. **以價格與品質的高低來定位**：例如，南投寒碧樓。
3. **以產品的用途來定位**：例如，短期娛樂的遊樂場。
4. **以產品使用者的身份區別來定位**：例如：Nike 球鞋與 Michcal Jordan，將產品與使用者形象相連結。。
5. **以產品群的相對性來定位**：係將產品依其所屬的某種產品類別定位或該產品類別的領導者。
6. **以競爭廠商的相對性來定位**：例如，強調產品在某些方面要比競爭者佳，並以此作為立足的地位。

二、品牌定位

品牌定位是目標消費者對品牌的認知，這些消費者的認知包括功能性的利益與非功能性即情感性的認知。其中，功能性的利益即為產品定位。因為品牌定位是奠基在消費者的認知，所以消費者本身的態度、信念與經驗將導致相同的區隔確有不同的認知，或許有不同的區隔但有相同的品牌認知。

品牌定位是一溝通的過程，以塑造期望的品牌形象，並與競爭者有所差異。品牌定位是以競爭為觀點，強調品牌的區別與刺激屬性的關係，隱含消費者的利益與動機屬性、目標市場、使用時機與競爭者為何等概念。

品牌定位是品牌識別與價值主張的一部份，此一定位將積極、主動地與目標受眾溝通，同時用以展現其相較於競爭品牌的優勢。從上述的定義，Aaker 提出以下四個構面來解釋品牌定位，如圖 5-17 所示。

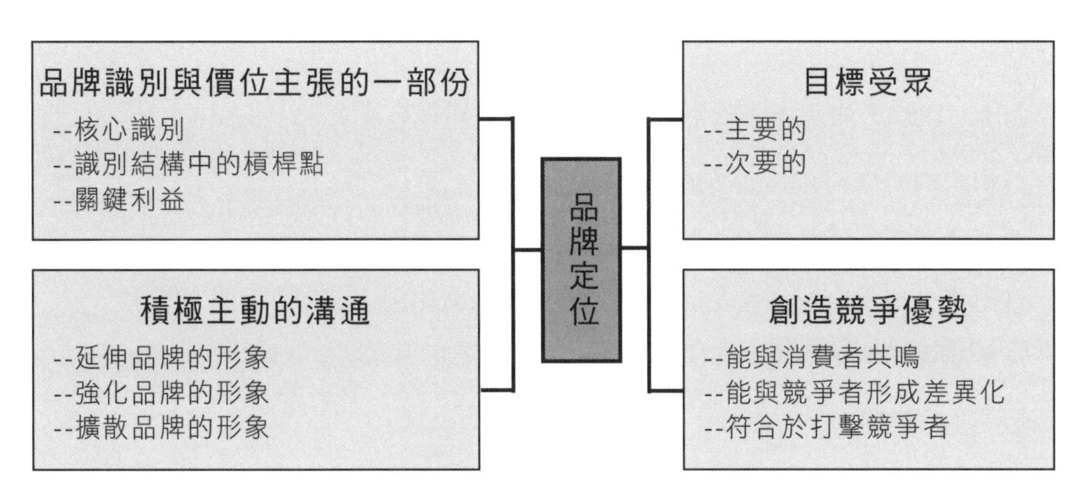

圖 5-17 品牌定位架構
資料來源：Aaker（1996）

1. **品牌識別與價值主張的一部份**：當一個品牌的確存在時，該項品牌的識別與價值主張才能完全地發展，並且具有系統脈絡與深度。
2. **目標受眾**：品牌定位是一溝通的程序，故必須決定目標受眾。
3. **積極主動的溝通**：品牌識別與品牌形象的比較經常會產生下列三種不同溝通任務：延伸、強化與擴散品牌形象。而這些品牌定位任務則是透過品牌定位的過程加以陳述反應出來。
4. **創造競爭優勢**：品牌定位應展現其相對於競爭者的優勢，並能與消費者共鳴，意即能與競爭者形成差異化的競爭優勢。

總結來說，品牌定位是一種廠商主動的將品牌、形象及價值主張傳遞給消費者的過程，而透過此溝通的過程來表現出與競爭品牌的差異化及競爭優勢。

三、定位的策略

依據 Kotler & Fox（1985）的建議，發展定位策略的步驟為：

1. 評估該產品在市場上的位置。
2. 選出一個理想的位置。
3. 針對所選擇的位置發展策略。
4. 實施所訂的策略。

Jain（1996）建議產品的定位可由下列四個過程來決定：

1. 分析對消費者而言是顯著的產品屬性。
2. 分析這些產品屬性在不同的市場區隔中的分配狀況。
3. 針對產品屬性來決定產品的最適定位，並考慮市場中的既存品牌的定位。
4. 為產品選擇全面的定位。

學・習・評・量

1. 請簡述傳統行銷規劃程序。
2. 請簡述網路行銷規劃程序。
3. 請簡述行銷個體環境與總體環境包括那些環境？
4. 何謂網路行銷 STP？請簡述之。
5. 選擇目標市場的方式可區分為那四種？

網路行銷組合策略

6 CHAPTER

銜接之前所提到的市場區隔（Segmentation），目標市場選擇（Targeting）與市場定位（Position），本章主要在探討行銷組合 4P 決策一產品決策（Product）、定價決策（Price）、通路決策（Place）及推廣決策（Promotion）；以及網路行銷組合 4C—顧客的需要與慾望（Customer needs and wants）、顧客成本（customer cost）、便利（Convenience）、溝通（communication）。

網路行銷是一種消費者拉動的模式，完全不同於傳統行銷中將消費者看成具有相近的需求等同對待，傳統的行銷理論係根據消費者的某些特性，將市場區隔成若干個相關群體，以確定目標市場。網路行銷可透過個人化量身訂作將市場區隔達到極致，每一位消費者都被看成是一個微市場區隔，目標市場更加明確，根據每一位消費者的特別需求，量身訂作行銷組合，即達到所謂的一對一行銷。

6-1 網路行銷規劃程序

行銷規劃程序是企業在發展行銷策略藍圖的一個過程。這個藍圖就像企業地圖一樣，可以引導企業分配資源、在關鍵時刻作出決策。若要建立一個完整的行銷規劃至少需要七個步驟：

1. 行銷環境偵測（實體與虛擬）
2. 建立網路行銷目標
3. 市場區隔（Segmentation）
4. 選擇目標市場（Targeting）
5. 市場定位（Position）

6. 設計行銷組合策略：

（1）傳統行銷組合 4P 決策—產品（Product）決策、定價（Price）決策、通路（Place）決策、推廣（Promotion）決策。

（2）網路行銷組合 4C 決策—顧客的需要與慾望（Customer needs and wants）決策、顧客成本（customer cost）決策、便利（Convenience）決策、溝通（communication）決策。

7. 建立行銷組織、執行行銷方案、控制行銷績效。

之前已經詳細介紹過傳統行銷規劃程序與網路行銷規劃程序，本章將重點放在介紹 STP 之後的行銷組合 4P 與 4C 之展開。

6-2 網路行銷組合 4P 與 4C

一、網路行銷組合 4P 與 4C

網際網路與電子商務的興起，促使行銷理論由原來的重心—4P，逐漸往 4C 移動：

1. 不再急於制定行銷組合之產品（Product）策略，而以回應顧客的需要與慾望（Customer needs and wants）為導向，不再以「銷售」企業所生產的、所製造的商品或服務，而是「滿足」顧客的需要與慾望。
2. 暫時把行銷組合之定價（Price）策略放一邊，而以回應顧客滿足其需求或慾望所願付出的成本（Cost）為主要考量。
3. 不再以企業的角度思考行銷組合之通路（Place）策略，而以顧客的角度思考，怎樣才能提供顧客想要的便利（Convenience）環境，以方便其快速地取得其所需的商品。
4. 不再以企業的角度思考行銷組合之推廣（Promotion）策略，而著重於加強與顧客之間的互動與溝通（Communication）以「獲取、增強與維繫」顧客關係。

傳統以 4P 為基礎的行銷理論，是追求企業的利潤最大化；而 4C 則是追求顧客的利潤最大化。因此，新一代的網路行銷強調的是，企業如果從 4P 對應 4C 出發，而不是只追求本身的（短期）利潤最大化出發，在此前提下，同時追求長期的顧客利潤最大化與企業利潤最大化為目標。換句話說，網路行銷理論模式是：行銷過程的起點是顧客的需要與慾望；行銷 4P 決策是在滿足 4C 要求下的長期顧客利潤最大化與企業利潤最大化。因此，即使在網際網路時代，行銷 4P 依然管用，只是方向與導向改變而已，從企業主導轉向顧客主導。表 6-1 所示，網路行銷組合 4P 的構成要素。

表 6-1 網路行銷組合 4P 的構成要素

產品（Product）	價格（Price）	通路（Place）	推廣（Promotion）
網路產品決策	網路產品動態定價	去中介化與新中介化	網路廣告
網路產品定位決策	線上議價	逆物流處理	網路人員銷售／智慧型代理人
網路產品組合決策	網路拍賣	第三方物流	網路促銷
數位內容決策	免費─禮物經濟	電子距離 vs 實體距離	網路公共關係
網路品牌決策	網路搭售	接觸點、全通路	網路直效行銷
網路 CIS 決策			

如果從產品屬性差異化與顧客價值差異化的角度來看，傳統行銷組合 4P 策略是銷售端的考量，而網路行銷組合 4C 策略則是顧客端的考量。如圖 6-1 所示。

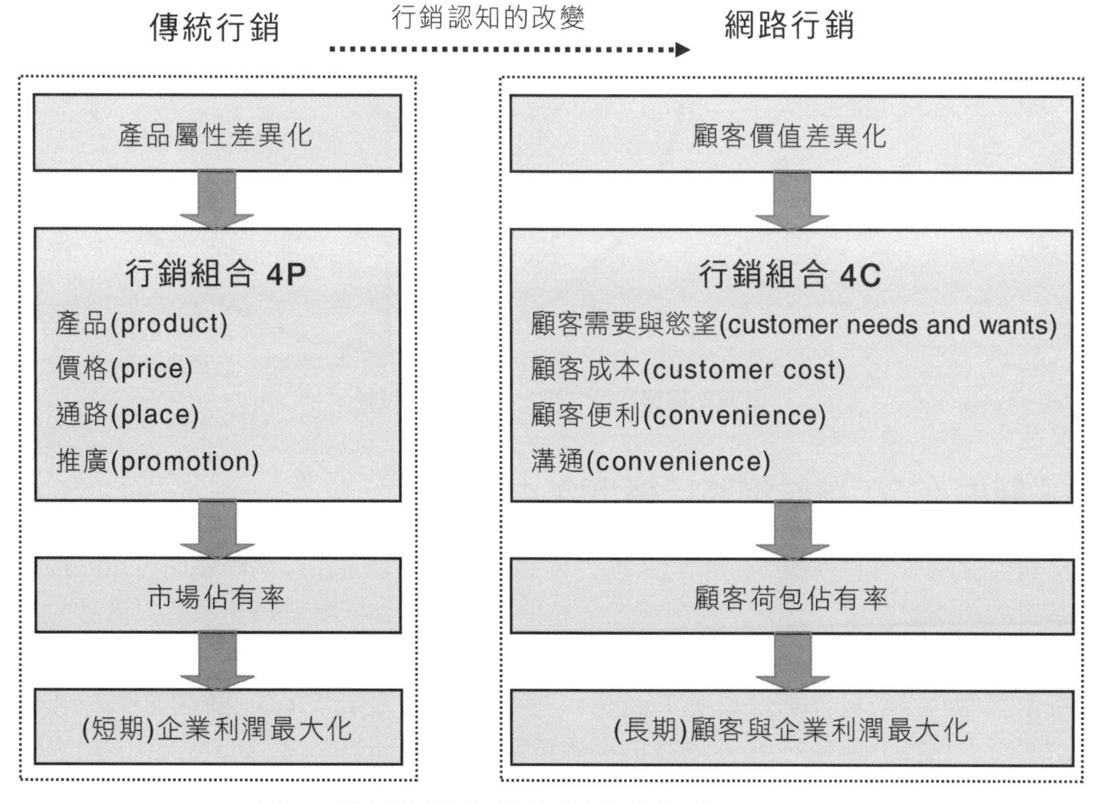

圖 6-1 從產品屬性差異化與顧客價值差異化看 4P 與 4C

傳統行銷常採產品、價格、通路、推廣之 4P 競爭。但當今商場產品成熟、價格競爭、通路飽和、推廣與促銷手法雷同，任何策略對手皆能適時模仿，已無獨占優勢可言。網路行銷組合已邁入 4C：顧客需要與慾望（customer needs and wants）、顧客成本（cost）、便利（convenience）、溝通（communication）的範疇！，誰能掌握 4C 優勢，誰就能行銷天下，電子商務脫穎而出！但想要在網路市場攻城掠地，就看如何發展特有的 4C 行銷策略。不論任何行業愈來愈趨向服務化，及強調顧客導向的更深層化，因此廠商在實務上應使網路行銷 4P 更服務化，所以才有網路行銷 4C 之說法，但在理論上仍應以網路行銷 4P 做探討即可（參考圖 6-2）。

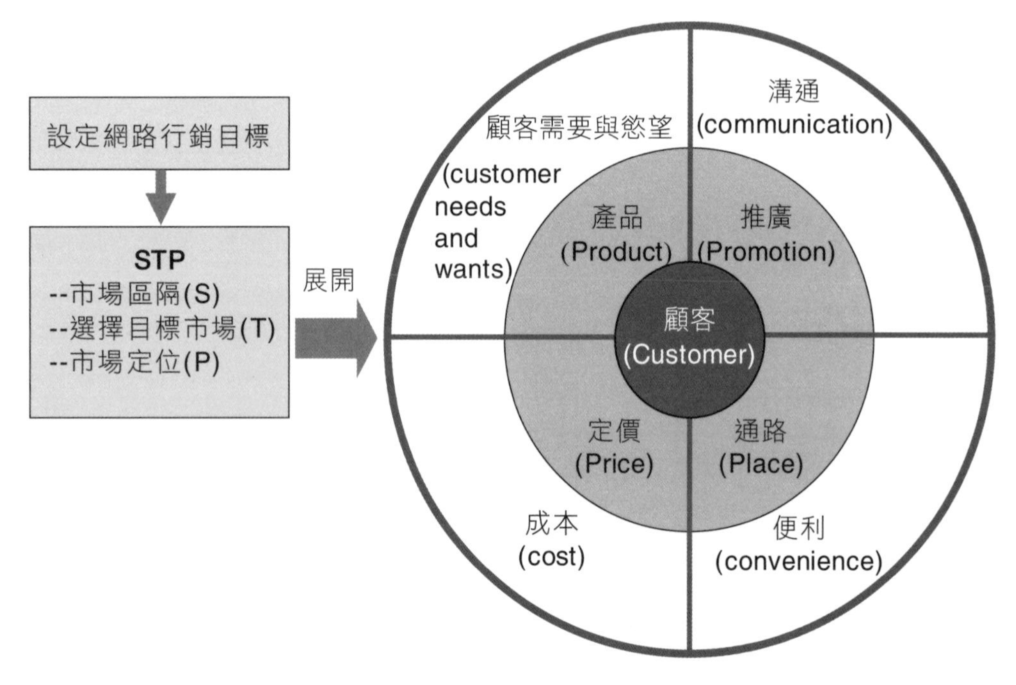

圖 6-2 網路行銷 STP、4P、4C 的關係

二、藉由 ICDT 連結網路行銷組合 4P 與 4C

現代行銷核心是以顧客為導向，極大化滿足顧客需求。在以網際網路（Internet）為基礎的網路行銷中，能充分利用網際網路的特點，作為企業與顧客間雙向溝通的優勢使傳統行銷組合 4P 轉化為網路行銷組合 4C。換句話說，在顧客導向的時代裡，傳統行銷管理的行銷組合 4P（產品 Product、定價 Price、通路 Place、推廣 Promotion）應該與衍生自買方觀點的 4C（顧客的需要與慾望 customer needs and wants、顧客成本 Cost to the customer、便利 Convenience、溝通 Communication）與之充分結合，而網路行銷的特性正符合「顧客需求導向」、「成本低廉」、「方便購買或取得」、「充分溝通」的 4C 要求。

此外，網際網路對行銷活動將產生巨大的影響，而行銷人員將如何有效地應用將是一重要的考驗。Albert Angehrn（1997）提出 ICDT 模式，將網路行銷 4P 決策區分為四種型態，建議企業應該瞭解本身的定位進而發展適當的策略。如圖 6-3 所示，網路行銷的策略發展就可以藉由 ICDT 模式連接傳統實體市場空間（market place）的行銷組合 4P 與虛擬市場空間（market space）的網路行銷 4C 組合。

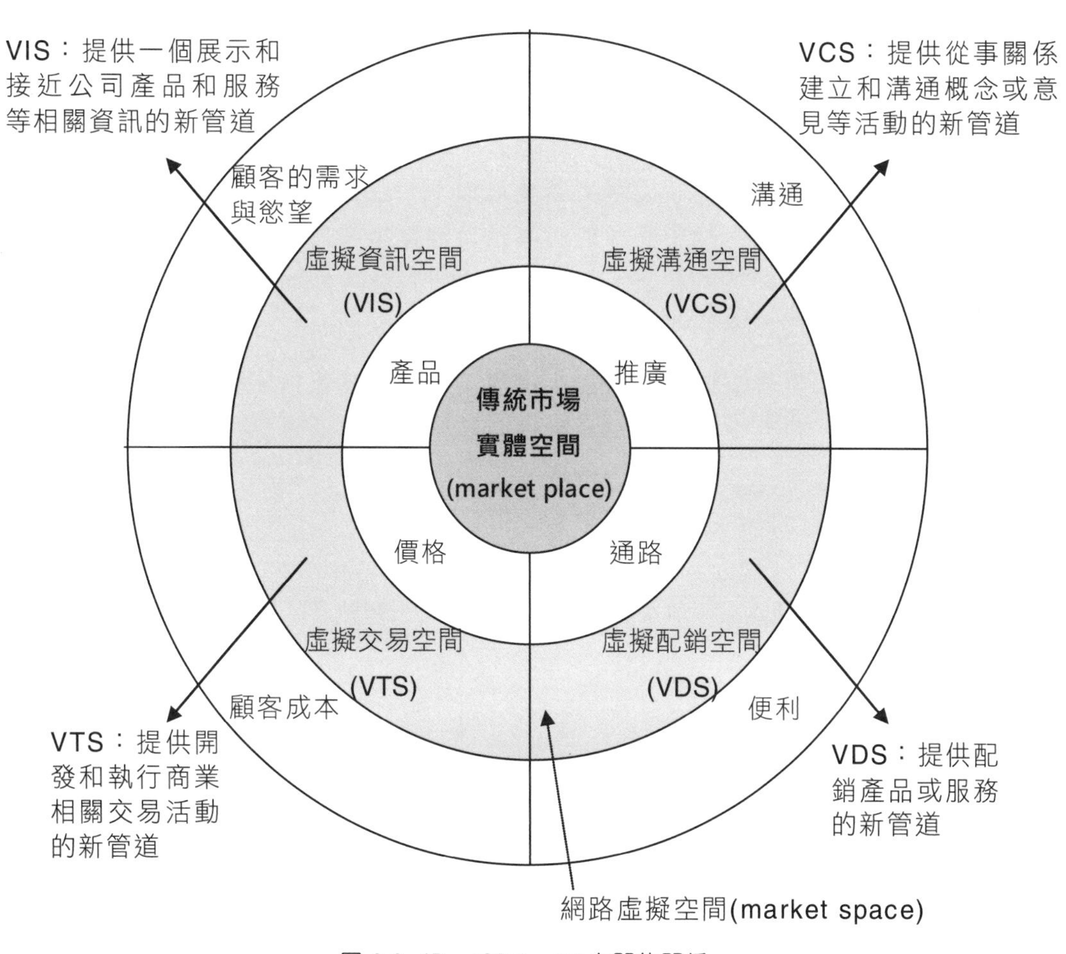

圖 6-3 4P→ICDT→4C 之間的關係

ICDT 四種型態網路行銷組合決策說明如下：

1. **虛擬資訊空間**（Virtual Information Space，VIS）：提供一個展示和接近企業產品資訊或企業服務資訊的新管道，例如線上型錄、線上商展、線上研討會等。
2. **虛擬溝通空間**（Virtual Communication Space，VCS）：提供從事關係建立和溝通概念或意見等活動的新管道，例如 Skype、Line、FB 等。

3. **虛擬交易空間（Virtual Transaction Space，VTS）**：提供開發和執行商業相關交易活動的新管道，例如線上訂購與線上付款。

4. **虛擬配銷空間（Virtual Distribution Space，VDS）**：提供配銷產品或服務的新管道，例如數位化商品（線上軟體下載安裝）與數位化服務（線上技術諮詢服務）等。

◆ 虛擬資訊空間（Virtual Information Space）的新典範

1. **從「資訊封閉」到「資訊開放」**：在過去，由於企業與消費者間普遍存在所謂的「資訊不對稱」問題，因此消費者若要比較不同企業產品間的功能、價格、售後服務與支援等，必須花費相當多的時間精力去蒐集，並自行分析比較。但在虛擬資訊空間中，比價網站的興起，促使資訊由「封閉」轉而「開放」，也大幅降低企業與消費者間的「資訊不對稱」性。

2. **從實體「原子」世界到虛擬「位元」世界**：實體產品是以「原子」所組成個，而數位產品則是「位元」所組成的。數位產品相對於實體產品，具有較高的開發成本，但相對較低的複製成本（生產成本），因此，數位產品的開發成本會隨著消費者增加而快速下降，且其使用效益愈高。

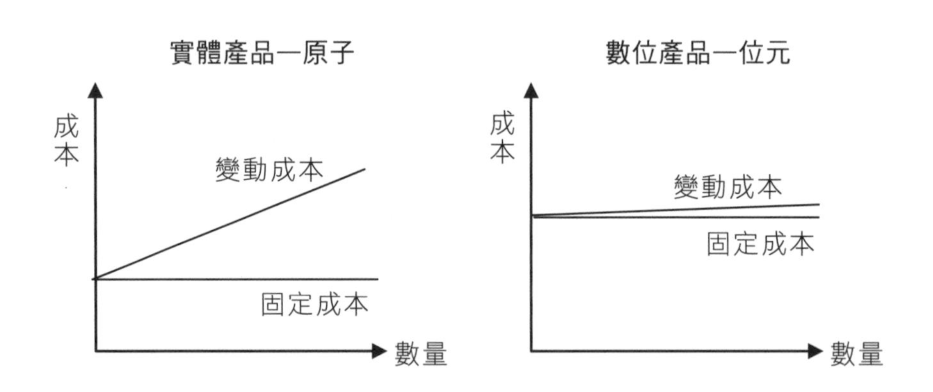

圖 6-4 實體產品與數位產品的成本結構

3. **大量客製化（Mass Customization）**：企業為了同時達到「大量生產」的規模經濟，又想生產符合不同消費者偏好的「客製化」，這在過去是十分困難達成的。然而，由於網際網路與資料庫技術的發達，企業得以利用 e 化科技，快速而正確地以「堆積木」的方式，達成所謂的「大量客製化」。例如：Dell 電腦公司利用所謂線上組裝精靈，以類似「堆積木」的方式，協助消費者快速而正確地選擇與組合各種不同配備（客製化）的個人電腦。

4. **產品廣度與產品深度兼具**：在過去，企業要想規劃所要販售個產品時，常常會面臨兩個選項的權衡（Trade-off）。然而，由於網際網路與資料庫技術的發達，企業得以利用 e 化科技，同時開發兼具「產品廣度」與「產品深度」的產品，如圖 6-5 所示。例如：嘉信理財不僅在網路上提供顧客非常豐富（廣度），又非常深入（深度）的理財商品。

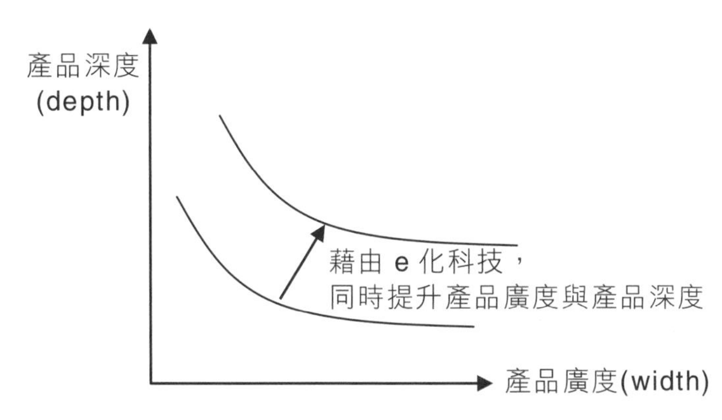

圖 6-5 藉由 e 化科技，同時提升產品廣度與產品深度

◆ 虛擬溝通空間（Virtual Communication Space）的新典範

1. **由「大眾」到「小眾」**：媒體趨勢從大眾媒體回歸小眾媒體，走進了分眾的時代，再加上雙向互動的網路媒體特質，自媒體的風潮在網路時代產生，例如 YouTube 的影音部落格。
2. **由「單向傳遞」到「互動溝通」**：電視或收音機等傳統單向傳遞方式已漸漸被網路互動多媒體所取代。任何溝通內容如語言、文字、聲音及影像數位化之後，都可以在網路上自由的傳輸。由於網路的雙向互動特性，使網路溝通不再侷限於單方面的陳述，除了可以互相溝通之外甚至可以在一個公開的討論空間中展開辯論，不限制時間與地點，只要能連結上網際網路，就可以享受到網路的互動性所帶來的便利。
3. **由「被動」到「主動」**：1990 年代末期，藉著不斷轉換電視台的頻道（遙控器），消費者已經逐漸取得控制權，現今又從滑鼠中取得了主控權。

◆ 虛擬交易空間（Virtual Transaction Space）的新典範

1. **線上訂購**：消費者可藉由網路，直接在線上選購與下單。
2. **線上支付**：虛擬位元貨幣取代實體原子貨幣，多元支付興起。

◆ 虛擬配銷空間（Virtual Distribution Space）的新典範

1. **數位產品配送管道**：網際網路本身也是一種通路，可用以傳遞任何以「位元」組合而成的產品或服務。
2. **去中間化與重新中間化**：隨著電子商務的蓬勃發展，經常可以看到一些不具價值或缺乏競爭力的中間商被高效率的網路商務應用所取代，發生所謂「去中間化」（Disintermediation）現象，而達到通路縮短的效益。不過，相對地，由於網路技術及架構突破了傳統媒體及通路的限制，許多新的應用因應而生。而大量的資訊供應也需要高效率的中間服務商提供整合性的資訊及商務服務，這種對具有高加值專業中間商的依賴，促成網際網路的「重新中間化」（Reintermediation）效應。這就是因為企業間電子交易環境的日漸成熟普及，直接衝擊傳統企業間商務交易的價值鏈，而產生解構和重組效應。如圖 6-6 所示。

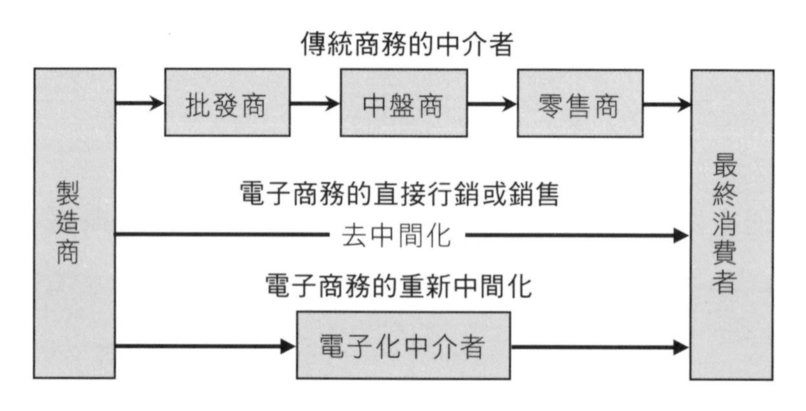

圖 6-6 去中間化與重新中間化

3. **從實體通路到虛實整合的多元化通路**：Internet 衝擊下，虛擬通路崛起，掀起虛實整合新浪潮。在網路時代中，通路更為多元化，虛實合一的銷售方式，為消費者帶來了便利，也增加了購買意願。

6-3 網路行銷 4P 決策

依 Kotler（1994）之定義，所謂行銷組合是企業為了達成行銷目標，用以控制目標市場各項變數的一套行銷策略組合工具。一般都根據美國學者麥卡錫所提出的 4P，包括產品（Product）、價格（Price）、通路（Place）及推廣（Promotion）等，構成一個完整的行銷策略組合。

對企業而言，瞭解本身產品的市場區隔及產品本身品牌在市場上的定位，搭配各種行銷組合的方法，方能制定出符合目標市場的行銷策略。對於在進入一個新的市場或推廣新產品時，正確的行銷策略制定及執行，對於市場行銷有絕對的影響。

一、產品策略：提供什麼產品？

產品策略包括品牌、產品屬性、產品保證、產品包裝等決策。

◆ 品牌決策

品牌（brand）：一個名稱、詞語、符號、設計或是上述之綜合體，用來確認銷售者的產品，以及與競爭者的產品有效形成區別的工具。例如 Google、Line、FB、IG⋯。

品牌用途在於：

1. **產品辨識**：幫助消費者區分競爭者產品與你的產品。
2. **重複購買**：幫助消費者確認其欲重複購買的產品。
3. **促進新產品銷售**：形成品牌知名度後，當新產品掛上知名品牌時，易降低顧客疑慮。

◆ 產品屬性決策

1. **產品功能決策**：產品用途、效用、安全性等。
2. **產品品質決策**：決定產品的可靠性、耐用性等品質標準（品質是相對的）。
3. **產品款式與設計決策**：產品的樣式、外型美感等。
4. **產品定位決策**：針對產品塑造其獨特的定位，以增高其附加價值。

◆ 產品保證/產品保固（product warranty）決策

產品保證/產品保固（product warranty）主是在保護購買者，以確保其可獲得產品的基本效用。許多公司銷售產品均附有保用期限。在保固期限內產品若有瑕疵或發生故障，由出售或製造的公司免費修理或置換零件。當銷售產品並附贈保證書時，免費修理的義務已存在，構成維修義務。

◆ 產品包裝（product package）決策

產品包裝具有多方面的行銷意義：

1. 保護商品，便於儲運。產品包裝最基本的功能便是保護商品，便於儲運。有效的產品包裝可以起到防潮、防熱、防冷、防揮發、防污染、保鮮、防易碎、防變形等系列保護產品的作用。因此，在產品包裝時，要註意對產品包裝材料的選擇以及包裝的技術控制。
2. 能吸引消費者注意力。說明產品的特色，給消費者以信心，形成一個有利的總體印象。有助於消費者迅即辨認出哪家公司或哪一品牌的產品。
3. 包裝能提供創新的機會。產品包裝的創新能夠給消費者帶來巨大的好處，也給生產者帶來了利潤。

二、定價策略：如何獲利？邁向獲利過程？

在定價策略方面，將討論線上經營模式決策、消費者付費方式之訂價策略與模型。

◆ 線上經營模式決策

線上經營模式決策，主要決策考量有資金來源，以及線上收入來源。

在資金來源方面，可分為：自有資金、外來資金。

在線上收入來源方面：

1. 供應商付費：內容贊助、網路廣告、銷售佣金。
2. 消費者付費：預約訂閱或會員費用、產品購買。

◆ 消費者付費方式之訂價策略與模型

常見的訂價策略：

1. **免費策略**：吸引忠實的線上使用者。
2. **低價策略**：產品售價比傳統通路便宜。
3. **競價策略（投標策略）**：消費者與廠商在線上拍賣議價。
4. **多樣化價格策略**：根據消費者採購時的變數而彈性決定產品價格。

常見的訂價模型實例：

1. 先用免費或具有吸引力的價格吸引顧客。
2. 再以會員價培養顧客的忠誠度。
3. 最後以量身訂做的價格抓住顧客，創造企業的合理利潤。

三、通路策略：利用哪些通路將產品送至消費者？

通路之涵意，係產品從生產者，轉移到消費者或是企業用戶的整個體系。其策略包含有金流、物流、資訊流等決策。

◆ 金流決策（交易功能）：採購、風險承擔、協助達成交易協議（如融資）

1. **決定付款方式**：信用卡、現金、電子錢包、轉帳、劃撥、貨到付款、行動支付…。
2. **線上交易安全機制**：線上交易安全機制主要的有 SET（secure electronic transaction, SET）及 SSL（secure socket layer, SSL）兩種安全機制，主流是採用 SSL 機制。

◆ 物流決策（物流功能）：產品所有權移轉、組合、分裝、實體配銷

1. 決定產品之運輸模式。
2. 決定送貨、退貨、維修等之服務據點與合作廠商。

◆ 資訊流決策（促進功能）：處理消費者之問題或抱怨、蒐集消費者購買資訊與回饋

1. 決定線上客服機制：例如要用 AI 客服嗎？還是用 Line 聊天機器人？
2. 決定人流數據蒐集機制：例如要用那一種類的 IoT 設備，要蒐集那些消費資料。
3. 決定要有那些顧客接觸點：要建置官網嗎？要設置線上客服嗎？要有 PDF 商品型錄嗎？
4. 如何與金流提供業者進行資訊串接？如何與物流業者進行資訊串接？

四、推廣策略：使用哪些推廣組合？

推廣策略主要包括廣告、人員推銷、公共關係、促銷、直效行銷等五大決策。

◆ 廣告（Advertising）

廣告（Advertising）係一種由特定廣告主經由付費的媒體，所做的非人員單向的溝通。表 6-3 為各廣告媒體類型之優缺點比較。

表 6-3 各廣告媒體類型之優缺點比較

廣告媒體類型	優點	缺點
報紙	時效、普及、可信度高、涵蓋面廣	印刷品質較差、廣告壽命短、年輕客層接受度低
雜誌	印刷精美、讀者區隔、廣告壽命較長	無法快速回應市場變化、僅能接觸部份目標顧客
廣播	低成本、快速回應市場變化、邊收聽邊做事	聽眾不一定注意收聽、無法展示產品、廣告壽命甚短
電視	具聲音影像、可展現高創意、可在短期間接觸大量顧客	昂貴、高干擾、收視率嚴重下滑
戶外廣告	低成本、高重複展露、低干擾	受地區限制、廣告創意發揮受限
網際網路	高選擇性、互動機會、低成本、全球性、整合廣告與購買行為	較不受控制，正負面影響都有可能

◆ 人員推銷（Personal Selling）

人員推銷（Personal Selling）是一種付費的人員溝通方式，透過人員的溝通，行銷人員企圖說服目標顧客購買產品。成本很高，但是可獲得立即回饋的雙向溝通。

人員推銷之目標：

1. 促使顧客接受新產品或升級產品。
2. 開發新顧客。
3. 關懷舊顧客，維持顧客忠誠度。
4. 蒐集競爭者及顧客資訊。

隨著科技的進步，AI 聊天機器人的出現，讓 AI 聊天機器人在保險、房地產、教育、汽車、貸款等各個領域從事推銷人員的工作。

◆ **公開報導（Public Relations）**

公開報導（Public Relations）係指非付費（指媒體本身為非付費，而不是指進行公共關係不必付費）的非人員溝通方式。公司相關的人事物、產品等資訊，以新聞或報導的形式出現於大眾媒體或社群媒體上，企圖塑造良好形象，避開不實的謠言。

◆ **促銷（Sales Promotion）**

促銷（Sales Promotion）是用來刺激消費者需求，期使其立即增加購買慾望或採取購買行動的一種短期工具。網路促銷（Cyber Sales Promotion）是指利用現代化的網路技術向虛擬市場傳遞有關產品和服務的信息，以刺激消費者需求，引起消費者的購買慾望和購買行為的各種活動。

6-4 網路行銷 4C 決策

50 多年前，市場行銷理論的邏輯起點只是產品及其屬性。1964 年，傑羅姆・麥卡錫提出了 4P 理論，即從產品本身出發，關注產品（Product）、通路（Price）、價格（Place）、推廣（Promotion）四個主要因素。該理論的提出被認為是現代市場行銷理論劃時代的變革，並成為多年來市場行銷實踐的理論基石。

1990 年，羅伯特・勞特朋提出 4C 理論，向 4P 理論發起挑戰。他認為行銷應以顧客（Consumer）為中心，不應是「消費者請注意」商品，而是「注意消費者」的需要與慾望（customer needs and wants）；關注並滿足顧客在成本（Cost）、便利（Convenience）方面的需求，加強與顧客的雙向溝通（Communication）。

一、顧客需要與慾望（customer needs and wants）

商務網站應具有下列功能：

1. **能推薦較佳商品**：如展示新品、暢銷品、特價品或每日一物，限時搶購，網上競標等。
2. 提供模擬訂購功能，如顧客輸入所需採購商品種類及預算金額，電腦就能設計不同方案之商品組合供顧客選擇。
3. 能提供相關替代品之表列視窗，可方便顧客選購參考。
4. 互動式查詢：當顧客查詢某項商品，可點選其不願採購之原因，價格、功能、品牌、規格，再由電腦依條件和搜尋較佳相關商品，建議顧客採購。
5. 提供商品分類或廠牌、關鍵字檢索，以利顧客快速或找到所需商品資訊。

二、成本（cost）

價格是電子商務最大吸引力，當市場無限延伸，薄利才能多銷。亦即當產品的取得成本愈貼近消費者心目中的理想值，這個價格才容易被消費者所接受，但卻不見得是最低價。網路商店由於不必賣場、營業員，減少的管銷費用，可大幅降低售價。數量價格折扣或累積回饋紅利，是顧客再次上門的誘因。如果店家能負擔配送費用，更可讓顧客勇於採購無後顧之憂。

三、便利（convenience）

網路商店提供 24 小時全年無休之營業服務，完整物流支援以保證限時發貨，是滿足顧客的最佳賣點。大數據會記憶每位使用者上網記錄，當顧客再次登門，會優先展示最有興趣的網頁或選購過的商品資訊。對於訂單明細、出貨狀況、會員資料也提供顧客查詢。

四、溝通（communication）：選擇您目標受眾所在的媒體管道

這是個知易行難的問題，「每個溝通管道的目標受眾都不一樣」，因此不要只是集中使用某一個社群媒體進行社群經營，但每家企業不論大小卻都資源有限，要想全部社群媒體都進行操作，實在有點難度。如果你是草創階段，還在收集早期用戶，產品還在甜蜜期或成長期階段，你自然要優先找一個你想要鎖定的目標受眾（TA）所在的媒體通路來經營。不是選一個會員數最多的媒體通路，而是選你目標受眾在那的媒體通路。

有學者提出以「行銷 4V」—變通性（versatility）、價值（value）、多變性（variation）及共鳴感（vibration），將「產品（Product）」與「顧客需要與慾望（customer needs and wants）」兩項主要變數由簡單的個別互動昇華為能同時考量顧客面與產品面的雙贏策略，其觀念在發展上由「滿足需求」提升至「提供更完善，更有效率的商品或服務」。如表 6-4 所示。

表 6-4 行銷 4P、4V、4C 的關係

行銷 4P	行銷 4V	行銷 4C
產品（product）	變通性（versatility）	顧客的需要與慾望（Customer needs and wants）
通路（place）	多變性（variation）	便利（convenience）
推廣（promotion）	共鳴感（vibration）	溝通（communication）
價格（price）	價值（value）	成本（cost）

6-5 預算、組織、執行方案與控制績效

一、行銷預算

擬定網路行銷行動方案之後，行銷人員便可設計一套支持企業營運的行銷預算說明書，預算說明書本質上是預計的損益表。預算表現於收入面的是預期的銷售量與價格，表現於支出面是生產、配送、以及其他行銷成本。而計畫中網路行銷預算可採目標利潤規劃法、最大利潤規劃法或零基預算（zero-based budgeting）。

在作網路行銷組合決策時，就必須考慮要分配多少行銷預算到那些顧客及市場區隔的問題。Mulhern（1999）認為當計算出獲利性時，即可以將行銷資源投注到最大報酬率的顧客群；但不能僅憑獲利來斷定資源分配，尚需考慮顧客轉換行為。當顧客忠誠度不高，即使他們的獲利性非常高，也不能如同忠誠度高的顧客一樣，投入過多的資源。

二、建立網路行銷組織

網路行銷計畫想要有效執行必須要有適當的組織結構來加以配合，並且此一組織結構要能有效回應目前情況與未來機會。一般而言，在智慧商業時代，企業所需的企業組織結構是偏向「生物有機式組織結構」，其組織結構會形成一個跨功能、跨地理區域的虛擬工作團隊，讓組織內員工在不同的功能單位之間溝通、支援與互動，如同有機體一般。

三、執行網路行銷方案

行銷人員在建立實施網路行銷規劃的組織結構，並且發展網路行銷行動方案、擬定預算之後，就應將此行動方案加以落實。網路行銷策略的擬定與執行是不可分割的，而策略的擬定並不僅是行銷主管的責任，也是所有人員的責任。

要落實網路行銷策略，組織結構必須是跨功能的虛擬團隊，讓資訊在企業組織結構內自由流通，在數位神經系統的協助下有更寬廣的控制幅度、分權化、以及較低的正式化。

四、控制網路行銷績效

網路行銷計畫書的最後一部份為績效控制，用來監視計畫之進度。通常標的與預算會依照月或季劃分，此舉可使行銷人員明瞭各期間內各單位業務成果。未達成預定標的之經理人必須解釋原因，並說明將採取何種補救措施。

對網路行銷計畫的控制流程包括：設定網路行銷績效標準、評估網路行銷實際績效，並將網路行銷實際績效與所設定的績效標準做比較、採取修正行動，如圖 6-10 所示。控制的成效端視網路行銷標準的有效性及資訊回饋的正確性而定。

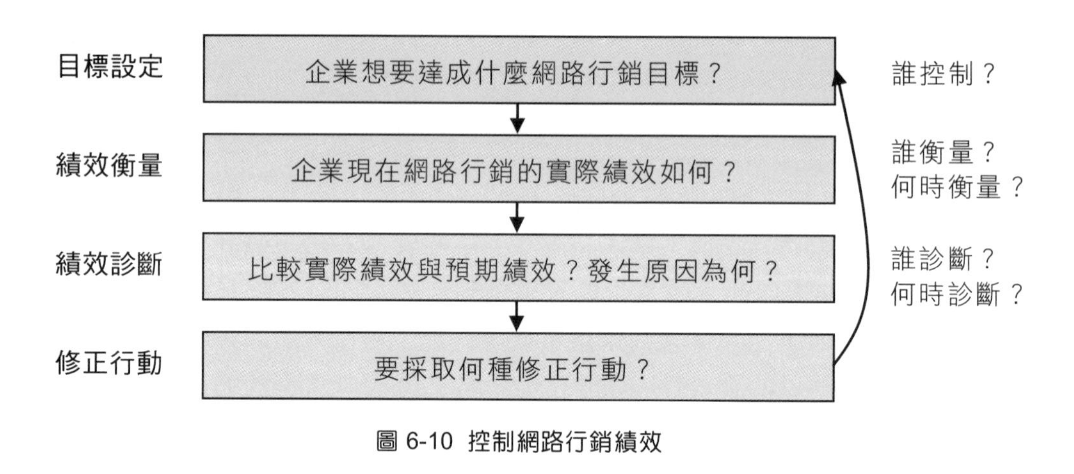

圖 6-10 控制網路行銷績效

學・習・評・量

1. 請簡述網路行銷規劃程序？
2. 何謂「行銷 4P」？
3. 何謂「行銷 4C」？
4. 請簡述行銷績效的控制流程？

顧客需要與慾望—產品（Product）決策

7 CHAPTER

7-1 產品

一、產品的定義

產品（product）：是指市場上任何可供注意、購買、使用或消費以滿足慾望或需求的東西，它包括實體物品、服務、人、地、組織和理念。從另外一個角度來看，產品是指在交換過程中，對交換的對方而言，具有價值，並可以在市場上進行交換的任何標的。因此，產品有兩個重要的特質：（1）要具有價值；（2）要能在市場上進行交換。

產品的提供是行銷活動的核心，也是行銷組合的起始點。產品決策是 4P 之首，沒有產品，其他的價格決策、通路決策、推廣決策也就沒有著力點。

產品的形式很多，廣義來說，產品不只是實體產品（如冷氣機、麵包）而已，還包括服務（如美術展覽、金融服務、理髮）、人物（如政治人物、演藝人員）、地方（如高雄、北京、東京）、組織（如公益團體、政府機構、慈善基金會）、理念（如男女平權、禁菸、反毒）、事件（如公司創立十週年紀念、奧林匹克運動會）、資訊（如百科全書和理財網站所提供的資訊）和經驗（如令人懷念的生日餐會）等。

二、產品的層次

早期有學者將產品分成三個不同的層次，如圖 7-1 所示：

1. **核心產品（core product）**：產品最基本的層次。此乃顧客購買產品真正想要的東西。企業賣給顧客的是產品所帶給他們的「利益」（benefits），而不是產品的「功能特色」（features）。核心產品是整個產品的中心。

2. **有形產品（actual product）**：產品規劃人員必須把核心產品轉變成有形的東西。有形產品有五種特徵：品質水準、功能特色、式樣、品牌名稱、包裝。

3. **引伸產品（augmented product）**：產品規劃人員必須決定附加於有形產品，要提供那些附加的服務或利益給顧客，例如信用條件、運送、安裝、使用說明、維修、售後服務、保證等等。引伸產品會提醒企業注意購買者的整個消費體系。消費體系是「購買者欲藉使用產品以達目的之一套行事方式」。

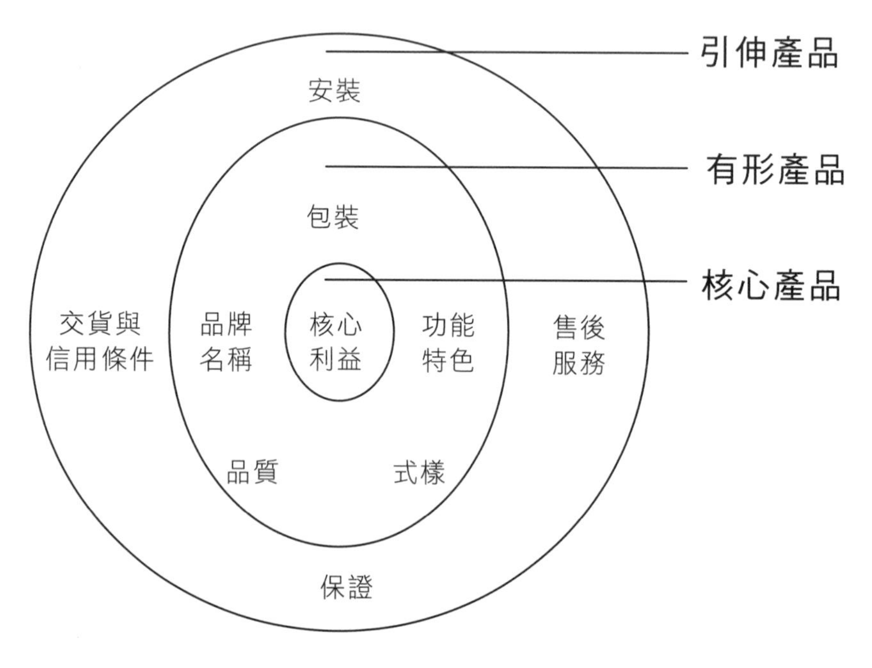

圖 7-1 產品的三個層次

這個早年的三階層全產品見解，後來由行銷大師柯特勒（Philp Kotler）2003 年改成五階層全產品模式，如下圖 7-2 所示：

1. **核心產品（core product）**：顧客真正想要的基本利益或服務。例如女性購買化妝品主要是為了「想要美麗」而不是想要「化學物質」—化妝品本身。任何產品都是在用以解決某種問題，因此所有產品對其目標顧客都有一種根本的利益存在，這種根本利益就是核心產品。

2. **基本產品（basic product）**：又稱實際產品（actual product），是指產品應該包含的最基本功能，係看得到、摸得到的實體。例如：洗衣機只有洗衣的功能，沒有其他額外附加的功能。通常基本功能的產品屬性，係指此產品若不具有這些屬性，就不配稱為這個產品名稱。例如：洗衣機如果沒有洗衣功能，那還稱的上是洗衣機嗎？

3. **期望產品（expected product）**：係指消費者在購買時所期望看到或得到的產品屬性組合。期望產品代表目標顧客心目中對這類產品的期望屬性，這些期望屬性往往會超出基本屬性的要求。例如：目標顧客可能會希望洗衣機不但能洗衣，還同時具有定時的功能，或脫水的功能。然而，消費者對產品屬性的期望會隨著時間的改變而改變。

4. **擴增產品（augmented product）**：係指超越目前消費者的期望，為產品增添獨有的或競爭者所缺乏的屬性，這些產品屬性就稱為擴增產品。擴增屬性係為了與競爭者競爭，所展出來的產品屬性；亦即為了與競爭對手競爭，在產品屬性上作某些修改，以便和競爭者有所區別。

5. **潛在產品（potential product）**：係指目前市面上還未出現的，但將來有可能會實現的產品屬性，或可能添加的功能。例如：洗衣機加入自動熨燙衣服的功能。

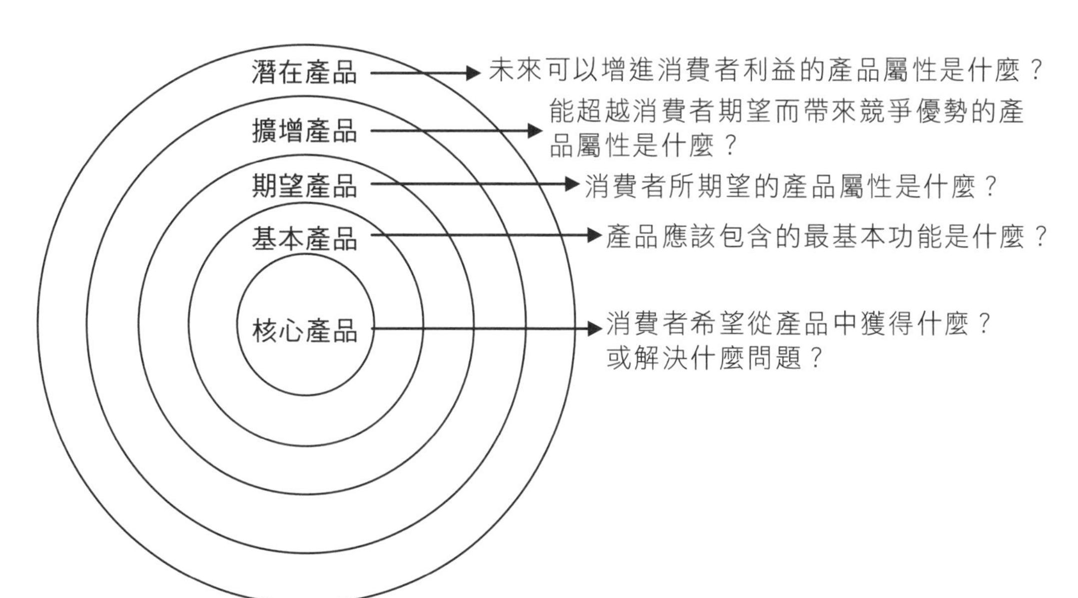

圖 7-2 產品的五個層次

表 7-1 產品的五個層次概念

產品的五個層次	說明
核心產品（core product）	是指產品能提供消費者的核心利益（benefits）或解決的問題。
基本產品（basic product）	是指產品應該包含的最基本功能或屬性，如果缺乏這些功能或屬性，該產品就不應冠上該產品名稱。
期望產品（expected product）	是指消費者在購買時所期望看到或得到的產品屬性組合。

產品的五個層次	說明
擴增產品 （augmented product）	是指能提供消費者在實體商品之外更多的服務或利益，例如：產品說明書、保證、免費安裝、維修、送貨、檢修服務、技術培訓等。
潛在產品 （potential product）	是指產品最終可能的有所增加和改變的利益。它是在核心產品、基本產品、期望產品、擴增產品之外，能滿足消費者潛在需求的，尚未被消費者意識到，或者已經被意識到但尚未被消費者重視或消費者不敢奢望的一些產品價值。

三、產品的分類

若以購買者（產品的最終使用者）的目的來區隔，分類成「消費品（consumer product）」與「工業品（business product）」，如圖 7-3 所示。

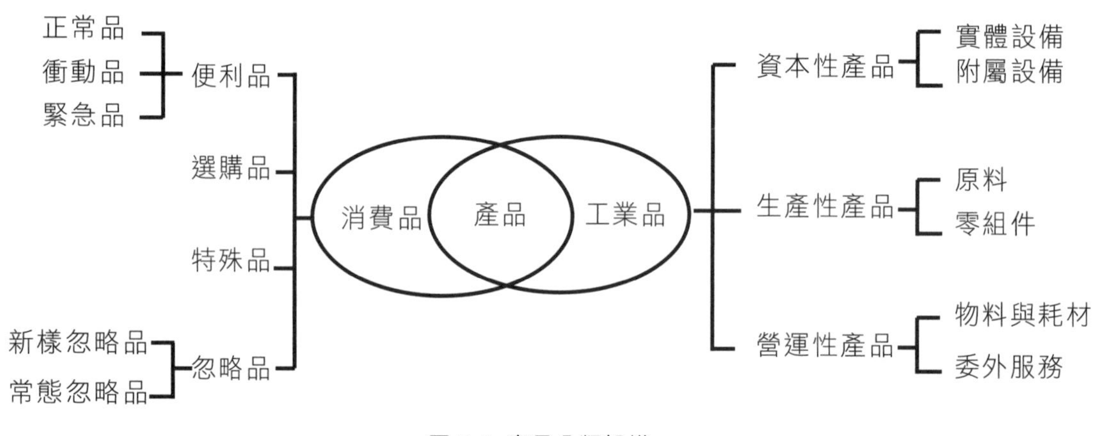

圖 7-3 產品分類架構

一般而言，消費品（Consumer Goods）可依商品取得過程區分成四大類：

1. **便利品（Convenience Goods）**：是指消費者經常、立即購買且不必花精力去比較所購買之商品，如肥皂、香煙等民生用品，其可在一般商店，例如零售店、便利商店或在網路商店購買，其主要之購買關鍵為便於消費者購買之地點與充足之存貨。

2. **選購品（Shopping Goods）**：是指消費者在選擇與購買之過程中，經常會比較適用性、品質、價格及樣式等，例如家具、服飾及家電用品等，其可在一般商店購買。對於選購商品，消費者在購買決策過程早期多對商品資訊不完整，故須先有資訊蒐集階段。其購買頻率較一般便利商品低，但價格一般較之為高。一般而言，在品質因素差不多的情形下，價格較低者多佔有優勢。

3. **特殊品（Specialty Goods）**：為具有獨特之特性及高品牌知名度之商品，通常須支付更多的代價取得，例如高級汽車或鑽石等。其可在專賣店或網路商店購得，消費者多具有品牌忠誠度。
4. **忽略品（Unsought Goods）**：指消費者知道或不知道此商品，但通常不會自行去購買它，如百科全書等。由於商品之特性使得廠商更重視廣告與人員推銷。

但要注意的是，消費品分類並不純粹以產品為基礎，產品歸類因購買人及其購買動機而異。

表 7-2 消費品的分類

分類	說明	範例
便利品（Convenience goods）	經常購買、不願意花太多時間選購、而且大多價格低廉。	日常用品：衛生紙 衝動性購買品：口香糖 緊急用品：雨衣、雨傘
選購品（Shopping goods）	購買次數不會太頻繁、要花比較多時間選購、而且通常價格不便宜。	同質選購品：農具 異質選購品：服飾
特殊品（Specialty Goods）	相當昂貴，但具有獨特的特徵或品牌認同的產品。	鑽石
忽略品（Unsought Goods）	消費者沒聽說過，或是聽說過但沒興趣買的產品。	百科全書

工業品（business product）是指個人或組織為用於未來的製造過程或經營活動上所購買的產品。消費品與工業品的區別主要在於購買此產品的目的。工業品主要分為三類，包括資本性產品（設備）、生產性產品（原料、材料與零件）、營運性產品（物料與商業委外服務）。

1. **資本性產品**：是指需要攤入購買者的生產或作業過程中的工業品，包括主要設備和附屬設備。主要設備由主要購買（如建築物）和固定設備所組成。附屬設備包括可移動的工廠設備及工具和辦公設備。
2. **生產性產品**：包括原料、加工後材料與零件。原料可在細分為農產品及天然產品。加工後材料與零件可以分成組合材料與零組件。
3. **營運性產品**：完全不攤入製成品的部份，包括物料與商業委外服務。「物料」包括一般用物料和維修物料。工業品中的物料就如同消費品中的便利品，通常花極少心力去重購。「商業委外服務」包括維修服務和商業諮詢服務。

四、從產品線到產品組合

產品品項（product items）：是指一特定的產品，它在大小、價格、外觀或其他屬性方面有別於其他產品。例如，Nike的喬登第16代鞋、Apple的iPhone 11手機、Tesla的Model 3電動車等，都是屬於產品品項。

產品線（product line）：是一組具有相似顧客群、銷售通路且功能類似的產品。產品線是由許多「產品品項」因行銷、技術或最終使用者之考量，而將其組合在一起規劃行銷。例如，Nike依照使用的不同，分為籃球鞋、網球鞋、高爾夫球鞋等不同的產品線。

產品組合（product mix）：產品組合亦稱產品搭配（product assortment），是指企業所生產或銷售的所有「產品線」或「產品品項」的集合。

在探討產品管理時，通常可以分成三個層次來考量，如圖7-4所示，首先考量「產品組合的層次」，其次考量「產品線的層次」，最後則考慮「產品品項的層次」。

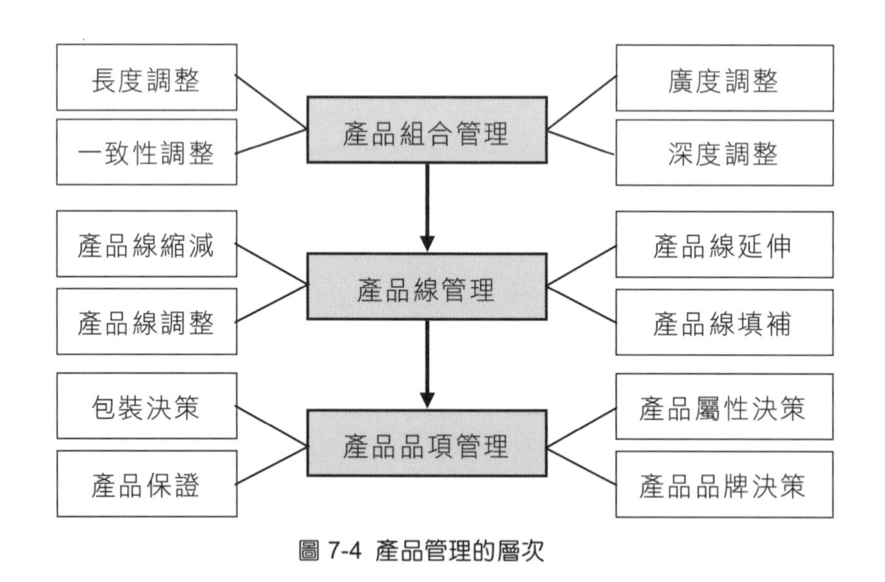

圖7-4 產品管理的層次

五、產品標籤（Label）

消費者藉由產品標籤（Label）可以辨認品牌名稱、製造商、產品成份、產品使用說明。因此企業可藉由產品上的標籤，塑造消費者對產品的認知，並且在消費者購買的當時影響其選擇。傳統上，標籤大多是用於有形的產品，然而標籤在網路上也具有同樣功能，只是在網路上的表現方式不同而已，一般來說，只要在企業網站上整合品牌名稱、製造商、產品成份、產品使用說明等產品資訊，而會有如同實體產品標籤般的效果。

六、產品生命週期（Product Life Cycle）

產品生命週期（Product Life Cycle, PLC）係指一個產品被消費者接受以後，會經過一連串的階段，也就是引介期（introduction）、成長期（growth）、成熟期（maturity）、衰退期（decline）的現象，而在進入產品生命週期之前一階段為開發階段。產品生命週期也可以說是一個產品從誕生到死亡的歷程。典型產品生命週期曲線如圖 7-5 所示，其中橫軸為時間（Time），縱軸為銷售量（Sales Volume）。

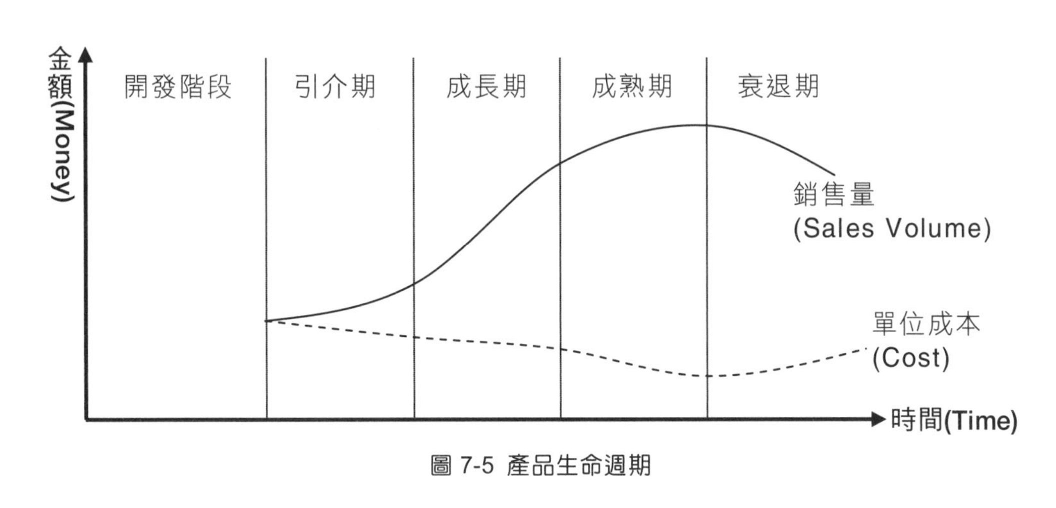

圖 7-5 產品生命週期

至於產品生命週期各階段的特性，則如表 7-3 所示。

表 7-3 產品生命週期各階段的特性

項目	導入期	成長期	成熟期	衰退期	項目
市場特性	銷售量	少	快速成長	銷貨量成長緩慢後，銷售量達到最大，並隨之開始下降	銷售量下降
	成本	高	成本下降	成本最低	成本比成熟期還高
	利潤	負	結束虧損出現利潤，並隨銷售量增加而增加	利潤開始下降	利潤下降
	主要顧客	創新追求者	早期採用者	早期大眾與晚期大眾	落後者與忠誠者
	競爭者	少（甚至沒有）	增加	最多	減少
	需求	初級需求	次級需求	次級需求	初級需求

項目	導入期	成長期	成熟期	衰退期	項目
行銷策略	行銷目標	讓目標顧客知覺並試用	在成長中的市場盡量取得市場占有率	從既有競爭者中取得市場占有率	減縮與收割
	產品	基本型產品，形式少且簡單	增加產品形式與功能	產品形式與產品功能最多	刪減沒有獲利的產品形式
	價格	高價	價格下降，但下降幅度有限	價格可能降至最低	價格穩定，有時還回升
	通路	有限通路	通路成員的數目與通路範圍增加	通路最廣泛、也最密集	刪減無利可圖的通路
	推廣	引發顧客對產品知覺，並借助大量促銷	強調品牌差異，搶占新增客層	大量強調品牌差異，鼓勵競爭者顧客的品牌轉換或維持自己的市場占有率	將整個推廣活動降至最低水準，只維持單純的告知

7-2 資料型產品（Data Product）

隨著資料科學（Data Science）、機器學習（Machine Learning）應用的普及，開始有企業將它應用於開發「資料型產品」（Data Product）。

一、什麼是資料型產品（Data Product）

Coursera的資料科學資深總監艾蜜莉．葛拉斯堡．桑茲（Emily Glassberg Sands）曾經提到，「資料型產品」（data product）是奠基於「資料科學」與「機器學習」所生成的產品或服務。企業在蒐集消費者的使用資料後，藉由這些資料，可以再產製出資料型產品，並再回頭提昇消費者的服務品質，形成良性循環。

此外，「資料型產品」會隨著使用人數與次數的增加，加速資料的蒐集。同時，當企業蒐集到更多的資料時，資料型產品會不斷地「進化」，每隔一段時間，就會發展出更多的新功能。隨著資料量越來越大，企業發掘出新的「資料型產品」應用機會也就愈大，進而又打造出越多的資料產品，不但可強化各式應用之間的整合，同時，還能藉此分攤開發成本，並發揮網路效應。

以 Gogoro 為例，Gogoro 的電動車不只是電動車，背後還建構出龐大的「資料型產品」體系。Gogoro Smartscooter 全車共有 80 個感應器（車內 30 個，兩顆電池各 25 個），透過自家的 iQ System 智慧系統可偵測、紀錄車主的騎乘狀況，進行車況診斷，若車子有問題，能即時通知車主進廠維修。同時，充電站若有電池功能異常，也能連線通知工程師進行遠端修復。（陳宣廷、羅凱揚）

當越多人使用 Gogoro，Gogoro 所蒐集到的資料量就愈大，也就更能精準地分析車主將在何時、何地準備更換電池。Gogoro 發現，車主大約每三到四天需要更換電池，每週上下班時間（早上 7~9 點、晚上 6~9 點）是更換電池的高峰。Gogoro 可以依此資料分析的結果，提供更精準的「換電池」服務，以提升車主的滿意度。

Gogoro 透過大數據分析使用者「換電池」行為，發展出新的節能方案，以調節能源的供需。例如電池交換站（GoStation）系統的電力，不會無時無刻都使用最大功率幫電池充電，而是選擇在適當的時間（如離峰時段）、適當的充電速度為電池充電。這樣就不用在用電量高峰時段和大家搶電，大大降低電網負擔，也能保養電池增加其使用壽命。這些新「資料型產品」的出現，不但分攤了之前蒐集資料的成本，並透過資料的共享，發揮網路綜效，讓更多人願意享受 Gogoro 的資料型產品與服務。

二、大數據產品（Big Data Product）

要想打造大數據產品，首先要確認需要什麼資料或資訊。基本上，打造產品時，需要得到這些資訊：

1. **需求是否真實存在**：透過使用者研究與測試來檢驗，並瞭解我們想打造／已經打造的產品是否能夠滿足使用者需求。
2. **需求是否尚未被滿足**：透過競爭品研究瞭解現有市場上，已經存在哪些產品或服務。
3. **是否能帶來商業價值**：市場規模、目標受眾（Target Audience，簡稱 TA）量級、產品與服務的可擴充性與成本考量。

大數據產品能幫助你定義出一塊有別於其他產品的區隔（segment），並找到產品在市場的定位，這個資料蒐集的範圍非常廣泛，產品、行銷、業務等團隊會根據不同維度負責不同主題的分析研究。

三、競爭品分析

最基本的作法是，列出一張大的表，比較各個競爭對手商業模式（也許有多個產品線）、核心產品、目標客群、現有功能／模組、定價策略，目的是了解自有產品在市場的競爭力與差異化。

表 7-4 競爭品分析表

	本公司	競爭品牌 1	競爭品牌 2
核心產品			
目標客群			
現有功能／模組			
定價策略			

當產品已經被市場驗證過，競爭品研究的價值就比較傾向於維持對市場的敏感度、發想新的商業模式、瞭解有什麼新的競品出現、或是現有競品推出什麼新的功能，從其他產品身上尋找靈感。

四、行銷架構師（Marketing Architect）

隨著資料型產品（Data Product）、大數據產品（Big Data Product）的興起，行銷領域出現了新職稱「行銷架構師」（Marketing Architect）。「行銷架構師」（Marketing Architect）必須具備至少三大方面的知識，包括行銷學（Marketing）、資料科學（Data Science）、機器學習（Machine Learning）／人工智慧（AI）等。

7-3 Product Market Fit

一、最佳商品設計師：顧客

「顧客協同設計」（Customer Co-design）是指與顧客形成商品協同設計團體，藉由顧客的能力或資源協助企業共同開發新的商品，進而創造對顧客更具價值的商品。企業採取「顧客共同設計」有許多好處，例如：「改進創新構想」，因為顧客能夠提供第一手的市場資訊、更創新的想法或是節省資源的辦法。「補強研發能力」，因為任何企業在設計、測試到商品化階段，一定有能力不足之處，顧客參與設計，能夠補強企業缺乏的能力與資源。

二、Product Market Fit：產品與市場完美契合

國際知名投資者、企業家馬克．安德森（Marc Andreessen）提出 Product-Market Fit 的概念，Product Market Fit 的簡寫是 PMF，是指產品和市場達到最佳的契合點，你所提供的產品正好滿足市場的需求。

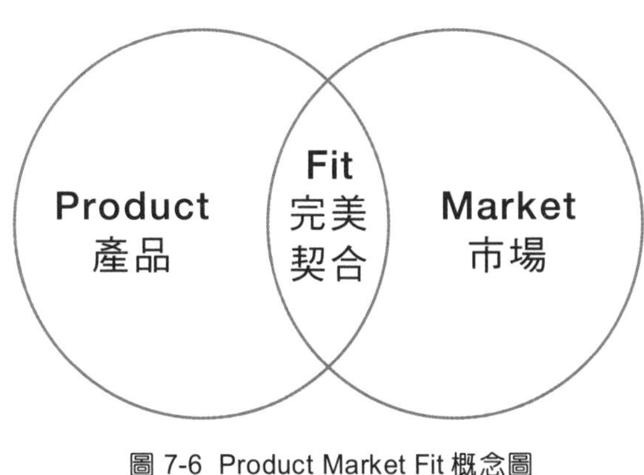

圖 7-6 Product Market Fit 概念圖

馬克．安德森（Marc Andreessen）認為，在達成 PMF 之前，過多的產品優化和過早的行銷推廣都是不必要的。

三、PMF 金字塔

Olsen 提出 PMF 金字塔模型，有助於企業有系統地實現 Product Market Fit。這個模型分為六個層級，分別是：

1. 你的目標顧客
2. 你的目標顧客未被服務的需求
3. 你的價值主張
4. 你的產品功能集
5. 用戶體驗
6. 與客戶一起測試

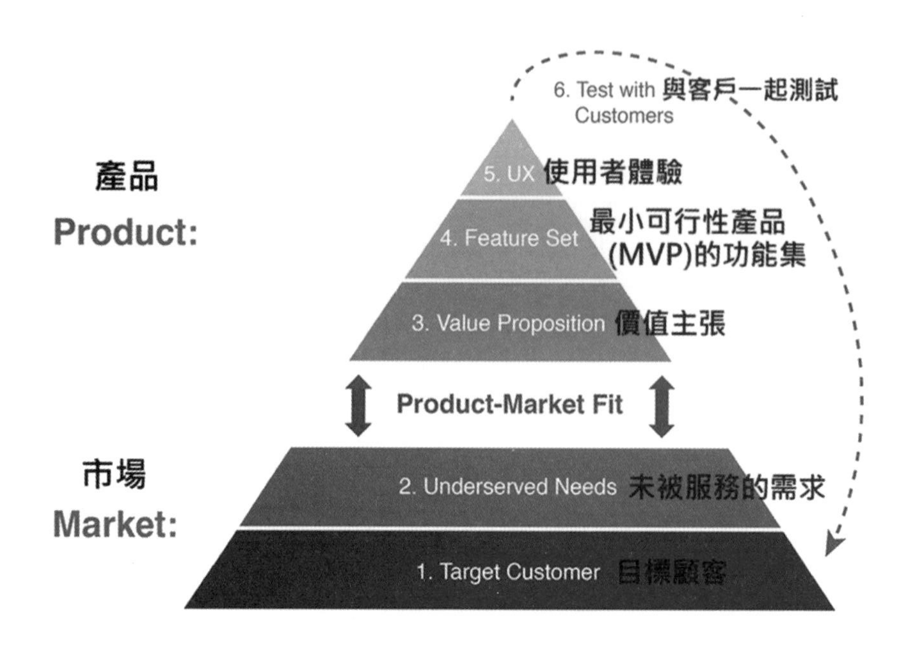

圖 7-7 PMF 金字塔模型

資料來源：https://www.mindtheproduct.com/2017/07/the-playbook-for-achieving-product-market-fit/

企業可以藉由思考由下至上的五個層級，去實現 PMF。這五個步驟分別是：

1. **確定目標顧客**：哪些人群未來將會是你產品的目標受眾，他們會購買或者使用你的產品。目標顧客群的設定，將是整個團隊的認知，設計開發的產品都是朝著這個方向。

2. **找到市場上那些未被服務的需求**：這個階段需要找到新藍海市場，目標顧客群有需求的可能，而市場的現有競爭者或未來潛在競爭者尚無法滿足，而且也不會快速滿足的領域。這需要一定的市場洞察力，或者把自己作為用戶來感同身受（Emphasize），或者對用戶進行深入的調研和訪談，發現那些需求，這樣的需求有幾種：

   (1) 即有需求：現有需求，但需求未被完全的滿足，或者是目前產品或服務未能完全滿足。

   (2) 潛在需求：目標顧客群有這樣的需求，但是目前沒有這樣的產品去滿足。

   (3) 未來需求：這樣的需求客戶自身也沒有意識到，當技術或模式的創新出現的時候，會爆發出他們對於某種需求的要求。

3. **明確的價值主張**：價值主張在於確定你的產品提供目標顧客哪些核心價值，準備解決目標顧客的哪些問題。

4. **確認最小可行性產品 MVP 的核心功能**：當確認產品的價值主張後，要把最小可行性產品 MVP（Minimum Viable Product）的產品功能集確定下來。這意味著，暫時不需要花大量的時間和人力把一個完整的產品創造出來，先把這個產品的最核心功能集呈現出來，如果這些功能是目標顧客群需要的，能夠實現最重要的功能。
5. **把最小可行性產品 MVP 做出來，讓用戶進行體驗**：在確定 MVP 核心功能之後，需要最小可行性產品 MVP，讓用戶去使用和感知。
6. **與客戶進行測試驗證**：讓你的目標顧客去使用你的最小可行性產品 MVP，這個階段需要了解他們對於產品的反饋，是否滿足他們的需求，是否符合他們的邏輯，是否為他們真正帶來價值，還有哪些不足之處。這是一個循環的過程，甚至對前面的價值主張都要重新思考。

7-4 產品策略

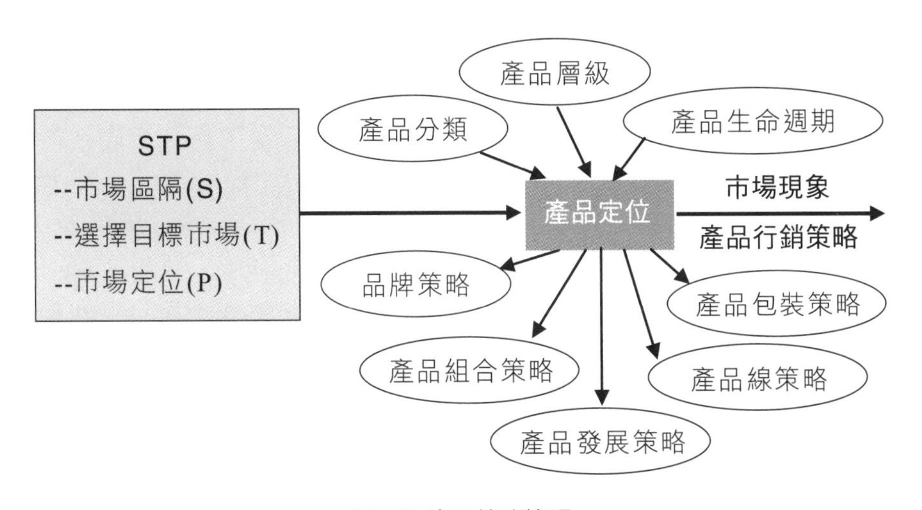

圖 7-8 產品策略管理

產品行銷策略是一連串的流程，該流程主要是由市場區隔（segment）、選擇目標市場（targeting）及市場定位（positioning）三項基本決策所驅動，如圖 7-8 所示。為了做這些決策，行銷人員必須先回答下列問題：

1. 對於消費者，什麼是重要的？
2. 在消費者認為重要的事情中，企業應該集中焦點在那些部份？

第一個問題能找出可行的定位策略，第二個問題則可找出不同的目標顧客群，以及相對的產品定位策略。

一、產品組合策略

產品組合（product mix）：又稱為產品搭配（product assortment），係指賣方供銷給買方的產品線及產品品項的集合。產品組合可用廣度（width）、長度（length）、深度（depth）、一致性（consistency）來說明。

1. **產品組合的廣度（width）**：係指企業所擁有的「產品線」數目。產品線越多則表示產品組合廣度越大。假設有 5 條產品線，則其產品組合的廣度就是 5。有些行銷者的產品組合很狹窄，只有一條產品線；有些行銷者的產品組合則很廣，有很多條產品線。較廣的產品組合廣度，可使行銷者對其經銷商有較強的談判議價能力，對經銷商的控制力也較大，這是產品組合廣度較廣所帶來的經營優勢。
2. **產品組合的長度（length）**：係指企業所生產或銷售之「產品品項」的總數。產品組合的總長度除以產品線的數目即得產品組合的平均長度。
3. **產品組合的深度（depth）**：係指企業指「產品線」中每一「產品品項」有多少種不同的樣式，換句話說，就是指每一產品品項提供多少變體—樣式或種類。假設白人牙膏有三種大小及二種配方，它的產品組合深度即為 6。將每一產品品項之深度加總計算，再平均之，即得產品組合之深度。
4. **產品組合的一致性（consistency）**：係指不同產品在用途、生產技術、配銷通路、或其他方面相似的程度。

由產品組合的四個構面—廣度（width）、長度（length）、深度（depth）、一致性（consistency）—可以協助企業擬定企業的產品策略，亦即企業可以四種方式來擴展事業：

1. **廣度（width）方面**：增加新產品線，從而拓寬產品組合。
2. **長度（length）方面**：增加產品線內產品品項的數目。
3. **深度（depth）方面**：增加產品品項的樣式變化，以加深產品組合。
4. **一致性（consistency）方面**：在產品組合裏追求一致的產品類型或產品線，以專注於某特定領域，在該領域內得享盛名。

二、產品線策略

基本上，企業有四種產品策略可供選擇：

1. **產品線延伸（line stretching）策略**：產品線延伸係指企業將產品線擴展至其他經營範圍。當企業決定增加新產品到現有的產品線，以擴大其產品線的經營範圍，增加競爭力時，企業通常會採行產品線延伸策略。基本上，產品線的延伸方式有三種：

   （1）向下延伸：企業的產品線向市場較低價或較低品質的產品範圍延伸。

   （2）向上延伸：企業的產品線向市場較高價或較高品質的產品範圍延伸。

   （3）雙向延伸：同時進行向上延伸與向下延伸。

2. **產品線填補（line filling）策略**：係在現有的產品線範圍內，增加更多的「產品項目」，以提供該產品線的完整性。

3. **產品線縮減（line pruning）策略**：係在現有的產品線範圍內，減少「產品項目」數，以維持該產品線的競爭性。產品線縮減少一般而言係由於產品線擴張過度所致。產品線如果過度擴張，會造成行銷資源的不當分配或浪費，則可能會進一步侵蝕利潤。

4. **產品線調整（line adjusting）策略**：係指產品線內產品品項的更新。由於市場環境的變化，消費者慾望的改變，以及競爭者的競爭態勢改變等因素，產品線必須定時更新調整，以維持掌握市場商機。

三、產品定位策略

安索夫（Ansoff, 1977）提出「產品-市場成長矩陣」（product/market expansion matrix），如圖 7-9 所示，其基本的策略方案是從「產品」（product）和「市場」（market）兩個層面著手，從而衍生出四種成長策略。

1. **市場滲透策略（Market penetration）**：在現有市場內，以現有產品，藉由說服既有顧客購買更多的企業產品，增加既有顧客對產品的使用量，或在獲得新顧客，以達到企業成長目標的決策。

2. **市場擴張策略（Market expansion）**：以現有產品，在新市場上行銷，以達企業成長目標的決策。而新市場可以是同一地理區的不同市場區隔，或不同地理區的相同目標市場。

3. **產品開發策略（Product development）**：在現有市場上，行銷新的產品，以達企業成長目標的決策。而產品開發策略的焦點，在於以最小風險，來獲取潛在最大利益。
4. **多角化策略（Diversification）**：係將產品及市場擴張至新的產品與新的市場。企業無法在既有產品與既有市場建立優勢或獲取想要利潤時，便可採取這種策略，這是一種風險最大的產品成長策略。多角化本身還有程度上的不同，又分為：
   （1）相關多角化：係指提供與既有產品有關的新產品，或新產品與新市場與現有的業務存在某種共通性。
   （2）非相關多角化：係指提供與既有產品無關的新產品，而且新產品與新市場與現有的業務缺乏共通性。

市場 \ 產品		既存產品	新產品
市場	既存市場	市場滲透 （Market penetration） 鼓勵增加使用量	產品開發 （Product development） 運用新技術牽引出新產品
	新市場	市場擴張 （Market expansion） 為既存產品尋找新客源	多角化 （Diversification） 新產品新市場

圖 7-9 產品市場成長矩陣

此外，Hiam & Schewe（1995）兩位學者，將產品策略分為 7 大類型：

1. **全產品線與有限制的產品線**：只是程度上的不同，全產品線是指產品線有相當的寬度及深度。有限制的產品線則是指提供特定產品。
2. **產品線填充策略**：是指市場上若存有未被競爭者注意到的斷層，或因消費偏好改變而形成的斷層。
3. **品牌延伸策略**：品牌延伸是指把原有產品的品牌擴大到其他產品品項。
4. **產品線延伸策略**：是指在相同基本型產品推出更多變化的類型。
5. **重新定位策略**：包括運用廣告及推廣活動扭轉消費者原有的認知。
6. **規劃的產品過時策略**：運用使產品過時的策略，以提高替代品的銷售額。
7. **產品撤出策略**：當產品開始衰退或已經過時，企業便要決定何時把該產品正式退出生產線。

四、新產品策略

有六種新產品策略可供選擇，第一個是「創新發明」也是風險最高的策略，第六個是「降低現存產品成本」則是風險最低的策略。

1. **創新發明**：初次問世，對世界而言，該產品是從沒見過的。
2. **新產品線**：以現有的品牌名稱，然後在完全不同的類別內，創造新的產品線。
3. **附加在現存產品線**：在現有的產品線，增加新的規格、尺寸、口味、風格或其他變更。
4. **改修現存產品**：改良即有產品，以取代舊有產品。
5. **產品重新定位**：產品並沒有多大改變，只是改變其產品定位。
6. **降低現存產品成本**：產品並沒有實質上的改變，只是想辨法降低其成本。

五、新產品選擇進入市場的時間點

新產品選擇進入市場的時間點十分重要，一般有三種選擇：

1. **搶先上市**：基於「先佔先贏」（first mover advantage）的想法，許多企業都樂於搶先上市以搶佔關鍵通路與顧客，以獲得領導廠商地位。
2. **同步上市**：此法的優點是可與競爭者共同分擔宣傳促銷成本，或教育消費者的成本。若是與異業結盟的同步上市，還可能獲得相得異彰的加乘效果。
3. **延後上市**：若選在競爭者進入市場後才跟進，也可能獲得三種利益，（1）競爭者必須負擔教育市場或消費者的成本、（2）可避免競爭者所犯的錯誤、（3）可藉競爭者探知市場規模與消費者反應。

7-5 品牌

一、品牌基本概念

品牌（Brand）是指用以認定產品或服務的名稱、語辭、設計、符號、或其他特徵。品名（Brand Name）是品牌中可以唸出聲音來的那一部份，如字母、數字和文字。品牌標識（Brand Mark）是品牌中不能說出的一部份，通常是一個符合、圖案、設計、顏色或其結合。商標（Trademark）是品牌的法定名詞。品牌若向有關單位登記註冊，而讓註冊廠商對該品牌有獨家擁有權與使用權，則該品牌就成了商標。

好的品牌名稱對企業非常重要，這也衍生出品牌價值（brand values）的觀念。品牌價值代表消費者購買出色品牌所願支付的額外費用。而品牌個性(brand personality）是品牌價值的延伸，用以讓消費者能經由購買特定產品來表達他們自己的個性。

品牌熟悉程度（如圖 6-9）是消費者選擇行為的主要線索，也影響了行銷組合之規劃。

1. **品牌概化（brand nonrecognition）**：係指因消費者不知道某品牌之存在，所以認為所有品牌之產品都相同。
2. **品牌認知（brand recognition）**：係指消費者聽過或知道某個品牌，而且記得它。
3. **品牌拒絕（brand rejection）**：係指消費者知道某個品牌，但因對它的印象不好，而不接受它。
4. **品牌接受（brand acceptance）**：係指消費者在購買產品時，會將某個品牌列入考慮。這個品符合消費者對產品的最低要求。
5. **品牌偏好（brand refrence）**：係指消費者不但接受某個品牌，並且喜好該品牌。
6. **品牌堅持（brand insistence）**：係指消費者只購買某個品牌產品。

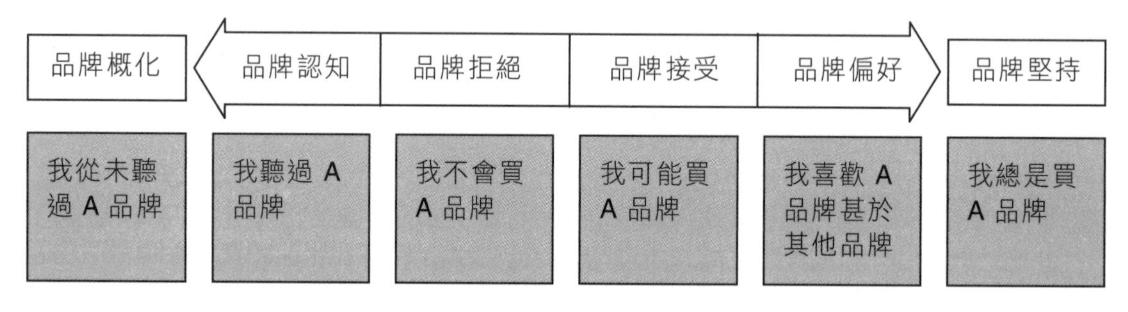

圖 7-10 品牌熟悉程度

此外，與品牌相關的決策如下：

1. **品牌建立決策**：有品牌、無品牌。
2. **品牌提供決策**：製造商品牌、配銷商品牌。
3. **品牌名稱決策**：個別品牌名稱、總體品牌名稱、個別家族名稱、公司名稱。
4. **品牌策略決策**：產品線延伸、品牌延伸、多品牌、新品牌、共同品牌。
5. **品牌重定位決策**：品牌重定位、品牌不重新定位。

值得注意的是，過度的品牌延伸會模糊了品牌在消費者心中的地位，當消費者不再把某品牌和某特定商品或高度相似性商品做同一聯想時，就會發生「品牌稀釋」（brand dilution）。例如，當人們上網購書時，第一個出現在腦海的網站可能是亞馬遜網路書店，但如今亞馬遜不再只是賣書，還開始出售其他商品，如烤肉架、電器、錄影帶等，其品牌定位已由「全球最大的書店」，改換成「全球最大購物商城」，試圖滿足消費者一次購足的需求，但要思考的是，亞馬遜的品牌延伸策略會不會帶來品牌稀釋的後果。

二、品牌權益（brand equity）

品牌權益（brand equity）是與品牌的名稱和符號（symbol）有關聯的品牌資產及負債，此種資產及負債會對產品或服務帶來或增或減的效果。基本上，品牌權益包含四個層面，如圖 7-10 所示：

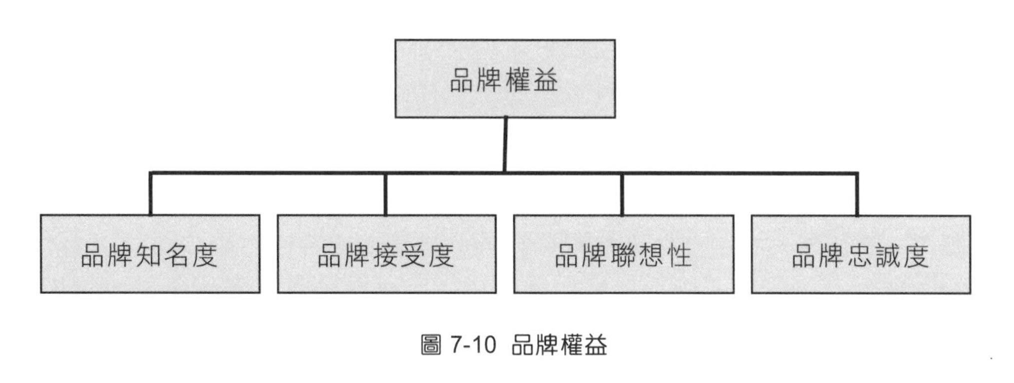

圖 7-10 品牌權益

1. **品牌知名度**：是一項常常被低估的資產，然而，知名度向來都會對人們的感受，甚至品味造成影響。人們喜歡熟悉的事務，並且總是對自己所熟悉的事務抱持著正面的態度。
2. **品牌接受度**：是一種特別的聯想形式，部份是由於它會在許多情況下影響品牌聯想性，另外一部份的原因則是，經過實證顯示，它會對獲利能力產生影響。
3. **品牌聯想性**：是任何可將顧客與品牌予以連結的事物。它包含著使用者心中的想法、產品特質、使用場合、組織性聯想、品牌性格、與品牌符號。品牌管理中有許多層面，均涉及應決定發展何種聯想，以及創造出可將聯想性與品牌相結合的計劃。
4. **品牌忠誠度**：是所有品牌價值的核心。此一觀念在於加強各個具有忠誠度區隔的規模與程度。客層規模小但極度忠誠的品牌會具有相當大的品牌權益。

三、品牌靈魂

「品牌靈魂」是品牌的核心價值，它代表一個品牌最核心、最獨一無二的要素，能讓消費者明確地、清晰地識別並記住品牌的利益點與個性，成為品牌區別競爭對手的最重要標誌。「品牌靈魂」當一個品牌開始在市場上有影響力時，將能在市場上產生某種程度的記憶。「東京著衣」粉絲團於 2019 年 7 月 3 日公開貼文表示：新的名字 Yoco Collection 做出發，但這樣的舉動在擁有 78 萬名粉絲的品牌 Facebook 粉絲團上，居然只有 10 餘人按讚，看在行銷人眼裡，更名的舉動，品牌靈魂已蕩然無存，宣告「東京著衣」的落幕。一個品牌是否成功，其中一個關鍵在於是否曾感動人心並留下深刻的記憶。很多品牌往往在消失的那一天，能引發我們的追思。

四、網路蟑螂（Cybersquatting）

網路蟑螂（Cybersquatting）是指利用知名企業的名稱，搶先申請網域名稱，然後再以高價販售該網域名稱以圖利自己。

7-6 長尾效應（Long Tail）

所謂「長尾效應」就是，經由網路科技的帶動，過去一向不被重視、少量多樣、在統計圖上像尾巴一樣的小眾商品，卻能變成比一般最受重視的暢銷大賣商品（big hits）有更大的商機。

美國連線雜誌（Wired Magazine）總編輯安德森（Chris Anderson）觀察到一個現象。傳統上，企業都受到 80/20 定律的影響，所以企對將主要資源放在 20%核心客戶或市場、通路經理則將主要行銷補助放給 20%主力經銷商…，甚至必要時候，可以放棄貢獻度較低的 80%市場。Chris 卻驚人的發現，只要市場或通路夠大，上架成本夠低，就能讓商品垂手可得，那冷門的市場也不容小覷。如圖 7-11 所示。

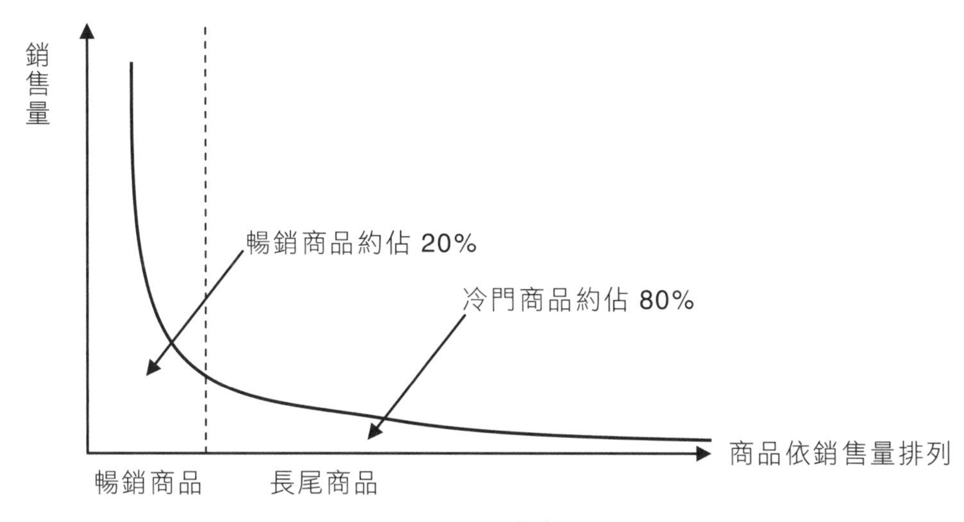

圖 7-11 長尾效應

冷門商品靠網路長銷，業績不輸熱賣貨。就以音樂 CD 的銷售為例，過去因為賣場空間有限，只有最暢銷大賣的 CD 才有上架展售的機會。但就算全世界最大的量販店沃爾瑪（Wal-Mart）也只能有 4,000 種 CD 上架，這只占全部音樂 CD 種類的 1%左右，其他 99%少量多樣的音樂 CD，卻因無銷售管道而難有市場商機。如今透過網路就大不相同了，Amazon 因不受賣場限制，就有 80 萬種 CD 在買賣，雖然每種 CD 數量不多，但幾乎各種 CD 都會有人喜歡，因此這個種類繁多的小眾市場，就像一條很細很長的尾巴，由於它的項目夠多、尾巴夠長，它的交易總和往往比大賣商品還大。

為何會有長尾效應？從音樂 CD 的例子可以看出，網路是長尾效應的主要動力，因為它大幅降低了「通路」及「廣告」的成本；更因它無遠弗屆，可使銷售對象遍及全球，提供了各種特殊品味小眾的媒合機會。

學・習・評・量

1. 請簡述何謂「長尾效應」（Long tail）？
2. 請簡述何謂「Product Market Fit」？
3. 請簡述何謂「產品生命週期」（Product Life Cycle）？
4. 請簡述何謂「核心產品」（Core product）？
5. 請簡述何謂「網路蟑螂」（Cybersquatting）？

顧客溝通─推廣(Promotion)決策

8
CHAPTER

8-1 網路行銷溝通組合

一、行銷溝通組合(Marketing Communication Max)

行銷推廣組合(Marketing Promotion Max)又稱為行銷溝通組合(Marketing Communication Max),是一種包括廣告、人員推銷、促銷、公共關係、直效行銷組成的特殊組合,用來追求其行銷目標。五種主要的行銷溝通組合工具的定義如下:

1. **廣告(advertising)**:任何由特定提供者給付代價,以非人員的方式表達及推廣各種觀念、商品或服務者。任何來自於組織、產品、服務或明確贊助商的構想,所支付的非人員化溝通管道。
2. **人員推銷(personal selling)**:由公司的銷售人員對顧客做個別報告,其目的在促成交易與建立顧客關係。應用銷售人員與消費者面對面的溝通方式,以期立即傳送訊息給消費者,或是藉由人員間的互動,立即回應顧客的問題。
3. **促銷(sales promotion)**:屬短期的激勵措施,以刺激商品及服務的購買或銷售。提供額外的動機給消費者,以刺激達成短期銷售目標。
4. **公共關係(public relation)**:藉由獲得有利的報導、塑造良好的公司形象、避開不實的謠言、故事和事件,與各種群體建立良好的關係。
5. **直效行銷(direct marketing)**:與謹慎選定的目標個別消費者做直接溝通,期能獲得立即的回應--使用郵件、電話、傳真、電子郵件、Line 及其他非人員接觸的工具,直接與特定的消費者溝通,或懇求獲得直接的回應。

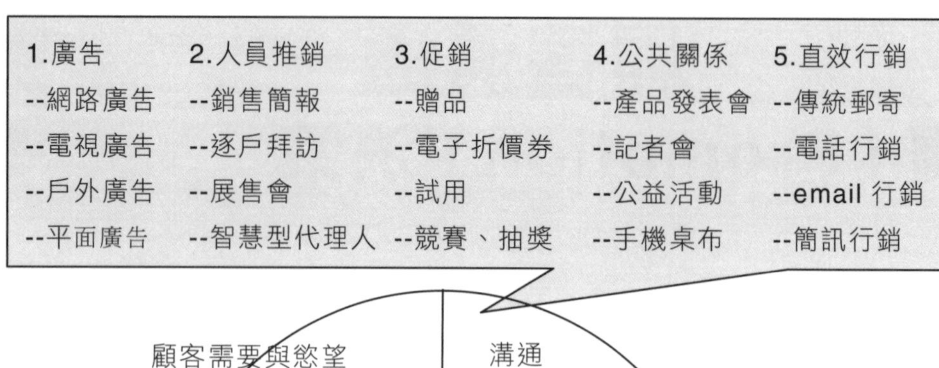

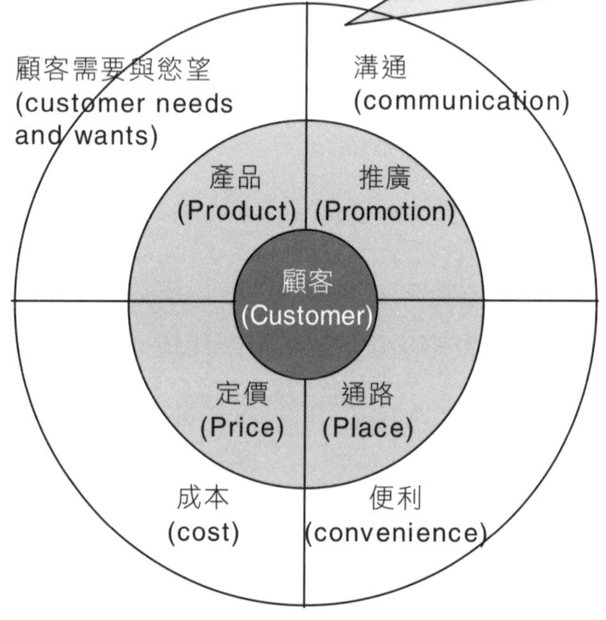

圖 8-1 行銷溝通組合

當這些行銷溝通組合移植到網際網路上來，就變成了網路廣告、網路人員銷售（網路智慧型代理人銷售）、網路促銷、網路公共關係、和網路直效行銷。

此外，溝通的層面並不限於這些特定的工具；舉凡產品設計、產品價格、產品包裝的形狀與顏色、銷售該產品的商店、與企業舉辦的各項消費者活動，都會帶給消費者某些訊息。整合行銷與溝通的目標，是確保溝通組合的所有因素能相互協調，配合行銷策略，傳達相同的定位與價值給目標市場。

二、行銷溝通組合的任務目標

一般來說，行銷溝通組合（行銷推廣組合）的任務目標可分為四：

1. **告知**（Inform）：傳遞產品或服務的基本訊息。
2. **說服**（Persuade）：用來改變顧客態度、信念與偏好。
3. **提醒**（Remind）：用來提醒消費者對產品與品牌名稱的熟悉。
4. **試探**（Testing）：用來尋求新的行銷機會，尋求潛在顧客或測試新行銷訴求。

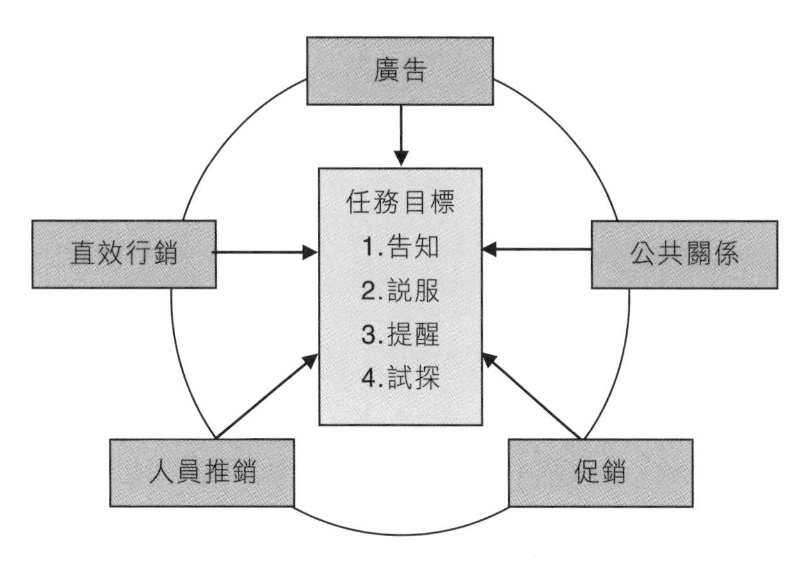

圖 8-2 行銷溝通組合的任務目標

三、溝通的過程

要了解網路行銷溝通組合，必須先了解溝通的過程。簡單的說，溝通是資訊由一個人傳送到另一個人。這溝通的發起者稱為發訊者（sender），傳送者經由管道（channel）或媒介將訊息傳送給收訊者（receiver），在溝通的過程還有二個重要的部份—回饋與干擾（Feedback and Noise）。

在這個最基本的溝通過程中，始於發訊者想把某些訊息讓收訊者（目標受眾）知道，這些資訊必須先經過編碼（encode）成一個可被傳送的方式（例如文字、語言）。這訊息經由各種不同的管道或媒介（如電視、信件或網路廣告）傳送給收訊者。收訊者必須將此訊息予以解碼（decode）成其能了解的形式。收訊者解讀這些資訊後，可能也會傳回一些訊息做為對傳送者的一些回應。在溝通的過程中常會有一些噪音或干擾（Noise）阻礙溝通的進行，如電話鈴聲、受人干擾，甚至語言問題等都是溝通的障礙。如圖 8-3 所示。

1. **發訊者（sender）**：有意和其他人或組織進行溝通的一方，也就是訊息來源。一組訊息的發訊者可能由組織與個人所組成。
2. **編碼（encoding）**：發訊者將所要傳達的訊息轉換成文字、圖形、語言、動畫或活動的過程，也就是訊息製作。
3. **訊息（message）**：一套文字、圖形、語言、動畫或活動的組合，也就是消費者所看到、聽到或感受到的推廣活動內容。例如：網路商店的橫幅廣告、網路促銷的折價券等。
4. **溝通媒介（message channel）**：就是負載訊息的工具。例如：網際網路、手機簡訊、電視、報紙、宣傳手冊、戶外看板、廠商贊助的活動等。
5. 解碼（decoding）：就是訊息解讀。收訊者接受訊息之後，會因個人的經驗、認知等而賦予訊息某種特殊意義。在這階段，收訊者的選擇性注意與選擇性曲解會影響解讀結果
6. **收訊者（receiver）**：訊息的溝通對象。包含 e-mail 直效行銷的收件者、電視的觀眾、報章雜誌的讀者、廣播的聽眾、活動的參與者、戶外廣告街上行人等。
7. **反應（response）及回饋（feedback）**：收訊者在解讀訊息之後，會產生某些正面或負面的反應，這些反應會回饋給發訊者，以便用來判斷溝通的效果，或作為修改訊息的參考。

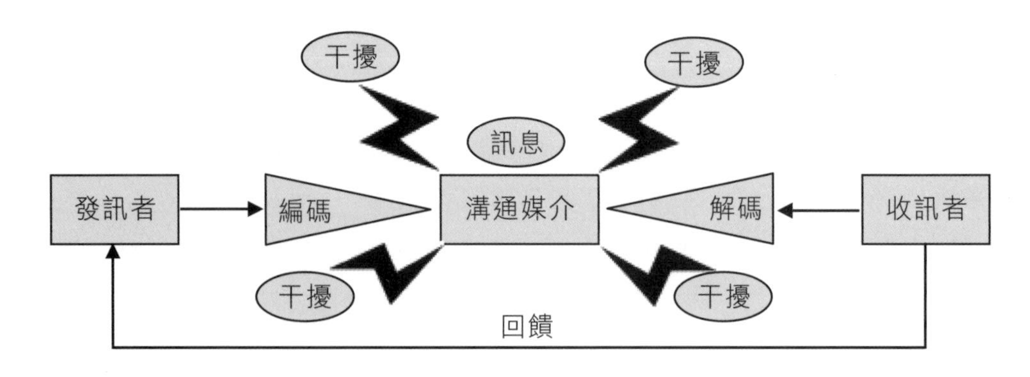

圖 8-3 溝通的過程

四、發展有效行銷溝通的步驟

行銷溝通者應做以下列的決策，才能發展出有效的溝通策略：

1. **確定目標受眾**：行銷溝通者必須開始就明確的定出目標受眾。視聽眾可能是公司產品的潛在購買者或目前的使用者，是決策者或影響者，是個人或群體，是特殊公眾或一般公眾。因為不同的目標受眾對溝通者各項決策的影響甚深，如訊息的內容、方式、時間、地點及訊息傳遞者的人選。
2. **確定溝通目標**：目標受眾一旦確定，行銷溝通者即應界定所預期的反應目標。當然，最終的反應是購買行為，但購買行為是消費者漫長決策過程的最後結果。目標受眾可能處於六個購買準備階段—知曉、了解、喜歡、偏好、堅信、購買，通常消費者透過其所屬的階段來行使購買行為。行銷溝通者必須知道目標受眾目前所在位置與對不同階段者應採取何種行動。
3. **設計訊息**：確定想由目標受眾得到哪些反應後，溝通者接著就要擬定訊息。一個理想的訊息應設法引起注意（Attention）、維持興趣（Interest）、激起慾望（Desire）及促成行動（Action），此即所謂 AIDA 模式的架構。設計訊息的步驟包含訊息內容、訊息結構、與訊息格式：

   （1）訊息內容：溝通者必須提出某種訴求或主題以產生預期的反應。訴求可分成理性、感性與道德三大類。理性訴求（rational appeal）係針對目標受眾自身利益的追求，而設法證明產品能帶來預期的好處。感性訴求（emotional appeal）係用來刺激正面或負面的情感，以激發其購買。溝通者可能使用正面的感性訴求，如愛、榮耀、歡樂及幽默。道德訴求（moral appeal）旨在使視聽眾了解何者為「善行義舉」。通常用來勸導人們支持某些社會運動，如淨化環境、種族平等、男女平等與協助貧困人家。

   （2）訊息結構：溝通者必須決定如何處理三個訊息結構問題。第一，是否要導出明確的結論，或給視聽眾去判斷？第二，是否應提出片面或雙面的論證？第三，是應提出最堅強的論證，或是到最後才提出？

   （3）訊息格式：能以有效的格式傳達訊息。

4. **選擇媒體**：溝通者現在可以著手選擇有效的溝通通路。溝通的通路可分兩類--人員與非人員。
5. **選定訊息來源的特性**：訊息對視聽眾的影響也受視聽眾對溝通者的知覺情形左右。來源可靠的訊息總是比較具有說服力。

6. **蒐集回饋**：訊息傳遞出去後，溝通者還要探究其對視聽眾的影響。這通常包括調查目標受眾，詢問其是否能辨認或記得訊息、看過幾次訊息、還記得哪些要點、對訊息的觀感如何、過去和目前對產品與公司的態度如何。最後，溝通者也希望能蒐集視聽眾的行為反應--如有多少人購買該產品、喜歡該產品，或將該產品的訊息轉告他人。

五、網路行銷溝通

◆ 網路行銷溝通的定義

所謂網路溝通（network communication）是指利用網路做為訊息傳送接收的設備，透過網路將數位化的資料與訊息，在使用者之間自由的傳遞與交換，藉由網路溝通的應用軟體讓使用者彼此產生實質的互動，使單向、雙向、甚至多向的溝通能順利進行。

網路溝通是隨著資通訊科技（ICT）而興起的溝通形式，也是一種具有多面向的社群媒體溝通形式。網路的出現改變了傳統的溝通型態，可在「人與人、人與機器、機器與人」之間進行溝通。

◆ 網路行銷溝通的助益

利用網路作為一個行銷溝通媒介，對消費者及企業雙方均有極大的助益。在消費者助益方面：

1. 消費者在決策時有許多隨時更新的資訊可供參考。
2. 網路提供非線性的搜尋管道。
3. 網路提供重要的娛樂功能。

在企業助益方面，包括配銷助益、行銷溝通助益、作業性助益：

1. **配銷助益**

（1）對出版業電子書，資訊服務與數位產品來說，配銷與銷售成本趨於零，使配銷管道更有效率，也減少人工成本與時間花費。

（2）在銷售的過程中，線上下單，促進交易的效率，並可蒐集顧客偏好資訊。

2. 行銷溝通助益

（1）網路可傳送公司資訊給顧客，不僅對外部溝通有利，也促進內部溝通。網路互動的本質可促進顧客關係。

（2）網路有助於企業提供線上服務（線上客服）與線上支援。

（3）網路可提供企業有效的溝通管道，有助於品牌的建立。

3. 作業性助益

（1）可減少資訊處理過程中的錯誤、時間與人工成本。

（2）減少與供應商間的溝通成本。

（3）跨境電商有助於進入新市場。

（4）可使廠商更容易接觸潛在顧客。

◆ 網路行銷溝通的特性

網路溝通的特性如下：

1. 網路傳輸具有即時性，取得資訊的時間較短。
2. 網路具有匿名溝通的特質。
3. 網路結合文字、聲音、圖形與影像，以多媒體的形式呈現資訊。
4. 網路具有高度互動性，網路使用者可隨時隨地進行互動。
5. 網路上資訊的流動不受到地理疆界的限制。
6. 網路媒體可以小眾化精準溝通。
7. 網路溝通能讓用戶在較適宜的時間裡收發訊息，可彈性地分配自己的時間。
8. 網路媒體的可近用性（Accessibility）較傳統媒體為高。
9. 網路溝通的呈現方式有更多元的選擇。
10. 網路溝通的管制過程不像傳統大眾媒體那麼嚴密。

六、AIDA 模式與效果階層模式

網路行銷的中心觀念是，企業透過網路提供產品或服務之資訊，以吸引消費者之注意、引發其興趣，並使其產生購買慾望，最後導致購買行為之產生，也就是所謂的 AIDA 模式，期望能讓消費者以最短的時間以及最低之成本，購買或獲得其想要之商品或服務，滿足其需求，並使長期的顧客價值與企業利潤得以最大化。

- **A：注意（Attain）**：您的廣告、促銷、人員推廣、公關活動是否能引起消費者注意，或者視而不見呢？如何引起消費者注意的廣告，在網路上有很多研究，常見的方式如抽獎（贈品），腥膻標題，免費，把廣告做得類似網站按鈕，使消費者誤觸…等，都是策略之一，不外是要提高消費者對產品的注意。
- **I：興趣（Interest）**：當消費者注意到產品訊息，是不是產生興趣，則是相當重要的行銷議題。如何讓消費者產生興趣，和產品及消費者本身有重大的相關。產品是否具有 USP（獨特銷售主張），引起消費者興趣。
- **D：渴望（Desire）**：消費者看到廣告很有興趣，不一定會產生慾望（want）－「我需要這樣產品」，所以廣告行銷中，強化消費者購買慾望，使其產生「我想要這產品」。
- **A：行動（Action）**：行銷的目的，即在促使消費者產生行動，因此加速消費者行動的廣告，也常出現在日常生活中，如「前一百名加送價值 500 元禮卷」的廣告，都是在鼓勵有需求的消費者，立刻採取行動的作法。

網路行銷是擁有極快速回應的行銷系統，並且可以一次達成，注意、興趣、慾求、購買（行動）的媒介。

此外，在目標受眾確定後，行銷人員就要界定所要求的回應。企業在了解讀者的需求（demand）與慾望（want）之後，企業行銷溝通組合必須配合這些需要與慾望。如果企業可以讓消費者認為這些溝通組合長期受用，他們將會更容易接受企業的各項行銷活動。雖然這些是企業推廣與溝通活動所要努力的方向，但是企業應了解的是廣告或促銷活動未必會呈現立即的效果，因為任何一位消費在決定購買之前可能處於六個階段之一，稱之為購買者準備階段（buyer readiness stage）——知曉（awareness）、了解（knowledge）、喜歡（like）、偏好（preference）、堅信（conviction）、購買（purchase）。

1. **知曉（awareness）**：首先要確認目標受眾對企業或企業產品的知曉程度，有時候目標受眾並未注意到企業品牌或企業產品的存在，那麼此時的促銷方向應放在如何讓目標市場注意到您的產品或品牌。
2. **了解（knowledge）**：目標受眾可能注意到企業品牌或企業產品的存在了，但卻不知道企業品牌或企業產品所提供的產品屬性或特殊功能，此時企業就應將產品屬性或特殊功能的資訊提供給目標受眾。

3. **喜歡（like）**：假使目標受眾了解了企業所提供的產品與服務，但是不一定喜歡，這時企業需要去了解消費者為什麼不喜歡，並予以改善，然後再宣傳其優點。

4. **偏好（preference）**：目標受眾雖然已喜歡企業的產品與服務了，但不見得有偏好（喜歡是喜歡，可是購買的時候還是會購買競爭者的商品），此時行銷人員的任務便是建立消費者的偏好，強調使用本公司產品或服務所獲得的利益。然後再檢視目標受眾的偏好是否改變，且做檢討。

5. **堅信（conviction）**：目標受眾有了偏好，但卻不太具有信心，此時行銷人員要增強讓消費者確信購買與消費本公司的產品是一項正確的抉擇。

6. **購買（purchase）**：有些目標受眾可能下定決心要消費本公司產品了，但卻遲遲未見具體行動，或打算慢一點行動。此時行銷人員就要激勵消費者採取立即的購買行動。

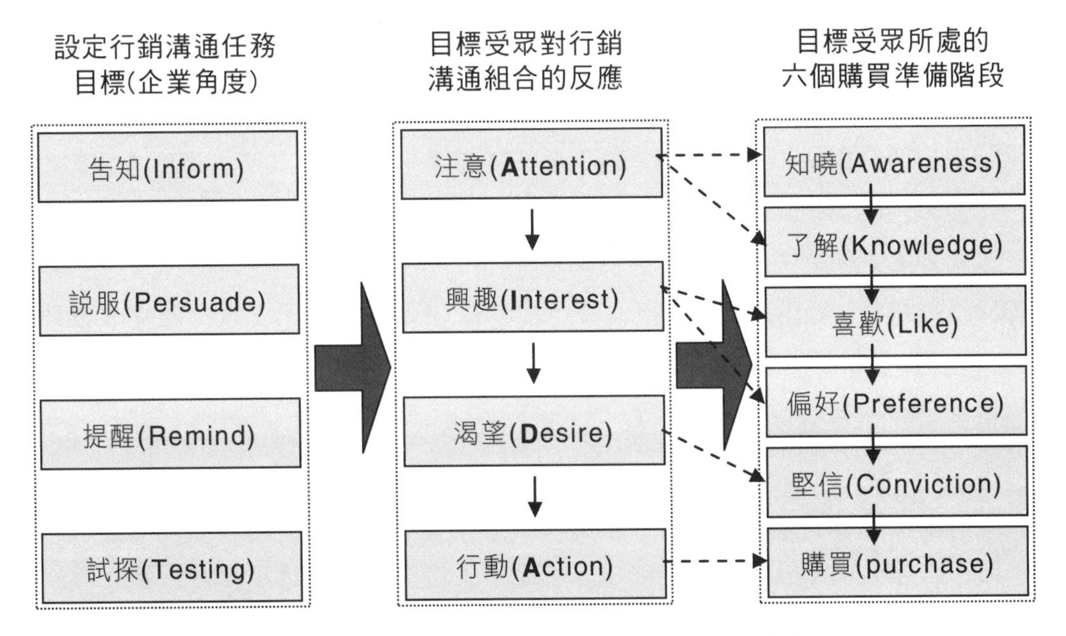

圖 8-4 行銷溝通組合任務目標、AIDA 及購買準備階段

七、網路行銷溝通組合之效果衡量

網路廣告的效果到底如何，也是廣告主最想知道的效益問題，而廣告效果的評估必須以當時刊登廣告時所設定目標為主軸來衡量：

1. **決定自身的市場策略**：網際網路的普及已無庸置疑，線上使用者持續增加中，面對著如此龐大的使用者，如果沒有設定目標受眾的話，那網路廣告將毫無意義。因此在刊登網路廣告前不能不知為何要刊登廣告、廣告的目的為何、要刊登什麼樣的廣告內容、以何種方式呈現廣告、刊登廣告媒體為何及目標族群為誰等，這些是在刊登網路廣告前所必須先行訂定的市場策略。

2. **訂定行銷活動的目標**：市場策略制定後，訂定行銷的活動目標是很重要，這也是日後評估網路廣告效益的依據，因 AIDA 是指潛在消費者在接觸到廣告時及一直到完成某種消費的行為中的幾個動作，所以在訂定廣告行銷活動的目標可以利用 AIDA 公式來制定。

   A — 注意（Attention）：透過網路溝通組合（廣告、促銷、公關、人員推銷、直效行銷）是否能引起目標受眾的注意。

   I — 興趣（Interest）：係指目標受眾在接收到廣告主所傳達的訊息後，因廣告中提供給消費者有價值的利益，引起消費者的興趣。當目標受眾注意到廣告訊息，並不一定會對該廣告的商品產生興趣。

   D — 渴望（Desire）：係指當目標受眾因廣告主提供的利益有興趣，且對他們有很大的吸引力，消費者會有想要得到這樣一個東西的渴望。當目標受眾對於廣告的商品有興趣，但並不代表會產生慾望去擁有這樣一件商品。

   A — 行動（Action）：是指促使目標受眾在接收廣告訊息後，能完成某種消費的行為。這也是在整個 AIDA 中最重要的一環，因為即使前三項（注意、興趣與渴望）的目的都達到了，如果沒能促使目標受眾進行購買，那麼這則廣告還是白費的。

3. **刊登適當的網站廣告**：訂定行銷活動的目標之後，下一步就是決定適當的網路廣告，有了好的行銷目標及明確的廣告訴求，接下來就是決定適當的廣告內容及媒體來宣傳該則廣告。在廣告的內容方面，應搭配著行銷活動來配合，彼此相互支援，才會達到極佳的效果；廣告內容確定後，所選擇行銷媒體或社群媒體就很重要的，通常目眾受眾大多使用什麼社群媒體，就選譯該社群媒體。

4. **依原定目標檢驗效果**：並不是將廣告送上網路就可以了，接下來檢驗廣告的效果也是非常重要的，而檢驗是依據當時所設定的行銷目標來衡量，而不是以曝光率及點閱率的高低來決定廣告的效果好壞，若評估成效不佳，就需考慮調整網路行銷溝通組合。

8-2 網路廣告（Internet Advertising）

一、網路廣告的涵義與特質

網路廣告 = 網際網路 + 廣告
(Internet) (Advertising)

所謂網路廣告（Internet Advertising），可以從字面上瞭解，網路廣告就是以網際網路為媒體，在網路上播放廣告。而在網路廣告中包含網站廣告（Web Ads 或稱網頁廣告）、電子郵件廣告…等類型，但由於網站廣告是網路廣告最為流行的形式，因此在本文稍後所談到的網路廣告所指的即為網頁廣告。因此對於網路廣告，可以定義它為，在全球資訊網上，以網路為媒體，使用文字、圖片、聲音、動畫或是影像等方式，來宣傳廣告所欲傳達的訊息。

網路廣告能夠受到各方的注意，並對其極具信心，原因在於網路廣告擁有其他媒體所沒有的優勢，茲說明如下：

1. **高互動性**：以網際網路為廣告媒體，最大的優勢就是在於與使用者的互動程度。透過網路互動的功能，使用者可以選擇想要看的內容，或是要求想要的訊息，這些高互動性的網路廣告，亦能夠產生較佳之廣告效果。
2. **網路無國界**：沒有時間，地域的限制，一直就是網際網路的特點之一。也是因為這個特點，使得網際網路消彌了國界的概念，也使得網路廣告能發揮極大的效用。
3. **能迅速得知廣告效果**：網路廣告的另一項特點就是當使用者點選廣告或是瀏覽目的網頁時，即能迅速得知網路廣告的效果，這是其他廣告媒體所做不到的事，如此可以提供廣告主或網路廣告業者即時且確實的廣告效果。
4. **廣告成本效益較佳**：由於全球資訊網的網站特色較為明顯，因此有別於其他大眾媒體如：電視廣播報紙，它較能掌握使用者的特性，也使廣告主容易進行市場區隔，針對目標市場進行行銷，讓每一分錢都能花在刀口上，進而使廣告成本的效率提高。

除了以上幾點，網路廣告還有跟其他媒體的許多不同之處，詳見表 8-1。

表 8-1 網路媒體與其他傳統媒體比較表

項目＼類別	網際網路	平面媒體	廣播	電視
訊息接收者	集中-廣大	廣大	廣大	廣大
時效性	不定	延遲	立即	立即
訊息種類	文字、圖片 聲音、影像	文字、圖片	聲音	文字、圖片 聲音、影像
資料傳播方式	推吸力兼具	推力	推力	推力
價格	低	中	中	高
隱密度	高	低	低	低
更新速度	隨時	慢	中	中
互動性	雙向	單向	單向	單向
廣告效果	立即	延遲	延遲	延遲

二、網路廣告

◆ 橫幅廣告（Banner Ads）

網路橫幅廣告（Banner Ads）是常見的一種網路廣告方式。橫幅廣告主要利用在網頁上的固定位置，提供廣告主利用文字、圖形或動畫來進行宣傳，通常都會再加入連結以引導使用者至廣告主的宣傳目的網頁。最常用的橫幅廣告尺寸是 486×60 或 486×80 像素，使用靜態或動態的 GIF 格式。網路橫幅廣告的版位又可分為兩大類：

1. **固定式版位（Hardwired）**：固定式版位和平面廣告的概念類似，即廣告固定出現在某個網頁上的特定版位，在刊登期間之內，網友在任何時候瀏覽該頁面看到的都是同一則廣告。
2. **動態輪替式版位（Dynamic Rotation）**：廣告版位由數支廣告輪替播放，網友每次瀏覽該網頁都會看到不同的廣告，甚至網友按下「重新整理」（Reload）或者「上一頁」（Back）鍵時，都會在網頁上看到不同的廣告。至於廣告的輪替方式則由遞送軟體控管，遞送軟體會根據每支廣告當初的目標設定（targeting），例如播放時段、內容版面或瀏覽器等條件來決定何時遞送廣告。

近年來，橫幅廣告的點選連結率（CTR）急速下降，許多網友已經得到所謂「橫幅廣告盲眼症」（Banner Blindness）—網友會忽略一個看起來像是廣告的圖像。其實不只是橫幅廣告而已，任何看起來像廣告的圖像都會被網友忽視。企業網頁設計中常見的陷阱之一，就是太強調用豐富圖像和動畫來呈現重要資訊。然而，這樣子做其實反而會讓資訊更可能被忽略。當網友在網站上尋找特定的目標時，他們會在預期放該資訊的位置上找尋「文字」或者是「連結」。網友很常忽略那些色彩繽紛、視覺化的頁面元素，以避免看到的是廣告。

◆ 按鈕廣告（Button Ads）

網路按鈕廣告為較小型的標題式網路廣告，形狀似方形按鈕，定位在網頁中，通常是不動的，可經由點擊連結到廣告主的廣告內容頁。最常用的尺寸大小有四種：125×125、120×90、120×60、88×31。由於尺寸較小，因此通常表現手法較為簡單，而其優點就在能簡單明瞭的傳達訊息，但是由於所佔的版面小而且不顯眼，因此效果通常不明顯。

◆ 分類廣告（Classified Ads）

所謂網路分類廣告，即網站利用類似電話簿黃頁（Yellow Page）的廣告分類方式，將廣告依廣告主登記的類型分為食品、餐廳、房地產、徵才…等資訊，提供顧客來瀏覽。

◆ 插播式廣告（Interstitial Ads）

網路插播式廣告（Interstitial Ads）就是當使用者點選連結之後，會彈跳出另一個視窗，用以播放廣告訊息，並強迫使用者接受，容易對使用者造成困擾，根據網路使用調查，在吸引使用者的廣告類型中位居最後一名。

彈出式廣告（Pop-up Windows Ads）是插播式廣告的一種特殊形式，它是一個網頁下載過程中，出現在一個新開的小瀏覽視窗廣告，廣告格式可以是任何 Web 標準，例如 HTML、GIF、JPG、FLASH 等。

◆ 捲軸廣告

捲軸廣告的設計理念基本上是希望達到如影隨形。它的位置會隨著捲頁軸而不斷上下捲動，所以無論網友捲到網頁的任何地方，都一定還是可以看到捲軸廣告。此外，網友在捲動廣告時，多半會用滑鼠去點捲軸，同時目光也會不自覺得移到捲軸的滑鼠游標處，那麼要不看到捲軸廣告也難。

◆ 贊助式廣告（Sponsored Ads）

網路贊助式廣告（Sponsored Ads）是一種網路廣告型態，其類似於傳統的贊助廣告方式，廣告主經由提供網路上各種活動的贊助，獲得網路廣告宣傳位置或活動冠名資格。通常可分成三種形式：內容贊助、節目贊助、節日贊助。

1. **內容贊助**：係指在廣告商擬定的內容中，放置廣告並發佈廣告主資訊的一種贊助形式。
2. **節目贊助**：係指廣告主出資贊助網站特別推出的活動，在該活動中放置廣告並發佈廣告主資訊的一種贊助形式。
3. **節日贊助**：係指廣告主出資贊助網站在特別日期或特別節日推出的活動，在該活動中放置廣告並發佈廣告主資訊的一種贊助形式。

三、網路廣告的主要參與者

1. 廣告代理商：廣告代理商主要扮演著橋樑的角色，居中協調廣告主與媒體經營者的需要，使雙方蒙受其利。倘若兩者出了任何問題，廣告代理商有責任出面扛下所有責任。
2. 網站發展者：在允許的環境之下，將企業的網路廣告效益發揮到極大是每位網站發展者所應該做的事。
3. 行銷研究者：網路公司一般都會針對網路廣告效益製作深入的研究報告，而這就是網路行銷研究者所從事的工作。
4. 流量衡量分析的公司：這些公司可以讓企業瞭解到其網路廣告每天的點擊數和累計點擊數，每一個廣告點擊者在進入您頁面後的瀏覽行為。
5. 入口網站：各入口網站仍是以網路廣告為主要營收，因此入口網站常常是網路廣告的兵家必爭之地。
6. 廣告主：出資刊登廣告的企業主。

四、網路廣告計畫

網路廣告計畫包括：界定目標顧客群、選擇廣告通路、選擇廣告代理商。

1. **界定目標顧客群**：產品廣告或企業形象廣告希望讓那些消費者看，確定消費者是那些社群，那個階層，那個區隔。界定目標顧客群，才能在選擇廣告通路中，正確選定顧客的電子郵件、恰當地新聞群組和電子佈告欄、設計適當的網頁。

2. **確定廣告通路**：廣告通路有很多，分類如下

   (1) 透過電子郵件發佈廣告

   (2) 透過新聞群組或電子佈告欄發佈廣告

   (3) 透過贊助商發佈廣告

   (4) 在網站上發佈廣告

   (5) 在廣告線上交換發佈廣告

3. **選擇廣告代理商**：一個企業要做廣告，傳統上，要先選擇廣告代理商，由廣告代理商選擇廣告媒體。同樣地，在網際網路上，網路廣告主也可以選擇網路廣告代理商，由該代理商選擇合適的廣告通路，選擇廣告發佈的網站，設計廣告。例如國際知名的網路廣告代理商 Google。

五、網路廣告收費模式

1. **千人印象成本（Cost Per Thousand impression, CPM）收費模式**：廣告商對廣告主的廣告曝光每千人次所收取的費用。

$$CPM=\frac{\text{廣告購買成本}}{\text{含有廣告頁的訪問次數}}\times 1000$$

例如：若某廣告主付出 40 萬元之成本，向某知名網站購買網路廣告，該網站之訪客率為 200 萬人次，請問該網站廣告提供的千人印象成本（CPM）為 200 元。

$$CPM=\frac{400,000}{2,000,000}\times 1000 = 200$$

2. **每次點選成本（Cost Per Click-through, CPC）收費模式**：廣告商是依照廣告被點選的次數來計價。一般來說，CPC 的費用比 CPM 的費用高得多，但是，廣告主往往更傾向選 CPC 這種付費方式，因為這種付費方式反映了消費者確實看到了廣告，並且進入廣告主的網站。

3. **點選(Click)收費模式**：按一段時間內，一個網上所有連結點被點選的次數收費。

4. **固定（Flat Fee）收費模式**：制式收費，每週、每月。

5. **每筆銷售（Cost Per Sales, CPS）**：每筆交易成功，交易一筆算多少錢。廣告主為規避廣告費用風險，只有在廣告帶來產品的銷售後，才按銷售筆數付給廣告商費用。

六、網路廣告效果評估

評估網路廣告的效果，常見的有：

1. **曝光數（Impression）**：曝光數指的是廣告被成功遞送的次數，假如廣告刊登在固定版位（Hardwired），那麼在刊登期間獲得的曝光數越高，表示廣告被看到的次數越多。
2. **每千次曝光成本（CPM, Cost Per Mille）**：遞送一千次廣告曝光（impression）所需要的成本，廣告主可藉由此數值進行網路與傳統媒體的效果比較。CPM 雖然是效果評估指標之一，但也有網站將 CPM 當成一種計價方法。
3. **點選（Click）**：網友在「點選」（click）廣告後，通常會連結到廣告主的網頁，獲得更多的產品訊息，而點選次數（click through）除以廣告曝光總數，可得到「點選率」（CTR, Click Through Rate），這項指標也可以用來評估廣告效果。
4. **轉換率（Conversion）**：廣告的主要目的不外是銷售商品，若以「網路下單成交筆數除以點選次數」可以得到轉換率，這項數據是點選率還更進一步的效果評估指標。而影響轉換率的兩個因素：

   （1）點閱率（CTR, Click Through Rate）：點閱次數（Click）和廣告曝光次數之間的比值。

   （2）成交率（LBR, Look-to-Buy Rate）：指進站的人潮中在網站上直接下訂單的比例。

   轉換率 ＝ 點閱率（CTR）× 成交率（LBR）

   例如，假設 CTR=1%，LBR=2%，則 Conversion Rate= 0.02%，也就是廣告曝光 100 萬次，可形成 200 次交易。

5. **網站流量衡量指標**

   （1）網路頻寬—看該網站向 ISP 業者所承租的頻寬去計算同一時間可能的最大瀏覽人數。（不易拿到）

   （2）上網人數—最可能作假（自己 Reflesh 或寫程式自動 Reflesh），較好的方式就是運用會員制，或是查詢 IP Address，設定 Cookie 程式可鎖定訪客是否來自同一部電腦。

   （3）鍵閱率（Hit Rate）：網站的「Hit」指的是瀏覽器向網站伺服器要求下載的檔案數，包括文字（如 HTML）、圖片（通常是 GIF 或 JPG）、甚至是影片（Video Clip）、聲音（Audio File），每個被索閱的檔案都算是一次「Hit」。所以「鍵閱（Hit）」數跟網頁設計大有關係，相似的內容，多放幾個圖檔，伺服器所記錄的 Hits 數就會增加許多；上站人次多，Hits 數當然也會隨之增多，而且 Hits 數通常是上站人次的數十甚至數百倍，不可要硬把這兩者畫上等號。有些網站常常把它們的鍵閱率（hit rate）當做是上站人次，來增加網站的知名度。其實這是錯誤的，而且重要的是一個網站「鍵閱」次數如果很大，這只能代表主機很忙碌，卻不能證明其他事情，因為一個網站通常包括許多「鍵閱」，所以 Hits 根本無法正確代表網站流量。

（4） 網頁曝光（Page Impressions）：英國「發行稽核局」電子媒體稽核部門主席李察・方恩於 1997 年 1 月 24 號表示，由澳洲、巴西、德國、日本、馬來西亞、西班牙、瑞典、英國、及美國等國 ABC 所共同組成的「國際發行稽核局聯盟」已同意採用「網頁曝光」作為網站流量的稽核標準。「網頁曝光」成為公認衡量網站流量的標準，就像報紙雜誌的發行量、電視廣播的收視率一樣，廣告主可以據此選擇適當的媒體組合，對於網路的市場大有助益。網頁曝光在英文裡，除了前面提到的「Page Impressions」之外，有時也被稱作「網頁閱讀（Page Views）」或「Page Requests」，事實上意思都一樣。

6. **廣告花費報酬率（Return on AD Spending，簡稱 ROAS）是指每投入一元廣告所獲得的營收占比**。假設某品牌花了廣告費 1 萬，賺了 12 萬，ROAS 是「流量創造營收 12 萬」除以「流量獲取成本 1 萬」×100%，則 ROAS 是 12。

$$\text{公式：ROAS} = \frac{\text{流量創造營收}}{\text{流量獲取成本}} \times 100\%$$

七、Google Analytics 分析

Google Analytics 是 Google 公司提供的免費數據分析工具，可用來分析網站的數據狀況，是普及的數據分析工具，而且由於使用 Google 搜尋引擎的人數比例將近超過 80%，因此 Google Analytics 的數據準確度也有相當高的可信度。

Google Analytics 為 Google 的網站流量追蹤工具，透過 Google Analytics 能記錄網站的進站狀況、瀏覽情形和商品購買等指標，讓用戶能更有系統的經營網站、觀察成效。Google Analytics 已成為網站管理者、數位行銷人員必備的工具之一。

Google Analytics 的操作介面主要分為四大報表：目標對象、客戶開發、行為、轉換。這四個報表分別處理訪客從進站到達成轉換的過程，主要面臨到的四個問題：

1. **目標對象**：訪客長什麼樣子？Google Analytics 能得到造訪者的年齡、性別及地理位置及興趣等資訊，透過長期觀察這些資訊能描繪出網站的訪客輪廓，得知訪客大多是些什麼類型的人。
2. **客戶開發**：訪客從哪裡來？Google Analytics 會判別訪客是從哪裡來（例如搜尋引擎或社群）、比例各佔了多少，讓用戶掌握每個流量管道的經營成效。
3. **行為**：訪客在網站上做了什麼？Google Analytics 能追蹤訪客在網站中的行為，包括訪客從哪些頁面開始瀏覽、在每個頁面停留了多久、瀏覽了哪些頁面，以及每個頁面的瀏覽狀況等指標。
4. **轉換**：訪客的轉換情形？用戶能透過 Google Analytics 定義網站中會有哪些轉換（例如多少人在網站上報名活動？商品被多少人購買？），並透過報表檢視成效。除了能透過多管道程序功能知道哪個管道造成最多的轉換，網站若綁定電子商務交易功能後，也能直接透過報表觀察商品銷售狀況。

8-3 網路人員推銷（Personal Selling）

人員銷售是以「一對一」及「面對面」的小眾式溝通，銷售的人員就是訊息傳播的媒介，此種方式可以針對不同顧客提供不同的訊息，針對目標群體的特性，修正訊息傳達的方式與內容，是十分有效的溝通方式，不過時間與成本也是最高的。在電子商務的環境中，一對一的行銷溝通變成了十分方便的方式，可以針對不同的需求提供不同的資訊內容，同時也減少人員銷售的龐大人事成本與時間的種種限制。

人員推銷在消費者購買過程的某些階段ㄧ尤其在建立購買者的偏好、堅信與行動之際ㄧ係最有效的一種推廣工具。而且比起廣告來說，更具有三項特質：面對面的接觸、與人結交、引起反應等。人員推銷是五種推廣組合中唯一一種雙向溝通，也是瞄準客群最直接、互動效果最佳的推廣方法

一、推銷（push）與拉銷（pull）

推銷策略是行銷人員將產品透過一種正向行銷通路的努力方向，由總公司→經銷商→零售商→消費者，或者是由總公司直接推銷到消費者的一種推動力量。其推銷的重點係透過人員推銷（personal selling）的方式，介紹產品的特性（features）與利益

（benetits）給消費者，對於市場的顧客，採取重點選擇的方式，先由點連成線，由線連成面，再由面連成空間。

拉銷策略則是行銷人員透過各種可能的大眾傳播媒體，將產品的所有訊息傳遞給消費者大眾，再讓消費者大眾自行到各地分公司所設的採購點購買，這是讓消費者透過「逆向」的行銷通路：消費者→零售商→經銷商→分公司，產生一種「指名購買」的拉銷力量。其市場的顧客是全面性、廣泛性，行銷公司企圖以一種「一網打盡」的方式，達其行銷的目的。

◆ 適用範圍之別

1. **工業性產品適合推銷**：推銷策略適用範圍，在於當此項產品的市場消費者是某些特定的顧客，而且這些顧客是可接近性的（approachable），同時，產品的特性與利益透過人員來溝通（person-to-person）比較易於被接受時，則採用推銷策略較易奏其功。一般言之，工業性的產品（industrial products）大致上是採取推銷策略。工業性的產品，此時企業客戶對產品的資訊了解程度比較偏向「不完全性」（incompleteness），對價格的敏感性較小，市場可謂處於一種「封閉性」的市場（close market），透過強有力的推銷人力組織，由業務代表向企業客戶介紹其產品的特性與利益，憑業務代表強有力推銷介紹手腕以達成交易。
2. **消費性產品適合拉銷**：當產品的消費者是市場廣泛的一般大眾，無法用人員推銷的方式來接近（unapproachable），而產品的特點在其品牌的知名度更甚於其產品的特性與功能，則採用拉銷策略為宜。一般而言，消費性產品（consumer products）大致採取拉銷策略。市場消費者對產品的資訊了解度比較偏向「完全性」（completeness），對價格的行情訊息都能有清楚的了解，市場處在一種「開放性」的市場（open market）。

◆ 行銷組合之運用

推銷與拉銷策略在行銷組合（marketing mix）上的應用亦有其不同點。

1. **推銷策略**：推銷強調其產品的特性（features）、功能（functions）與利益（benefits），而這些產品的特性功能與利益，透過其有組織，有訓練的強而有力銷售人力傳遞給特定的可能消費者。
2. **拉銷策略**：拉銷強調產品的差異化，多樣化與品牌的優越性，以提高消費者對品牌的忠誠性，產生重複性的購買行為。透過大眾傳播媒體將這些產品差異化、品牌優越性，傳遞到廣泛的一般消費大眾。

二、人員推銷的任務

人員推銷所擔負的任務，不外乎下列六項：

1. **發掘**：開發新顧客。
2. **溝通**：促進消費者對產品特性的瞭解。
3. **推銷**：促使顧客購買新產品，或購買較高等級之產品（向上銷售），或購買週邊相關產品（交叉銷售）。
4. **服務**：提供技術性服務以促進銷售。
5. **蒐集情報**：蒐集競爭者及顧客資訊。
6. **互動**：維持顧客忠誠度。

三、人員推銷的工作類型

銷售人員所負擔的工作與職位名稱，可能因企業不同而不同。從工作類型來分析，主要可分為下列三大類：

1. **訂單開發者（Order Getter）**：主要工作任務在於開發新業務和與新顧客建立關係，對於工業用品而言，訂單取得型銷售人員尤其重要。銷售人員不只要熟悉商品，甚至要能為企業用戶尋找解決方案，才能贏得企業客戶的信任。
2. **訂單接受者（Order Taker）**：係對經常性，已建立之客戶群，完成銷售交易並維持顧客關係。此類依賴工作性質又可分為三類：
   （1）駕駛員訂單接受者：其最主要工作在於運送貨物。例如捷盟物流之駕駛人員，送貨是其主要任務，訂單取得並不重要。
   （2）內部訂單接受者：此類銷售人員在企業內部工作就可取得訂單，其主要工作在於如何給予顧客有效建議、快速交易和完成交易細節。例如便利超商櫃台結帳人員或電視購物頻道之接待人員。
   （3）外部訂單接受者：此類銷售人員需至顧客處方能取得訂單。此類訂單通常是重複性購買，所以困難度不像訂單開發者為高。
3. **銷售支援者（supporting salesperson）**：前述兩類為訂單導向銷售人員，而支援型銷售人員之任務在於，協助訂單導向銷售人員取得訂單、加強顧客關係、並藉維係長期交易。

(1) 傳教士銷售人員（missionary salesperson）：傳教士銷售人員所針對的是現在或未來的潛在顧客，提供資訊和服務，創造未來銷售機會和在配銷通路中提升品牌商譽，如解釋產品、建立展示。通常他們都不會直接接觸商品銷售，例如醫院內常出現的「奶粉媽媽」和「藥商代表」，他們分別對孕婦及醫生提供各項使用和醫療新知，取得訂單並不是其主要工作任務。

(2) 銷售工程師（sales engineer）：本身擁有專業背景，專為顧客所訂製的產品提出細部說明，同時也因應顧客特殊需求而調整產品。通常所銷售產品是屬於精密儀器或設備等。

(3) 銷售團隊（sales force）：強調長期關係、售後服務及顧客滿意。

四、智慧型代理人

智慧型代理人具有獨立行事（autonomous）的能力，可以接受使用者與其他智慧代理人的委託，代辦各類事項。智慧型代理人是一個電腦程式，如同現實世界中的業務助理，會一直在網際網路上活動，可以在既定地規則與授權範圍內，沒有時間與空間的限制下，幫助其委託人進行資訊收集整理過濾、線上交易、行程安排、會議協調、拍賣叫價、甚至休閒旅遊的安排等工作。

智慧型代理人很適合擔任中間商代理人與推銷人員的角色。Resnick（1998）認為代理人中介的電子商務，有益於減少下列的問題：

1. **搜尋成本（search cost）**：買賣雙方的互相尋找，可以因為代理人的中介輔助而減少花費的時間與成本。
2. **不完全的資訊（incomplete information）**：有些資訊是買方或賣方會盡力去隱藏的，例如：賣方對於價格資訊、產品品質資訊等，會儘量隱藏不讓買方知道，而買方也會儘量隱藏消費者偏好等資訊，以避免價格歧視之下，被剝削消費者剩餘；代理人中介的電子商務中，買方的代理人可以長期在網路上廣泛地蒐集相關的資訊，而賣方的代理人也可以藉著對於使用者輪廓（user profile）的記錄與分析，獲得使用者偏好的資訊。
3. **合約的風險（contracting risk）**：買賣雙方有可能因為擔心付款或交貨的問題，而無法進行交易，代理人中介的電子商務中，可以透過和信任的第三者之代理人的保證、保險、處罰等機制，克服這方面合約的風險。
4. **定價的無效率（pricing inefficiencies）**：即使是供需雙方的價格相符合，仍有些交易可能因為錯失了機會而無法完成，例如：二手房屋的買賣等。代理人可以幫助委託人在網路上，透過長期地經營、資訊的蒐集過濾等方式，改善這個問題。

5. **隱私權（privacy）**：有時候進行交易的買方或賣方不希望透露自己的身分資訊，透過智慧型代理人的中介，可以將資訊保留在代理人，而不會影響到隱私資訊的保密。

由於上述五種中介的角色，再加上智慧型代理人可以長年無休地幫助委託人在網際網路上工作，因此可以應用的範圍與功能，還有更多可以發揮的空間。

五、聊天機器人／聊天商務（對話式商務）

基本上，只要品牌透過聊天訊息或對話等與另一方互動，完成某項商業行為，就是聊天商務（對話式商務）的範疇。聊天商務（對話式商務）以對話（聊天）的形式完成，涵蓋銷售、行銷、客戶服務…等各式各樣的服務。它可以是個購物平台，透過聊天訊息販賣一件商品、提供客戶訂餐；也可以是個行銷平台，將新品宣傳訊息發送出去；更可以是個客服平台，解答問題、退換貨的管道…，一切都可以在對話（聊天）訊息的模式完成。

聊天機器人是指可以透過文字、聲音或圖片和使用者對話的電腦程式。它的興起，主要是建立在即時通訊軟體蓬勃發展的基礎上。以 Facebook 來說，旗下兩款即時通訊服務 Facebook Messenger 和 WhatsApp 月活躍用戶分別都已超過 10 億。另外，微信的月活躍用戶也達 8.46 億人。Facebook 與 LINE 都有推出聊天機器人模組，出現在 FB 粉絲專頁與 LINE 官方帳號，可做為品牌的智慧型客服小幫手。

現今的聊天機器人非常全面化，在電商的應用中，已經能做到透過聊天對話了解消費者喜好和商品型態，主動推薦熱門商品，或進一步提供商品優惠、限時特價、VIP 限量…等個人化行銷方式，讓消費者進行下單。當然，售後的退換貨問答也能完成。對商家而言，透過聊天機器人協助促銷、搜尋、導購、售後服務、再行銷…等等的電商流程優化。以對話式商務培養出獨特的電商生態體系，以更直覺、更即時的個人化消費體驗，改變商家和消費者的互動模式。

8-4 網路促銷（Internet Sales Promotion）

一、促銷的定義與特質

促銷能直接的給予促銷對象誘因，刺激立即的購買行為。美國行銷協會（American Marketing Association）認為，凡不同於人員推銷、廣告、以及公開報導的推廣活動都屬促銷活動。因此對於網路促銷可定義為：「在一個全球性的資訊傳播網路上，利用各式各樣、尤其是短期性質的誘因工具，刺激目標顧客對特定產品或服務，產生立即或熱烈的購買反應。」根據學者對促銷之定義，可歸納出促銷具有以下特質：

1. 促銷基本上是一種短期、暫時性的活動，通常都有一定期限。
2. 促銷目的在刺激促銷對象的立即購買行為。
3. 是針對特定對象的活動。而依照促銷對象的不同，可分為消費者、零售商、及經銷商三類。
4. 無法歸屬於人員推銷、廣告、以及公開報導的推廣活動都屬促銷範圍。

二、促銷的分類

促銷可以促銷方法、促銷時間、促銷期間、促銷對象等四個構面將加以分類：

1. **依促銷方法分類**
   （1）特價：大拍賣、積點券、優待券等。
   （2）氣氛營造：服裝秀、店舖改裝、包裝紙等。
   （3）贈品：附獎、有獎徵答等。
   （4）產品接觸：試用、試銷、展示會、新產品發表會、商展等。
   （5）服務：停車券、送貨、記入姓名等。

2. **依促銷時間分類**
   （1）定期：指定期舉辦促銷活動。
   （2）不定期：指不定期舉辦促銷活動。

3. **依促銷期間分類**
   （1）年度促銷：即一年一度的促銷活動，如週年紀念、創業紀念。
   （2）季節促銷：以季節為單位促銷，如清涼特賣即屬之。
   （3）月間促銷：以月為單位的促銷活動。
   （4）旬間促銷：以十天為單位的促銷活動，可分上、中、下旬三種。
   （5）週間促銷：以週為單位的促銷活動。
   （6）特定日促銷：即在一月中選定一日作為特賣日的促銷活動。

（7） 特定時間促銷：即在一日中選定某時段特惠優待，如午茶時間。

（8） 聯合促銷：即換季期間或特定紀念日舉行聯合促銷。

4. **依促銷對象分類**

（1） 對企業內部：可分為對銷售相關部門促銷及對一般部門促銷。

（2） 對經銷商：指對通路商之促銷，可在分為對批發商促銷、對零售商促銷、對代理商促銷。另外，還可進一步再細分為對機構促銷以及對機構之推銷員促銷。

（3） 對消費者：包括可能購買者、使用者、一般消費者等。

三、促銷的工具

網路促銷常見的促銷工具，包含折價促銷、折價券、試用、贈品、抽獎與競賽等。在這當中，折價券、試用、抽獎與競賽在網路中已被普通應用。根據調查網路促銷比直接郵寄的回應要高出 3 倍。

1. **折價促銷**：折價促銷是讓消費者直接獲得經濟誘因，以刺激銷售的促銷方式。然而，折價促銷並非適用於所有產品種類，需搭配特定產品特性方可使用，調查指出在降幅相同的情況下，知名度高、佔有率高的產品與佔有率低的產品相比，回收效果更好。

2. **折價券促銷**：折價券（Coupons）是極為普遍的一種促銷方式，研究顯示折價券促銷與降價有截然不同效果，通常折價券所提高之購買量會是降價的數倍，學者認為兩者差異在於降價促銷是臨時性購買，折價券促銷則是計劃性購買。

3. **試用**：此促銷方式是將商品給目標消費群試用，期望消費者在試用過後，引起對該產品購買意願。學者指出處於導入期產品，由於市場滲透率還低，因此採用試用促銷方式對擴大客層極有幫助。就產品類別而言，以消耗量大的民生必須品，如洗髮精、乳液等較能提高拆封使用機率，原因在於此類產品使用頻率高、試用風險低，甚至具保留至特殊時機使用之價值，所以不失為一項極佳促銷方式。

4. **贈品促銷**：贈品促銷即是以贈送產品以外商品或提供其他額外好處吸引消費者，與試用不同之處在於，贈品贈送之物並非商品本身，不像試用可以免費取得。研究指出贈品效果在於使消費者產生回饋義務，通常當贈品價值愈高，消費者回饋意願愈高；贈品需與商品形象相輔相成，因此如何提供正確的贈品比贈品本身經濟價值更為重要。

5. **抽獎**：抽獎活動與贈品促銷最大不同在於獲取抽獎促銷之利益具有機率性，並非所有購買產品消費者均能獲得獎品，正因無法預期最終結果，增添抽獎活動刺激感與趣味性。抽獎活動的促銷方式明顯地比無促銷活動效果大，會誘使消費者購買較多的商品。
6. **競賽**：邀請消費者參與競賽活動，如徵文、猜謎、建議等，在由評審決定得獎者，予以實質獎勵。通常，競賽式促銷可將產品相關訊息納入，使消費者透過活動增加對商品瞭解，甚至可藉由競賽活動建立品牌形象，讓產品定位更為鮮明。

四、電子折價券

◆ 何謂電子折價券（e-Coupons）

企業使用折價券以進行產品的促銷已有很長的歷史，折價券的定義為：持有人可以憑此券購買特定產品，並享有券上所載明之折扣優惠。

廣義來說，所謂電子折價券是指將折價券之性質與功能，應用於網路平台上，以供電腦、平板、智慧型手機等傳輸設備之使用。

◆ 電子折價券的分類

依電子折價券的使用媒介不同，可以區分為三種不同的類型：

1. **網上列印**：將廠商所提供之電子型態折價券，透過印表機的列印，所獲得的實體電子折價券。這類電子折價券雖透過虛擬通路進行傳播，但仍然必須轉換為實體的紙本折價券，才能享受折扣優惠，對於廠商來說，優點是可以節省列印折價券的成本，但是轉嫁於消費者。
2. **手機下載**：消費者到實體商店進行消費時，透過智慧型手機下載可用的電子折價券訊息，並出示予販售人員觀看，即可獲得電子折價券上的折扣。
3. **上網購買**：這類折價券多用於餐券、住宿券，可能是紙本型式，也可能是電子型式，可直接在消費中獲得商品與服務的折扣。

◆ 電子折價券的功能

不論電子折價券的類型或是形式為何，其所能發揮的功能大致如下：

1. **刺激試用**：透過價格的折扣，降低消費者使用新商品的風險，刺激潛在消費者進行商品的試用。
2. **增進使用**：使商品試用者增加商品的使用，進而建立慣性或是忠誠，轉換成為長期的忠實用戶。
3. **傳遞訊息**：有效的將促銷的訊息傳遞到大多數潛在顧客和既有顧客手中。
4. **顧客關係維持**：在不斷的銷售促進活動下，抓緊維持現有之忠實顧客。
5. **促進銷售**：根據經濟學原理，價格下降將導致購買量的提升，可以增加既有顧客的購買量。
6. **產品推廣**：透過電子折價券的相關聯結，幫助顧客進入公司或產品的網頁，進而瞭解產品與企業的資訊與形象。
7. **互動參與**：消費者可以對折扣商品與優惠幅度的決策進行參與及建議，增加公司與顧客間的互動。
8. **資料蒐集**：結合會員制度，建立良好的顧客資料庫。

8-5 網路公共關係（Internet Public Relation）

在 1990 年代出現「行銷」與「公共關係」結合的學術領域—「行銷公共關係」（Marketing Public Relation）。對企業而言，行銷公共關係不僅可以使消費者聽見企業的訊息，也可使消費者在心中留下印象；而企業透過行銷公關活動贊助各項藝文等活動時，則會贏得消費者的注意與尊重。

公共關係在行銷中的角色，有日形重要的趨勢，好的行銷公關活動，不僅可以提高產品與品牌的知名度，並且可以增進消費者對產品與品牌的認識與認同。許多行銷活動的進行均仰賴公共關係之建立。

企業利用網路來建立公共關係，最終就是想要「以最短的時間與最低的成本，建立與外界最佳的關係，並且展現最好的企業形象」。現在有愈來愈多的企業已經覺醒，並且開始注意到利用網路來建立公共關係。過去企業在執行公共關係工作時，與媒體或消費者間主要是透過電話、傳真、信件、電視、廣播、新聞稿、記者會…等等管道，而現在則多了網路這個管道。

藉由網路，企業可以與目標受眾建立最直接也最短的溝通管道。企業可以選擇針對一大群客戶來進行行銷公關活動，也可以選擇只針對單一的客戶進行雙向溝通。作法很簡單，企業只要針對郵遞名單直接發送 e-mail 公關文稿、或直接將公關文稿公佈在網站上，或直接在線上討論區發表相關資訊，目標受眾就可以「直接」得到企業的公關訊息。企業不用再擔心記者的電視報導不夠真實、報紙內容方向錯誤、或是某記者對您企業的商品報導不夠客觀…等。

一、建立與目標受眾之公共關係的方式

1. **發表最新消息**：企業可藉由企業網站的最新消息版面、線上郵遞名單、線上討論區、線上新聞群組、Facebook 粉絲專頁或 Facebook 社團…等網路工具發佈企業的最新消息，或回應目標受眾的問題。透過這些網路工具，企業可以做第一手、最忠實、最原味的公關報導。但要注意的是，公關文稿內容要看起來像公開報導，而不要像是一則廣告，否則網友可能會有排斥感。
2. **舉辦線上活動**：企業可以考慮在舉辦一些活動（例如網聚），藉以凝聚與目標受眾間的共識與感情。例如線上記者會、線上研討會、線上家族聚會等，以增加與目標受眾間的互動關係，讓他們感到您企業不只是買東西而已，而是一位肯降低姿態與之互動的朋友。
3. **線上顧客服務**：透過建置網路的客服系統，例如 Line 線上真人客服或 Line 聊天機器人客服，企業也可以增進與客戶間的公共關係。

網際網路的特性改變公共關係從業人員使用媒體、以及與目標大眾溝通的方式，將公共關係推向另一個新紀元。新資訊科技的發展對公共關係效果計量方面將更有效率，相對的，廣告的重要性因而降低。相形之下，公共關係的地位更加重要。

公共關係與新科技的相互輔佐應用將成為一個絕佳的策略工具，其應用有：

1. **預測公共關係的效果**：透過網際網路的討論區或社群意見，可以得知相關公眾對企業或產品的印象與評價。
2. **符合科技與專業的新需求**：利用科技的傳播技術可以使目標受眾的範圍縮小並更精準，並可以追蹤目標受眾對議題的態度與意見。網際網路與資訊科技也使即時傳播及資料庫分析變得可行。
3. **以科技獲取力量**：網際網路與資訊科技可以控制資訊的傳播與擴散，使傳播資訊更具時效性。

二、網路公共關係對話的五項原原則

Kent 與 Taylor（1998）提出經由網路建立公共關係對話的五項原則：

1. **建立專業對話迴路**：專業與立即的回應。對話迴路可以供公眾查詢組織，讓組織有機會可以回應問題、相關事物及疑難。此外，對話迴路必須完整，必須有專職人員專門回應相關訊息、問題與要求，也必須隨時監看與企業相關的網路與論，以便瞭解情況並適時作回應或調整，這樣才能讓網路公關活動更有效。
2. **提供有用的、值得信賴的資訊**：網站必須致力於提供有用的、值得信賴的資訊，這是建立對話關係的基礎。有用的資訊是指對使用者來說具有意義的資訊。受到使用者青睞的資訊才價值，使用者才會光臨。因為公眾依賴企業網站所提供有用的、值得信賴的資訊。
3. **吸引訪客回流**：企業網站的「致命缺點」調查，兩個最致命的缺點為：第一，使用者無法在網站中找到想要的東西，以及第二，使用者第一次使用的經驗不佳，從此不再上門。因此，好的網站應該要有一些吸引使用者再度光臨的特質，例如：隨時更新的資訊、有趣的議題、特殊的論壇、專業的評論等。
4. **介面的美觀及易用**：網友是為了尋求資訊，解決問題才到訪，不要浪費網友的時間，網友希望很容易在這個網站找到想要的東西。妥善規劃與分層的目錄表（index）或網站地圖是必須的。
5. **明確的指引**：避免讓使用者在網站中迷路，必須提供清楚的引導與選擇，並只加入「必要的連結」。

三、常見的網路公關互動功能

常見的網路公關互動功能有，娛樂（免費遊戲下載、免費電子賀卡、免費桌布）、建立社群（網聚活動、聊天室、討論區）、消費者溝通管道（聯絡我們、顧客回應、線上支援）、提供資訊（新聞室、最新消息、新品推薦）、協助網站導航（site map、產品搜尋）等。

四、企業識別系統（CIS）

許多企業會將品牌套用到整個企業對外展現的各個層面上，舉凡職員所穿的制服、與外界溝通用的信紙等，都使用相同的字體、顏色及符號設計，此稱為企業識別系統（corporate identity system; CIS），同一集團旗下的關係企業也常用這種方式。

對消費者而言，同樣等級的商品，消費者會優先選擇具有品牌名稱及企業識別系統（CIS）的商品。對企業而言，為了讓消費者看到某些企業色系自然聯想到某個企業或網站，建立網站識別色系不只是區隔競爭對手，凝聚目標社群向心力，且又能有效吸引消費者注意力的方式。

PChome 24h購物

www.google.com.tw　　www.momoshop.com.tw　　24h.pchome.com.tw

企業識別系統（Corporate Identity System，簡稱 CIS）在結構上還可細分為理念識別（MI）、行為識別（BI）、視覺識別（VI）及聽覺識別（AI）等要素。理念識別來自品質差異化，行為識別來自銷售方式差異化，視覺識別涉及外觀差異化，而聽覺識別則涉及以聲音為基礎的差異化。企業識別系統（CIS）在運用時就是足以代表企業圖騰的標誌系統，目的是使顧客在接觸到此標誌時，能產生認同的反應與認知的行為。

1. **理念識別（Mind Identity，簡稱 MI）**：是指企業在長期經營過程中，所形成的共同認可與遵守的價值準則與企業文化風格。是企業識別系統（CIS）的基本精神所在，其內涵有經營信條、精神標語、企業文化風格、經營哲學與方針策略。
2. **行為識別（Behavior Identity，簡稱 BI）**：是指在企業經營理念的導引下，企業及其員工對內對外的各種行為表現。
3. **視覺識別（Visual Identity，簡稱 VI）**：是指企業理念的視覺化，透過企業形象廣告、企業標識、商標、品牌 Logo、商品包裝、店面陳設、網站外觀等，傳達企業理念。
4. **聽覺識別（Audio Identity，簡稱 AI）**：是指通過聽覺刺激（例如歌曲、音樂、旋律等）傳達企業理念、品牌形象的系統識別。

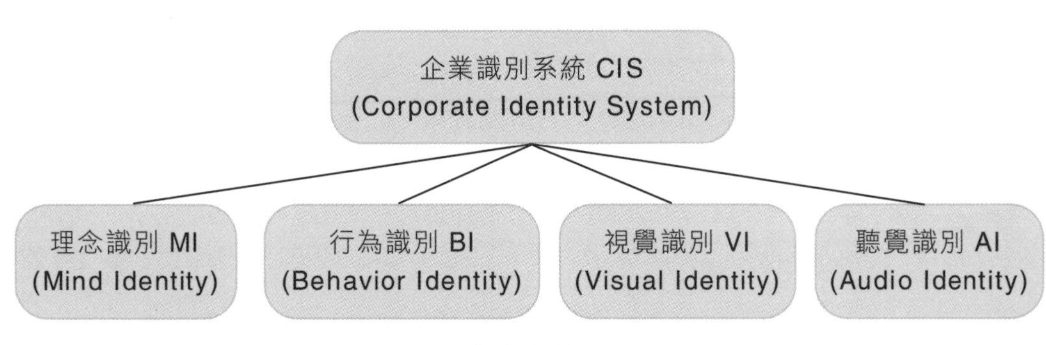

圖 8-5 企業識別系統（CIS）

企業識別系統（CIS）為塑造企業印象之主要工具，企業體必須藉著企業識別系統，透過規劃的程序將其企業體各方面之特徵及其經營理念以一整體的方式表現出來以在眾多的競爭者中脫穎而出，獲得其顧客、投資者、員工及其他周圍群體之注目，塑造其獨特之企業印象，進而影響其消費決策行為。

8-6 網路直效行銷（Internet Direct Marketing）

一、直效行銷的定義

直效行銷起源於 1961 年，起初的概念是起源於郵購訂單（mail order），之後由於資通訊科技進步的發達，使得直效行銷進一步成為一套可以追蹤與分析消費者購買與付款行為，並能以個人化為行銷基礎的行銷方法。

直效行銷在 1980 年代較狹義的定義為：「直效行銷是一種配銷的方法，在買方與賣方交易的過程中沒有銷售人員與銷售據點的介入。」

現今直效行銷較廣義的定義為：「直效行銷是指一種互動式的行銷模式，藉由一種或多種的行銷媒體，對不管身於何處的消費者產生影響，藉以獲得可加以衡量的反應或交易，並將活動所獲得的資訊存放於資料庫中，以便日後修改行銷計劃之用。」

二、直效行銷的四大特徵

1. **直效行銷是非公共性的（nonpublic）**：訊息通常只是呈現給某特定的人員。
2. **直效行銷具有立即性（immediate）與客製化（customized）**：訊息可以非常快速地辦妥，且其亦針對特定的消費者來訴求。
3. **直效行銷具有互動性（interactive）**：允許行銷人員與消費者之間進行對話，且訊息會依消費者的回應而加以改變。

三、有效執行直效行銷的五大重點

1. 蒐集與辨別既有顧客和潛在消費者的相關資訊。
2. 運用資料庫技術將雜亂無意義的資訊，轉換成可供使用與可顯現消費者行為的有意義資訊。

3. 運用統計方法分析顧客與潛在消費者的行為模式，並依其特性將其區分為數個組間有不同特性，但組內具有同質性的不同群體，之後再對每各群體在回應、購買、支付、停留、與離開等行為上的機率與特性給予評分與排序，以作為制定行銷策略時的參考。

4. 評估蒐集、複製與分析資料等程序的經濟效益，並評估發展與執行直效行銷計劃後預期會產生的收益。

5. 積極尋找從直效行銷程序中出現的行銷機會，發展顧客關係與建立商機。

四、資料庫直效行銷（Database Direct Marketing）

資料庫直效行銷是未來重要的行銷趨勢，透過資料庫中客戶的基本資料、聯絡紀錄與及購買紀錄，可得知個別消費者的消費模式，透過越來越便利的聯絡社群媒體工具，如 E-mail 電子報、Line、FB 等快速與客戶保持低成本又高緊密聯繫。

資料庫中所需建立的資料，一般而言，需包括來自企業內部與外部的資料，企業內部的資料包括現有顧客的消費記錄、現有顧客或消費者的生活型態、人口統計與財務信用資料、以往對潛在消費者（prospect）的宣傳記錄，以及其他與行銷決策有關的資料。外部資料則需要設法獲得新的消費者宣傳名單，與一些輔助性資料，例如：市場調查、研究報告、消費者行為調查等資料。

1. **從公司內部蒐集。**

   （1） 顧客交易記錄資料，例如：購買頻率、最近幾月內的購買情形，購買的金額等。

   （2） 非交易資料的其他資料，例如：以往的宣傳狀況、消費者服務的互動情況等、取消訂購的情形、商品退回的記錄、顧客抱怨記錄、公司內部經營某客層時所花費的成本等。

   （3） 顧客的回應資料，回應資料包括顧客回應索取資料與顧客回應購買何種商品的資料。

2. **向第三方資訊蒐集公司購買。**

學・習・評・量

1. 請簡述何謂「網路行銷溝通組合」？
2. 請簡述何謂「CIS」？
3. 請簡述何謂「電子折價券」（e-Coupons）？
4. 請簡述何謂「網路促銷」（Internet Sales Promotion）？
5. 請簡述何謂「廣告花費報酬率」（ROAS）？

顧客成本—定價（Price）決策

9-1 定價時應考慮的因素

價格決定了商品在網路上競爭的實力。美國行銷會（AMA）對價格（price）所下的定義是：每單位商品或服務所收付的價款。

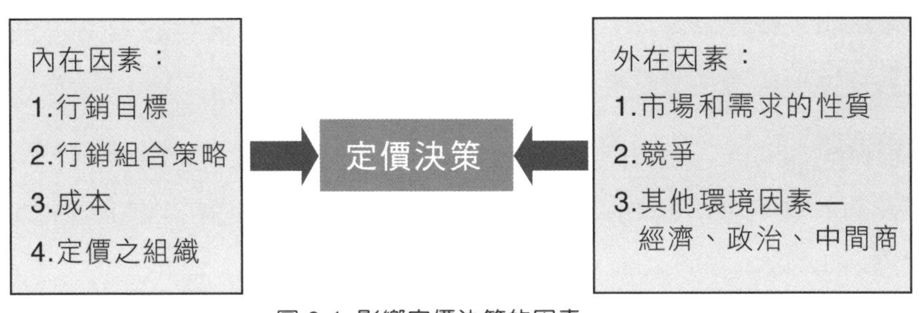

圖 9-1 影響定價決策的因素

一、影響定價決策的內在因素

◆ 行銷目標

行銷目標	價位？
1.求生存	低價
2.求本期利潤最大	最適解價格
3.求市場佔有率的領先	低價
4.求產品品質或研發的領先	高價
5.求維持產業內和諧	比照同業

圖 9-2 定價與行銷目標間的關係

「價格」通常用來搭配其它行銷組合，以協助達成行銷目標。一般定價的目標有：

1. **求生存**：大規模減價，只要售價高於變動成本而可彌補固定成本，這樣就可以使公司繼續生存一陣子。
2. **求本期利潤最大**：估計各種價格下的需求和成本，選擇一種價格能使本期利潤，現金流入量和投資報酬率最大。
3. **求市場佔有率的領先**：儘量壓低價格，而擬出的行銷定價方案。
4. **求產品品質或研發的領先**：通常要以較高價位來分擔高品質和研發費用。
5. **求維持產業內和諧**：通常會比照同業，以免破壞行情。

◆ 行銷組合策略

價格決策須與產品設計、配銷、促銷決策互相協調，以組成一套一致而有效的行銷方案。例如：

1. **市場區隔**：路邊攤還是五星級飯店
2. **產品特性**：日用品還是奢侈品
3. **配銷通路**：中間商的利潤與廣告費用

◆ 成本

成本常被當作是價格的底線，大部份的企業會設定比成本還高的價格，以免虧損。但也有例外，當企業希望打擊競爭者、出清存貨、短期內取得現金、打開知名度時，甚至會以低於成本來定價。

公司的成本有兩種型態：

1. **固定成本**：係指不隨產量或銷售收入而變動的成本。
2. **變動成本**：係指隨產量或銷售收入而變動的成本。需注意的是，變動成本會隨著經驗曲線（experience curve）或學習曲線（learning curve）效果變動而變動。

◆ 定價之組織

公司須決定組織裡的那些人要負責定價程序及定價決策？而其定價的主要三個考慮點如下圖 9-3 所示：

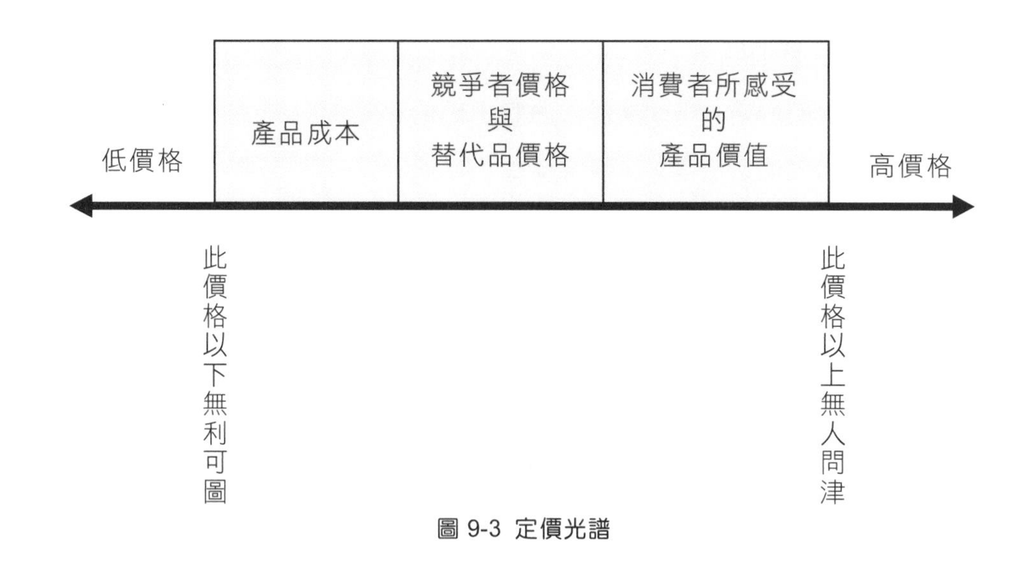

圖 9-3 定價光譜

◆ 禮物經濟學（gift economy）

網路上的禮物經濟學（gift economy）：網站提供資訊，並不要求消費者有直接的回報，而是從其他方面獲得間接的報酬。在定價方面，電子商務企業必須分辨什麼是吸引人潮的「禮品」，以及為匯聚錢潮的「商品」，如果所產生的集客力無法達到網路外部性，且沒有企業願意對所聚集的人潮付錢，則無法獲利。

二、影響定價決策的外在因素

◆ 市場和需求的性質

成本係定價的下限，而市場和需求則為其上限。

1. 不同型態市場的定價

（1）完全競爭市場：買賣雙方皆為市場價格的接受者。賣方並不重視行銷策略，因為只要市場依然維持完全競爭狀態，則行銷研究、產品發展、定價、促銷、配銷策略等幾全無用武之地。

（2）壟斷性競爭：賣方有能力使其產品有別於其他競爭產品（產品異質），買方感覺有所不同，故願付不同的價格。

（3）寡佔競爭：競爭者跟降，不跟漲。

（4）完全獨佔：對價格的制定有最高的自主權。

2. **消費者對價格與價值的感受**：定價決策必須是購買者導向的。

3. **分析價格與需求量的關係**

（1）價格因素的影響--同一條需求曲線上點的移動。

（2）非價格因素的影響--整條需求曲線的移動。

4. **需求價格彈性**

$$需求價格彈性 = \frac{需求量變動百分率}{價格變動百分率}$$

◆ 競爭

廠商面對的競爭者家數、規模、策略等，會影響它的定價。當競爭者不構成威脅，加上消費者需求殷切，價格通常偏高。反之，在競爭激烈的環境中，價格通常會不相上下，而且不會太高，例如光華商場。以下是定價時，大多數企業會考量的競爭因素：

1. 競爭者的產品價格。
2. 競爭者的產品功能、品質與服務。

◆ 其他的外在因素

1. **經濟因素**：經濟成長率、物價指數
2. **政府法規**：國營事業（電力、自來水）以及攸關民生的行業，價格變動須向政府單位申請，經同意後才能實施，例如稅制、水電、運輸、瓦斯費。此外，價格也受公平交易法等法令的限制。
3. **中間商態度**

三、網路定價的困難所在

1. 網路行銷者並不知道產品的需求曲線，無法預估產品的價格彈性。
2. 不同的顧客對產品或服務所負擔的價格理應不同。
3. 顧客常購買多種互有關聯性的產品，如使用 iPhone 習慣的顧客會使用同一品牌的手機配件。

四、價格敏感度與定價

1. **獨特價值效應（unique value effect）**：獨特的產品特徵或特質（消費者能從中獲得的利益）會降低購買者的價格敏感度，增加購買者的購買意願，這種現象稱為獨特價值效應。
2. **替代認知效應（substitute awareness effect）**：替代認知效應係表達價格敏感度與替代品之間的關係。即使是最高檔的產品或服務也可能具有高的價格彈性，若市面上只有一種產品且無替代品，則此產品的價格敏感度必低；反之，若市面上的替代品到處可見，則其價格敏感度必高。
3. **分擔成本效應（shared cost effect）**：分擔成本效應主要在說明當產品的購買決定者與實際支付者不是同一人時對價格的敏感程度。例如，如果您因公採購，則您比較不會在乎價格，反之，如果出錢的人是您自己，那麼對價格的敏感度就會比較高。
4. **價格-品質效應（price-quality effect）**：當購買者第一次面對新的公司、新的產品或新的服務時，購買者通常會利用價格來判斷品質。而價格-品質效應正說明了此一現象，對品質的不易判斷，會降低購買者的價格敏感程度。
5. **存貨效應（inventory effect）**：存貨效應係指當產品可以被購買者儲存，而且不佔空間，沒有使用期限時，則其價格敏感度就會高；反之，當產品的儲存不易，不論是空間或時間上的限制，對購買者而言，價格敏感度就會高。例如，當鮮奶價格下降時，因只能儲存七天，對購買者而言，他可能只買一瓶，因為買多了他無法在期限內喝完，因此鮮奶的價格敏感度就低。
6. **價格無差異區間效應**：所有產品都有其定價無差異區間。所謂定價無差異區間係指，在一定範圍內的價格變化，並不影響購買者的購買意願。例如，同等地段同樣坪數的幾千萬房屋，差個幾百元或差個幾千元，並不會影響購買者的購買意願。

五、數位產品的定價因素

◆ 數位產品的成本結構

數位產品高開發成本，但低重製成本，就如同一本電子書在出版之前，可能需要花費作者相當長的一段時間，耗費心力來寫作，但是當書籍出版後，接下來的再製就相當的便宜；而一套軟體在上市之前，也需要工程師不眠不休的努力撰寫程式，以及公司龐大的資金需求與軟硬體開發環境，當軟體已經完成可以上市銷售，其軟體的再製成本可能只有光碟與包裝費用等。

同樣的，對一個以提供訊息內容為資訊產品的網路內容提供者（ICP）而言，在生產資訊之前亦需投入大量資金建設硬體，並透過專業人才來搜集資訊加以分析，當資訊內容完成後，所花費的成本僅可能是管理資料庫的費用，或是儲存媒體所需要的電力而已。因此學者認為資訊產品的製造具有高固定成本，以及低邊際成本的特性，簡單的說，即製造第一份資訊產品的成本極高，但當資訊產品開始再製時，其再製成本則微不足道。

這種成本結構有著許多重要的隱含意義：當產品數量極大時，新增一單位產品的成本可能接近於零，此時運用過去以單位成本為基礎的訂價模式則顯的毫無用武之地，因此在資訊產品的訂價上，並不是透過產品的成本來做為訂價的考量，而是要以顧客價值（Customer value）來做為主要的訂價依據。

◆ 數位產品的鎖住與轉換成本

鎖住（Lock-in）與轉換成本（Switching cost），是使用者在使用資訊產品時另一個常面臨的問題，所謂「鎖住」，是指當使用者已習慣於使用某一項產品時，便很難轉換為其他產品來使用；而在轉換的過程中，所需要付出的代價，即為轉換成本。

例如在過去利用唱片（LP）或卡帶（Cassette）來欣賞音樂的使用者，如今可能要面臨是否要將其軟硬體轉換成為 CD 的問題，若產品本身並沒有很大的誘因驅使使用者轉換時，則使用者可能傾向於使用原本的設備，因為要將原有的音樂唱片再重複購買一次，是一件成本極高的事。而相對於製造產品的廠商而言，則有可能透過宣傳 CD 的品質較高與停產舊式唱片的手法，使使用者願意付出金錢來轉換，以增加廠商的利潤。而廠商亦有可能利用鎖住與轉換成本來鎖定使用者，避免本身的顧客流失，例如使用特殊的規格或介面，或提供累積使用與升級的優惠等。

在資訊產品的市場中，鎖住與轉換成本的例子隨處可見，如對於用慣微軟的作業系統 Windows 的使用者而言，可能就很難轉換為 Linux 系統，而微軟本身也針對舊版使用者提供優惠的升級購買價格，來加強舊使用者對原有作業系統的依賴性。

六、網際網路影響定價的因素

有許多網際網路的因素會造成定價的上揚：

1. **配銷成本**：因為實體商品在線上下單後都必須宅配到目的地，這些成本比傳統零售店的物流成本還高，網路零售商對於這些商品都負擔著相當沉重的配銷成本。有些網路零售業者會將宅配成本轉嫁給消費者，有些業者甚至抬高運費，以補償他們所提供的一些折價品甚至樣品或試用品。

2. **聯盟計畫（Affiliate Program）**：有些網站會與其他網站簽訂聯盟計畫，若訂單經由其聯盟網站而來，則必須比支出推薦佣金，一般是 7%至 15%。就像傳統通路一般，這類佣金都會影響到商品的定價。
3. **網站的發展與維護（site development and maintenance）**：根據調查指出網站的發展與維護成本並不便宜，這些或多或少都會影響到商品的定價。
4. **行銷與廣告**：網路上的行銷與廣告成本，比傳統行銷與廣告成本來得昂貴。例如，亞馬遜網路書店花費年收入的 24%來行銷與廣告它的品牌，而龐諾實體書店卻只花費年收入的 4%來行銷與廣告它的品牌。

當然，也有許多網際網路的因素會造成定價的下降：

1. **自助式的訂單處理**：由消費者在網路上直接下單，對企業而言，節省了訂單輸入及紙張的成本，以及錯帳機會的減少。
2. **零庫存**：有些網路零售商甚至沒有庫存，他們讓消費者在網路上下單以後，直接將訂單後傳給供貨商，由供貨商直接出貨，因而節省下鉅額倉儲及運輸成本。
3. **行政業務費**：網路零售業者通常不需在精華商業區租借昂貴的店面或安置辦公人員，這通常可以省下企業的行銷業務費。
4. **自助式的顧客服務**：傳統上顧客服務平均要花 15 至 20 美元，但網路上的自助式顧客服務卻只需 3 至 5 美元。
5. **印刷及郵寄**：企業不必再印製商品型錄，寄送郵件。相對之下，線上型錄的成本非常低，而且不需郵寄。
6. **數位商品配銷成本**：數位化商品可以在網路上直接配送，其配銷成本極低。

9-2 定價方法

一、一般定價的方法

產品成本是定價的下限，消費者對產品價值的感受是定價的上限。

◆ 成本導向定價（cost-based pricing）

1. **成本加成定價法（cost-plus pricing）**：在現實中，大部份企業最常用的定價方法是所謂「成本加成定價法」，即依據產品的單位成本加上某一標準比例或成數而制定價格，而加成幅度則視產業傳統或是經驗法則而定。但要注意的是，消費者願意支付的價款，並不是按照產品的單位成本來決定的，而是依照產品效能及其對消費者所產生的價值而定。

2. **損益平衡分析與目標利潤定價法（breakeven analysis and target pricing）**：係依據某一目標利潤來訂定其產品價格。

◆ 購買者導向定價（buyer-based pricing）

又稱為消費者感受定價法（precieived-value pricing），亦即係依購買者的感受價值，而非產品的成本來定價。當商品同質性高無法產生明顯差異時，就可利用高度行銷包裝及廣告塑造商品在消費者心目中的特殊認同感與定位，並且利用附加的品牌價值提高產品價格，所以有時又稱為「品牌價值訂價法」。

◆ 競爭者導向定價（competition-based pricing）

1. **現行價格定價法（going rate pricing）**：係指公司大體上依據競爭者的價格來定價，較不考慮成本或市場需求，它的價格或許與主要競爭者的價格一樣，也可能稍高或稍低。
2. **投標定價法（sealed-bid pricing）**：採投標定價法的公司考慮的重點是競爭者會報出何種價格，而不拘泥於成本或市場需求。就大公司而言，它所投的標很多，並不靠其中任何一個特別的標來維持生計，故用期望利潤的準則來選擇投標是合理的，它不必靠運氣，即可獲得公司的長期最大利益。然而對某些只是偶而投標或急需獲取合同來週轉的公司，期望利潤的準則也許不太適合。

二、網路行銷的定價策略

網路行銷的定價策略主要如下：

1. **購買者需求定價策略**：傳統行銷非常強調購買者導向定價，但這種定價方式是建立在對購買者消費資訊的預測上，帶有很大的主觀性。在傳統行銷活動中，企業通常會將「目標市場」進行「市場區隔」，根據不同的「市場區隔」，生產不同的產品或服務，並進而訂定不同的價格，以滿足不同「市場區隔」購買者的需求。網際網路的互動性使企業可以更為即時獲得購買者的需求資訊，為滿足購買者個人化的需求，企業可以根據購買者對產品或服務的不同需求靈活地為每一購買者提供差異化的產品，並索取不同的價格。這種方式對企業來說非常有利，企業可以獲得更多的消費者剩餘價值，對購買者而言，也可以獲得更高的滿意度。

2. **線上拍賣策略**：拍賣其實早就存在，傳統的拍賣需要在一個專門的拍賣市場進行，由於受到拍賣空間、拍賣時間的限制，並未成為一種市場制定價格的主要方式，而且傳統上，拍賣方式交易成本相當高。線上拍賣是網路帶來的新價值，線上拍賣提供一種新的、虛擬的、不受空間與時間限制的交易場所，它可以在短時間內聚集大量的買家，使交易可以在更大範圍內進行，提高了拍賣的產品種類和成功率，並降低交易成本。
3. **差別定價策略**：差別定價策略係指企業以不同的價格將同一種產品出售給不同的購買者。
4. **流行水準定價策略**：通常購買者會上網比較各直接競爭者產品的價格，因此企業可以上網搜尋競爭者的價格資料，並進行定價。
5. **即時定價策略**：網際網路的興起大幅增加了產品的價格透明度，有利於購買者進行比較和選擇，迫使企業採取更為即時的定價策略。
6. **搭售（bundling）策略**：「搭售」在概念上所強調的是兩種以上產品的組合銷售。關聯性商品（例如刮鬍刀與刀片、相機與軟片、數位相機與記憶卡）的搭售趨勢使定價的問題益形複雜一不能單獨考量價格的個別因素，必須確立個別商品在產品組合中的角色，並針對整套產品線來思考定價，而非單純考慮個別商品。
7. **逆向定價（Reversely Pricing）**：這種定價方法主要不是考慮企業的產品成本，而重點考慮消費者的需求狀況。依據消費者能夠接受的最終銷售價格，逆向推算出中間商的批發價和生產企業的出廠價格。

三、價格／品質的定價策略

行銷學者柯特勒在價格／品質考量下，提出了「九宮格式」訂價分類，如下圖 8-5 所示。

價格 ＼ 品質	低	中	高
高	打代跑策略	價超所值策略	登峰造極策略
中	經濟而不惠策略	中庸策略	物超所值策略
低	經濟實惠策略	犧牲打策略	超高價值策略

圖 9-4 價格／品質定價策略

四、價格／品牌的定價策略

行銷人員可藉由檢視品牌的新舊、產品類別及價格高低這幾個要項，可繪出如圖8-6所示之價格／品牌定價策略圖。

價格		現有品牌名稱	創新品牌名稱
	高	品牌高級化	高貴品牌
	低	品牌低階化	犧牲品

品牌

圖 9-5 價格／品牌定價策略

9-3 產品組合定價策略

假如產品係屬產品組合策略的一部分時，定價的道理即須修正。在這種情況下，產品的價格應該在求整個產品組合的利潤最大，而不是單一產品的局部利潤最大。

一、產品線定價（product-line pricing）

在決定價格差距時，必須考慮同一產品線各型產品的成本差距、顧客對不同功能的評價、以及競爭者的價格等。然後為其產品線精心設定幾個不同等級的價格點(price point）。而賣方必須使買方感受到不同等級間，產品確實有所不同，進而讓買方認同不同等級的產品有不同的價格是合理的。

二、備選產品定價（optional product pricing）

例如顧客除了購買汽車之外，尚可能向同時訂購電動控制器、衛星導航系統、除霧器、調光器等，公司必須決定那些該包含在汽車售價？那些應另行銷售與定價？

三、後續產品定價（captive product pricing）

例如刮鬍刀片、碳粉匣、墨水匣，公司通常將主產品（即刮鬍刀、雷射印表機、噴墨印表機）的價格訂低，利用後續產品的高額加成來增加利潤。

四、副產品定價（by-product pricing）

製造商會想辦法找尋副產品的市場，只要價格高於儲存與運輸成本，就可以出售，這樣有助於降低主產品的價格，加強競爭能力。

9-4 新產品的定價策略

一、市場榨取定價（market-skimming pricing）

市場榨取定價係訂定高價格，以先從此市場「榨取」相當的收入。市場榨取定價法在下列的情況下是可能得：

1. 有相當多的顧客對該產品有高度需求。
2. 生產較少量的產品時，其單位生產及配銷成本並不會高出許多，因此大量生產所獲得的好處並不重要。
3. 高價格不致吸引更多競爭者。
4. 高價格可製造高品質的產品形象。

二、市場滲透定價（market-penetration pricing）

市場滲透定價係將新產品訂定略低的價格，以吸引大量的購買者與使用者，爭取市場佔有率。在下列情況下採取市場滲透定價策略是有利的：

1. 市場對價格相當敏感，低價可刺激市場快速成長。
2. 累積的生產經驗足以使生產與配銷的單位成本降低。當廠商因低價策略而導致銷售量大增，每單位固定及變動成本下降，而且如果成本下降速度大於價格下降速度，就算降價，銷貨毛利仍然會上升。
3. 低價格可以打擊現有與潛在的競爭者，以及替代品。如果競爭者實力不強，例如它們的成本結構過高，或受制於現有的通路合約，不能任意調降價格等，就可以考慮以低價策略打擊現有及潛在競爭者。

9-5 價格調整策略

一、折扣與折讓定價

1. **現金折扣（cash discount）**：對及時付現的顧客，公司通常會給予現金折扣。
2. **數量折扣（quantity discount）**：係指顧客大量購買時，公司通常會給予價格的減少。
3. **功能折扣（function discount）**：亦稱為中間商折扣，係指給於執行行銷功能之配銷通路成員的折扣。

4. **季節折扣（seasonal discount）**：對在非旺季購買產品的顧客，公司通常會提供季節折扣。

5. **折讓（allowance）**：折讓亦是減價的一種形式。例如：

   （1）抵換折讓（trade-in allowance）：顧客在購買新型產品時，可用舊型產品抵換。抵換折讓多見於舊換新活動。

   （2）促銷折讓（promotional allowance）：係指給參與廣告或促銷活動之經銷商的一種報酬。

二、差別定價

差別定價是以兩種以上的價格出售同一產品或勞務，而這價格不一定完全反應成本上的差異。其有下列幾種方式：

1. 依顧客不同而不同
2. 依產品形式不同而不同
3. 依地點不同而不同
4. 依時間不同而不同

當市場區隔明確時，可以針對各個市場分別訂價售價，定價問題相對來說來比較簡單。不過由於網路上的消費者可以全球化採購，網路行銷人員在不同市場的差別定價空間更形縮小。

三、心理定價

心理定價（Psychological Pricing）是廠商利用消費者的購買心理因素，有針對性地決定產品價格。

個別顧客的付款意願是各不相同的。只有在認知價值（若以金錢來衡量）高於定價的時候，顧客才會掏出腰包。面對多重選擇時，顧客會選擇淨值（認知價值超出價格的部份）最高的商品。例如：異常的貴就顯得與眾不同。有些消費者心理上認為 299 還在 200 多元的範圍，而非 300 元範圍。心理折扣術（psychological discounting）銷售者事先將產品價格提高，再打折扣。

四、促銷定價

例如：公司以某些產品為「犧牲打」（loss leader），以吸引消費者。公司在某些季節舉辦「大特賣」或「週年慶」，以吸引消費者。

五、地理性定價

1. **統一交運價格定價法**（uniformed delivered pricing）：不論位居何處，公司均收取一樣的價格和運費。
2. **分區價格定價法**（zone pricing）：即公司劃定兩個以上的地區，同一地區的價格統一，地區愈遠價格愈高。
3. **基準點價格定價法**（basing-point pricing）：係選定其所在城市為基準點，向所有顧客收取自此至目的地的運費，不考慮實際上由何處交運。距工廠愈近的顧客愈是多付了一些運費，愈遠的則反之。
4. **不計運費定價法**（freight absorption pricing）：有時公司為了急於爭取某一位或某一地區顧客，可能會負擔一部分甚至全部的運費，此乃認為銷售量增加所降低的成本，足以彌補所負擔的運費。常見於採市場滲透策略，或在競爭日趨劇烈的市場中想維持佔有率的公司。

9-6 價格的改變

所有產品的價格並非一成不變。但要如何改變，就變成非常重要的課題。可惜，絕大多數的企業沒有做到這一點。許多企業拋棄了定價的責任，讓「市場」決定價格，要不就是「和競爭者同步」的態度，或輕率行事，將成本以某個百分比加成就算數，這些企業正不經意地讓一分一毫的小錢給溜走，聚沙成塔，有時候，流失的可能數以千萬計。

一、主動改變價格

◆ 主動提高價格

只要將某個平均單位價格為 10 美元的商品，漲價一毛錢，也就是調漲成 10.1 美元，便等於平均單價高了 1%，創造更高的獲利。實務上，不一定每一項商品的定價都調高 1%，有些多收 2%，有些則多收 5%，只要平均值是 1%即可。當然，這必須建立在原有銷售量不變的前提之上。

如果在可口可樂公司，定價調高 1%會讓公司的純利增加 6.4%；如果是富士軟片公司，則為 6.7%；雀巢食品公司，17.5%；福特汽車公司，26%；飛利浦公司，28.7%。這對某些企業而言，甚至可能是獲利與虧損的差別。

就單位毛利率低的產品而言，銷售量的增加無法有效提升利潤，在這種情況下，應該以降低成本或調高價格或是雙管其下來提高毛利。

1. 主動提高價格主要原因可能是通貨膨脹—應付通貨膨脹的策略：
   (1) 採取延後報價：公司在產品完工或出貨之後，才決定最後的價格。適用於生產前置時間長的行業。
   (2) 載時伸縮條款：公司要求顧客除了支付現金價格之外，在交貨前若物價上漲，也必須負擔全部或一部份的差價。適用於期限長的合約中。
   (3) 將商品與服務分開，分別定價。
   (4) 減少折扣或贈品。
   (5) 取消低利潤的產品、訂單、顧客。
   (6) 降低產品品質、功能特色、服務。
2. 使價格上漲的另一個原因是過度的需求。

◆ 主動降低價格

1. 當生產能量過剩時
2. 當想利用降價以增加銷售量，以增加市場佔有率，以降低成本，而爭取市場上的絕對優勢。

不過要注意的是，就短期而言，廠商以為降價可以改善其市場佔有率，但是如果競爭對手也跟進的話，這些美景就有可能變成泡影。一般而言，變動成本較高的商品價格調降時，銷售量必須巨幅增加，才能抵銷因降價所產生的負面效果。不過要注意的是，有時為了抵銷單位貢獻減少所必須增加的銷售量，往往會超過企業產能極限。

「降價影響的不對稱現象」。價格較高、品質較高的品牌會奪取同一品質，以及次一等級之其他品牌商品的市場佔有率；價格較低、品質較差的品牌會奪取相同等級，以及次一等級品牌之市場佔有率，但是不會對高於其等級的市場造成重大影響。

◆ 購買者對價格改變的反應

對價格下降顧客的看法：

1. 此項產品可能會被稍後將出現的某種新款樣式所取代。
2. 此貨品有瑕疵，銷路不好。
3. 該公司遭遇財務困難，未來不再製造這類產品，以後維修可能困難。
4. 價格可能會降得更低，過一陣子再買會更有利。
5. 品質可能變差了。

對價格上升顧客的看法：

1. 該貨品一定是熱門貨，要趕快買下，否則將來買不到。
2. 該產品價值非比尋常。
3. 商人貪心，趁著大家搶購，把價格抬高了。

◆ 競爭者對價格改變的反應

競爭者對該公司價格下降的看法：

1. 該公司想要奪取市場。
2. 該公司經營情況不好，需要增加銷貨量。
3. 該公司希望引起同行降價，以刺激總需求。

二、對競爭者價格改變的反應

應事先有一套週密的反擊計畫。公司首先應考慮以下的問題：

1. 競爭者何以改變價格？它的意圖為何？
2. 競爭者的價格變動是暫時性的？還是永久性的？
3. 如果公司不理會競爭者的價格變動呢？
4. 競爭者及其他公司對各種調價又會採取怎樣的反應呢？

三、降價也會造成反效果

降價除了讓顧客產生廉價的印象之外，降價還會造成其他負面的影響。

1. **易降難漲**：通常降價之後，要再漲價就很困難。因為消費者心理已經形成印象，要回復原來的價格，消費者就會覺得太貴。其實促銷可以有不同的做法，你可以打折，或者不打折送贈品。還有另一種做法，就是「加量不加價」。你可以 100 元打 8 折，也可以加量 25%，賣同樣的價錢。而且更有趣的是，有時候加量還會刺激需求。以洗髮精來說好了，平常你可能壓兩次就夠用了。但是如果你買的是大瓶，也許會因此多壓一兩下，使用量反而增加。
2. **犧牲利潤**：這種情況就是之前提到的需求價格彈性。有時候降價不一定會刺激大量的需求，反而虧錢。
3. **引發價格戰**：一個廠商採取任何行動都要考慮競爭對手可能會跟進。哪一種行為對手的反應最激烈？就是降價。一旦你降價，競爭對手會立刻跟進，這時候你的降價就完全沒有任何作用，到最後只是白忙一場。
4. **影響長期銷售**：降價也許可以刺激短期的銷售量，但是長期的銷量不一定會增加。促銷時消費者會因為價格便宜而大量購買，譬如一次購買 3 個月的量。但是，某些產品消費者的使用量不會因為降價而增加，一次大量購買的結果就是減少購買的次數。因此促銷時銷量非常好，可是促銷時間一過，銷售立即大幅的下滑，長期來看銷售並沒有明顯的增加。
5. **需要其他配套措施**：降價一定要有廣告或其他宣傳活動的配合，才能真正產生效用。但是這些活動必定會產生成本，因此到最後結算下來可能也沒賺到錢。賺了面子，卻輸了裡子。

降價促銷在某些情況是必要的，企業總是希望把產品賣出去。但是就如同前面所提到的，一定要考慮到不同的因素，讓降價所造成的傷害減到最低。

學・習・評・量

1. 定價時應考量那些因素？
2. 請簡述何謂「市場榨取定價」（market-skimming pricing）？
3. 請簡述何謂「市場滲透定價」（market-penetration pricing）？
4. 請簡述何謂「競爭者導向定價」（competition-based pricing）？
5. 請簡述何謂「成本導向定價」（cost-based pricing）？

顧客便利—全通路（Omni Channel）決策

在競爭激烈的商業環境中，企業想取得競爭優勢，若僅單靠行銷組合的 4P 策略中的產品（product）、價格（price）及推廣（promotion）將愈來愈難，既使能取得優勢也極易被模仿，而在短期內被競爭對手趕上。相較於其他 3P 而言，第四種 P—通路（Place）擁有較大之潛能來增加企業之競爭優勢，且其所構建之競爭優勢也較持久；主因通路策略是長期的、結構性的，且須奠基於許多相互關係上。

網際網路興起，若從通路的角度來看網路通路：

網路通路 = 資訊通路 + 行銷通路 + 交易通路

10-1 行銷通路的基本概念

一、行銷通路的定義

大多數生產者皆透過行銷中間機構將其產品移轉到消費者手中，這些行銷中間機構（intermediaries）即組成「行銷通路」（Marketing channel），或可稱為「經銷通路」（Trade channel）、配銷通路（Distribution channel）。中間機構的存在可使產品或服務的流程順暢，並可消弭生產者所生產之產品組合與顧客所需求之產品組合間之差異，此差異主要是來自生產者大量少樣生產，而消費者往往是要少量且多樣之購買。行銷通路為一個結合許多機構而具有組織性的網路系統，以執行連結生產者和消費者之間所有活動來達成行銷任務。

對某些數位商品而言，其配銷通路可以完全藉由網際網路。例如，消費者可以在線上直接購買軟體，廠商就將軟體經由網路傳送到消費者端的電腦上。

網際網路的初期，許多專家預測網際網路會消除「行銷中間機構」，並形成一個無需行銷中間機構的配銷通路。但相反地，實際上在網際網路這個新環境上，卻形成另外許多新型態的行銷中間機構。

網路行銷人員應從不同的角度來分析行銷通路，以便對其有更多的瞭解。一般而言，可由二個角度來加以探討：

1. **中間機構的種類**：配銷通路中的中間機構，包括批發商、零售商、經紀商、代理商。
   (1) 批發商：由製造商處取得商品，再轉售給零售商。
   (2) 零售商：由批發商處取得商品，再賣給最終消費者。
   (3) 經紀商：經紀商促成買家與賣家之間的交易，但不代表任何一方，其創造了市場，但不具貨物的所有權。
   (4) 代理商：一般而言，代理商不是代表買方就是代表賣方，製造商的代理人代表賣方，而採購的代理人代表買方，他們通常並不擁有商品的所有權。他們的存在只是在簡化買賣間的交易複雜性。
2. **行銷通路的功能**：可概略分為：
   (1) 交易性功能：包括聯絡買家、行銷傳播、配合顧客需求推廣商品、價格談判，以及交易處理等。
   (2) 物流功能：包括交通運輸、存貨儲存、聚集貨源、後勤委外等。
   (3) 促合性功能：包括消費者的行銷研究、以及購買時的資金籌措。
   (4) 金流功能：代收代付、融資、信用風險承擔。

二、行銷通路的型態

通路結構包括通路長度(整個通路流程中，配銷商層級的數目)以及通路廣度(每層通路層級中，配銷商的數目)，玆說明如下：

◆ 通路長度

一般而言，若經過的中間商層級越多，則通路越長；層級越少，則通路越短。具有中間機構之通路稱為長通路或間接通路（Long or Indirect channel），而製造商直接銷售予最終消費者之通路稱為短通路或直接通路（Short or Direct channel）。若以通路階層數目（Channel level）表示通路長度，可分為下列四種：

1. **零階通路(Zero-level channel)**：又稱直效行銷通路(Direct marketing channel)，係由生產者直接銷售到最終消費者。如郵購、電話行銷、生產者直營店等。
2. **一階通路（one-level channel）**：透過一個銷售中間機構，如零售商。
3. **二階通路（Two-level channel）**：包含兩個銷售中間機構，如批發商及零售商。
4. **三階通路（Three-level channel）**：包含三個銷售中間機構，如批發商、中盤商及零售商。

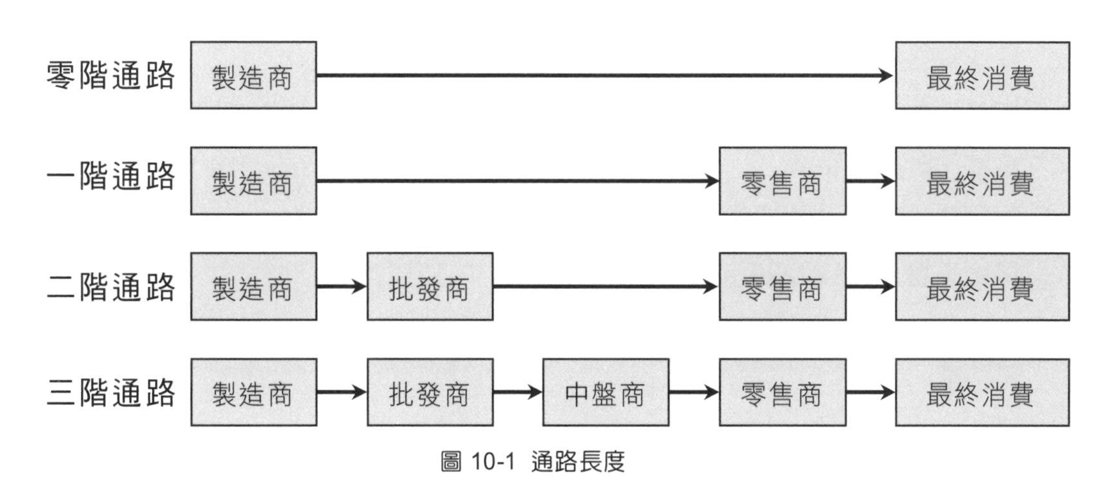

圖 10-1 通路長度

隨著通路階層數增加，若要取得最終消費者的資訊與掌握通路控制權，通路成員將需要投注更多的努力於通路經營上。

◆ 通路密度

配銷範圍策略就是密度策略，亦即在同一通路階層中，通路成員所選擇的合作夥伴數目多寡。而通路結構可分成下列三種：

1. **密集式配銷（Intensive Distribution）**：儘可能利用同一分配層次中所有的中間商，包括零售及批發商都一樣，以作到到處有售，使消費者獲得最大便利。
2. **選擇性配銷（Selective Distribution）**：謹慎選出同一層次的部份配銷商，為其經銷或新設想取得配銷商品之公司，在此策略下，對顧客而言，因非到處有售，故需付出較多時間及費用去採購。
3. **獨家配銷（Exclusive Distribution）**：與某中間商協議，在一定範圍內，其產品限由一家中間配銷商配銷，通常這家也會承諾不經銷其它競爭品牌。

三、傳統行銷通路功能

傳統行銷通路具有下列功能：

1. **資訊**（Information）：對潛在及現有顧客、競爭者及行銷環境中相關因素，作行銷研究資訊的蒐集及傳送。
2. **促銷**（Promotion）：向目標顧客傳送有關產品說服性的溝通。
3. **議價**（Negotiation）：試著達成在價格及其他條件上的最後協議，以便進行所有權或實物的移轉。
4. **下單**（Ordering）：行銷通路成員向生產者溝通購買產品的意圖。
5. **融資**（Financing）：取得並分配資產，使行銷通路中的每一機構的存貨皆能達到所需的預定水準。
6. **風險承擔**（Risk taking）：分擔通路工作中各種可能的風險。
7. **實體持有**（Physical possession）：從原料到最終消費者之實體產品之連續儲存與移動。
8. **付款**（Payment）：消費者透過銀行或其他金融機構付款給銷售者。
9. **所有權**（Title）：所有權從一組織或一人實際移轉至另一人或另一組織。

四、網路行銷通路功能

網路行銷的通路功能包括：提供線上購物資訊、提供交易功能、提供運送及取貨功能、提供售後服務功能。

1. **配銷功能**：所有相關聯的組織為了使產品與服務的實體交換順利，提供產品的分類、存貨、配額、小量分裝及混合包裝，而形成所謂配銷通路。主要的功能是提供消費者需求的產品。網路形式的配銷通路功能並沒有辦法如同傳統零售商提供消費者更多的附加價值。不過在數位商品上，例如，電腦軟體、音樂下載、資訊服務等，網路可說是一理想的配銷通路。配銷功能與廠商所能提供的產品與服務有關。
2. **交易功能**：網路所具備的交易功能，可以跨越時空的限制，使得原本必須散佈在各地甚至各國市場的交易功能，可以利用網路輕易地完成交易。消費者不必要為了購買某樣產品而親自到實體商店購買，因此，網路所具備的交易功能是比一般實體商店具有優勢的。但是利用網路交易時，消費者會面臨到從下單至實際交貨間，時間上的落差，更何況網路商店無法親自檢視及感受產品，所以在這方面傳統實體通路的交易功能又顯得比網路通路優異。網路可以突破時間與空間的限制，在任何時間與地點均可上網交易，是網路通路在交易功能上最大的便利性。

3. **溝通功能**：網路所具備的特性，能夠使網路更有效率地傳達資訊以及促進彼此間的溝通聯絡。網路能在不增加變動成本下，提供一對一，以及一對多的溝通方式，使得網路能夠更容易接觸到各種潛在地購買者，並且產生直接的互動關係。整體來說，網路在溝通功能上具備了下列特性：

（1）人際間的互動性：透過網路線上聊天室，視訊會議等方式，使得人與人間能跨越距離，彼此有良好的互動性。

（2）人機界面的互動性：消費者可以隨時地上網查詢資訊，透過網站的搜尋引擎，消費者可以在最短的時間內，接觸到世界各地的資訊，使得消費者與電腦以及網站的資料庫互動。

（3）多種溝通模式：透過網路可以進行一對一的人際與電腦媒體溝通模式（Interpersonal and computer-communications），一對多的大眾媒體溝通模式（Mass media）及多對多的超媒體電腦環境溝通模式（Hypermediacomputer-mediated environment）等三種溝通模式；網頁內容可以隨機出現，以靜態或動態的方式呈現，並且針對特定目標顧客播出。

（4）媒體回饋不對稱性（Media feedback symmetry）及同時互動性（Temporal synchronicity）：消費者可以利用關鍵字找到並下載容量龐大的資訊，並利用網路進行交易互動行為。

五、行銷通路成員的關鍵性功能

1. **資訊（Information）**：搜集有關行銷環境行為和因素的必要行銷研究資訊，以供規劃與促成交易。
2. **促銷（Promotion）**：發展與傳播產品的說服性溝通訊息。
3. **接觸（Contact）**：尋找潛在購買者並與之接觸溝通。
4. **配合（Matching）**：使提供之產品能配合顧客之需求，包括製造、分級、裝配及包裝等活動。
5. **協商（Negotiation）**：在價格及其他條件上作成最後協定，以推動產品所有權之移轉。
6. **實體配送（Physical distribution）**：運送及儲存產品。
7. **財務融通（Financing）**：資金的取得及週轉，以供通路運作的各項成本。
8. **承擔風險（Risk taking）**：承擔完成通路運作所帶來的風險。

表 10-1 傳統行銷通路之功能與網路可取代的功能

功能	傳統行銷通路	網路可取代之功能
資訊	搜集有關行銷環境行為和因素的必要行銷研究資訊，以供規劃與促成交易。	網路上的資訊傳遞無遠弗屆，任何資訊上了網站，瀏覽者可以一覽無遺。
促銷	發展與傳播產品的說服性溝通訊息。	在網路上的促銷活動，可以透過網頁設計的呈現吸引更多的消費者，並傳達商品說服性溝通訊息，成本較低，但成效難衡量。
接觸	尋找潛在購買者並與之接觸溝通。	購買者或會員會主動與網站接觸溝通。
配合	使提供之產品能配合顧客之需求，包括製造、分級、裝配及包裝等活動。	提供的產品也能透過顧客的反應來配合顧客的需求。
協商	在價格及其他條件上作成最後協定，以推動產品所有權之移轉。	網路上的價格較為彈性，消費者較有議價空間，但由於價格透明化容易和競爭者間產生競相削價的現象，使得市場容易形成完全競爭市場。
實體配送	運送及儲存產品。	網路購物的物流方面，還必須建構良好的配送系統來使網路購物更為便利。
財務融通	資金的取得及週轉，以供通路運作的各項成本。	由於中間商的減少，存貨不會產生滯銷於中間商的情形。
承擔風險	承擔完成通路運作所帶來的風險。	有商品需求才向供應商訂貨，通路的風險幅度降低。

六、去中介化（disintermediation）與重新中介化（reintermediation）

網際網路與電子商務的應用，興起了一股「去中介化」（disintermediation）與「重新中介化」（reintermediation）的思潮（圖 10-2），網路商店型態興起的製造商直接銷售模式，稱為製造商「線上行銷通路」（online marketing channel），也就是製造商「虛擬通路」（virtual channel）。

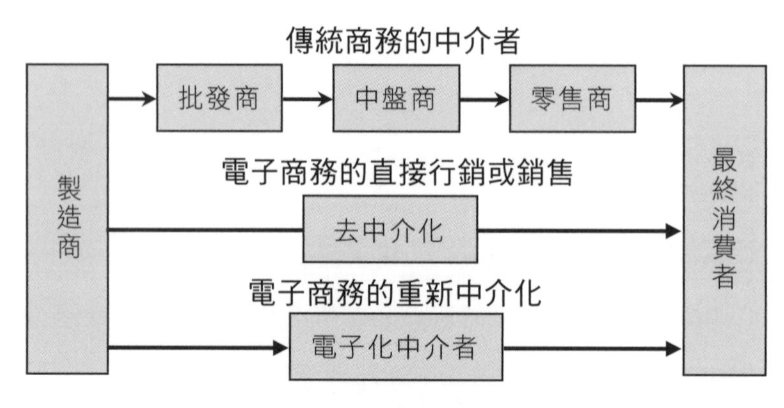

圖 10-2 去中介化與重新中介化

七、網路店面的三大類型

1. **網路路邊攤**：是指在網路拍賣平台上販售商品的個體戶，這些個體戶是透過網路拍賣平台進行販售商品或拍賣商品賺取利潤。一般來言，個體戶的規模都不大，較缺乏行銷資源。
2. **網路商店（品牌官網）**：網路商店是品牌獨立經營的電子商務網站，其主要靠賺取買賣商品本身的價差當作利潤。
3. **網路商城**：又稱為網路商店街／網路市集／電子市集是網路人潮聚集的地方，通常彙集多家品牌商店，例如 PChome 商店街。

八、網路銷售通路的迷思

一般人會以為網路銷售通路，最直接面對消費者，這是一個迷思，因為其實網路銷售的通路鏈非常的長。注意，它的基本假設是消費者一次就可以到達您的企業網址，問題是誰記得住您的網址。一般人的記憶是 7±2，因此要消費者記住十個以上的網址可能很難，您認為您企業的知名度可能在消費者記憶的 10 名內嗎？

從流量統計報表來看，不少企業網站的瀏覽人數並不多，甚至很少破千，因此有人想到網網相連可拉抬網站人潮，希望把其他網站的人潮流量導引到自己的網站上，這是網站策略聯盟的開始，但除非對方的網站流量真的很大，而其他的瀏覽者對您企業的商品或服務也有興趣，才能把人潮導引到您企業的網站，否則效果不彰，問題是對方如果流量很大，那為什麼要跟您這個流量很小的企業網站交換連結？其次，不斷超連結的結果，消費者可能會迷失在網海之中，這可比傳統上三階或四階通路更嚴重，「資訊通路」就經過太多層了，更別說還要加上「產品通路」，如此完全背離了縮短企業與消費者距離的理想。

九、宅配與退貨

發展電子商務網站，尤其是購物網站時，宅配（最後一哩）是最大的問題，必須要注意顧客「接觸點」的問題，這裏所謂的「接觸點」就是通路。企業若欲追求通路品質，就必須改善現有供應鏈的鬆散與昂貴之處。換句話說，網路行銷通路與傳統行銷通路都必須朝通路扁平化－縮短通路來努力，通路優化已成為企業成功與否的關鍵。

十、常見的網路訂貨之配銷通路

1. 網路訂貨，宅配送貨到府／宅配送貨到辦公室。
2. 網路訂貨，門市自取／超商自取。
3. 網路訂貨，到日常必經之地取貨，如火車站、捷運站、高鐵站等。
4. 網路訂貨，到店選購。

10-2 全通路時代

一、什麼是全通路（Omni channel）

全通路零售（Omni-Channel Retailing）是指品牌具備多重通路，消費者購物過程中，利用這些線上、線下通路的特性來搜尋與研究店家與產品資訊、比較價格與獲取折扣券，甚至進一步購買與接收產品。

二、行銷通路概念的發展

羅凱揚認為，行銷通路概念的發展從過去的「單一通路」，發展到虛實整合「多元通路」、「跨通路」，再進入到虛實融合「全通路」模式，說明如下：

1. **多元通路**（Multi-channel）：企業發展多種通路，包括：實體店面、網路商店、行動購物等，與消費者進行交易。例如：一家公司同時擁有實體店面與網路商店。
2. **跨通路**（Cross channel）：企業在多種通路之間，進行交叉銷售（Cross selling）。例如：消費者在大潤發的實體商店進行消費，銷售人員同時介紹其購買大潤發網路商店上的產品。
3. **全通路**（Omni channel）：以消費者為中心，透過實體通路與虛擬通路的融合（OMO），提供消費者多元接觸點無縫交易服務。例如：無論消費者曾經在企業的哪一種通路消費過，企業都能透過不同的通路或接觸點，提供消費者一致的購物訊息、協助消費者進行採購、並做好售後服務。

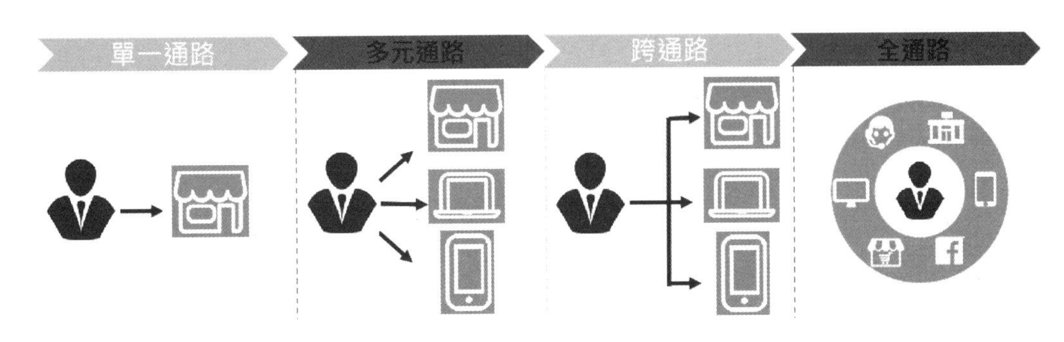

圖 10-3 行銷通路概念的發展
資料來源：修改自周晏汝

三、OMO 時代五大商業特徵

所謂 OMO 就是線上線下的全面融合，線上線下的邊界消失。OMO 時代五大商業特徵：

1. 線上線下的流量將雙向交織。
2. 線上線下相互賦能，體驗相互交織。
3. 催生社交化、去中心化的商業形態。
4. 線上線下一體化的的營運與服務體系。
5. OMO 創造出新的體驗「場景」。

四、顧客接觸點融合也是網路行銷全通路策略的一環

注意，顧客接觸點融合也是網路行銷全通路策略的一環。很多企業誤認為網路行銷通路只有購物網站，其實任何與顧客接觸點（contact point; touch point）都是一種行銷通路，必須 OMO 加以融合。

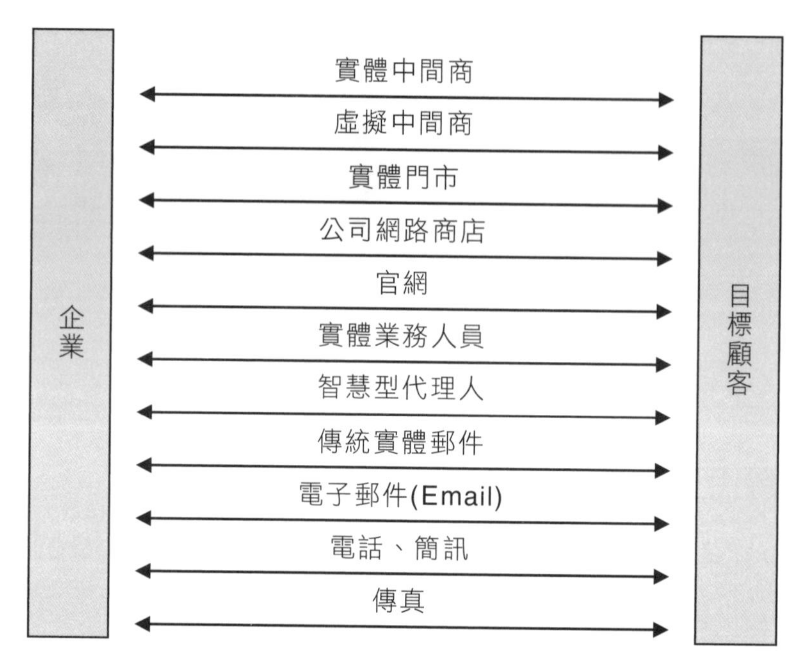

圖 10-4 顧客接觸點融合也是網路行銷全通路策略的一環

10-3 新顧客體驗路徑

一、新顧客體驗路徑 5A 架構

科特勒等人在《行銷 4.0》中將顧客體驗路徑重新修改成 5A 架構：認知（aware）、訴求（appeal）、詢問（ask）、行動（act）和倡導（advocate）。

圖 10-5 新顧客體驗路徑 5A 架構

1. **認知（Aware）階段**：顧客被動接受資訊。顧客從過往經驗、行銷傳播或來自其他人的倡導，被動接收品牌訊息，這是進入整個顧客體驗路徑的大門，也是品牌知名度（brand awareness）主要的來源。

2. **訴求（Attitude）階段**：增加顧客的品牌印象。顧客認知到幾個品牌之後，會處理接觸到的訊息，創造「短期記憶」或擴大成「長期記憶」，結果只對少數幾個品牌印象深刻。

3. **詢問（Ask）階段**：適度引發顧客的好奇。好奇心驅使下，顧客會積極從親友、上網搜尋、或直接間接從品牌（例如詢問 FB 粉絲專頁小編或官網線上客服）蒐集資訊。在詢問階段，顧客體驗路徑從個人轉為社群，品牌訴求必須獲得其他人認可，才能繼續出現在顧客體驗路徑上。

4. **行動（Act）階段**：讓顧客參與互動。如果顧客在詢問階段被進一步的資訊說服，就會決定採取行動。想要讓顧客採取的行動並不是只有購買。在購買之後，顧客會透過消費、使用以及售後服務，進一步與品牌互動。當顧客有問題和抱怨時，品牌必須密切注意，並確保問題獲得解決。

5. **倡導（Advocate）階段**：讓顧客成為品牌傳教士。隨著時間經過，顧客可能會發展出對品牌的強烈忠誠度，這會反映在顧客保留率、重複購買，以及向其他人宣揚品牌的好處上。積極的倡導者會在沒有人詢問的情況下主動推薦，成為品牌的「傳教士」。但最忠誠的擁護者則是在有人詢問或出現負面宣傳者時才會發聲，因為他們覺得自己有義務推薦或捍衛自己喜愛的品牌。

新顧客體驗路徑：AIDA（Attention、Interest、Desire、Action）是最早的路徑，經修正後成為傳統的 4A（Aware、Attitude、Act、Act again），到了網路時代，再修成為 5A 架構（Aware、Appeal、Ask、Act、Advocate）；顧客先從接受資訊、增加品牌印象、引發好奇、參與行動，最後成為品牌傳教士。顧客的決定受自我、他人和外在的影響，轉換成忠誠擁護者。

二、新舊客戶的顧客體驗路徑差異

ICT 科技發達，造在成顧客購買習慣改變，顧客體驗路徑 4A 架構已經不能完全說明新的顧客體驗路徑，因此行銷大師科特勒在《行銷 4.0》將顧客體驗路徑 4A 更新為「5A 架構」。而根據舊客戶、新客戶的購買流程，顧客體驗路徑稍有不同。

1. **舊客戶的顧客體驗路徑**：舊客戶會跳過「認知、訴求」階段，其主要在「詢問、行動」的階段中循環。因此品牌應想盡辦法培養舊客戶能夠不斷在「詢問、行動」這兩個階段中循環，甚至到「倡導」的階段，讓舊客戶向其他新客戶推廣本品牌。

2. **新客戶的顧客體驗路徑**：新客戶會在「認知、訴求、詢問」的路徑循環，若新客戶在詢問的階段中，有提升對於品牌的好感度，進而就會至「行動」的階段去購買。

透過以上的體驗路徑能夠了解，在「詢問、行動」的過程是顧客最容易受到影響的階段。因此，企業要在「詢問、行動」這兩個階段中，盡可能提升顧客對品牌的好感度。

三、新顧客體驗路徑 5A 架構該注意的事

1. **顧客在「詢問」和「行動」階段最容易受到影響：**在詢問階段，顧客會盡可能吸收外界訊息，此時社群媒體的口碑會影響品牌偏好度。而在消費階段和使用階段能提供更好顧客體驗的品牌，就能成為顧客偏好的品牌。
2. **顧客體驗路徑 5A 階段不是直線進行的：**5A 架構的各個階段不一定是直線進行，顧客很可能會在顧客體驗路徑中跳過某些階段。例如，顧客在一開始沒有被某品牌吸引，但因為朋友推薦就直接購買使用，這表示顧客跳過認知階段，直接做出購買行動。新顧客體驗路徑也可能是迂迴前進的，顧客進到詢問階段時，向親友提出疑問，因而得知新的品牌，又返回在認知清單（awareness list）加上新選擇，或換去研究另一個更有吸引力的品牌。又或者，顧客在使用階段碰到產品問題，可能會在決定是否繼續使用或換成別的品牌之前，進行更多產品研究。

四、顧客體驗路徑 5A 架構與 AISAS 觀念相輔相成

顧客體驗路徑 5A 架構與 AISAS 觀念相輔相成，對應關係如表 10-2 所示。

表 10-2 顧客體驗路徑 5A 架構與 AISAS 觀念的對應關係

顧客體驗路徑 5A 架構	AISAS 觀念
認知（aware）	注意（Attention）
訴求（appeal）	興趣（Interest）
詢問（ask）	搜尋（Search）
行動（act）	行動（Action）
倡導（advocate）	分享（Share）

10-4 場景

一、「場景」的定義

《場景革命》作者「吳聲」認為，「場景」本來是一個影視用語，是指在特定時間、空間內發生的行動，或者因人物關係構成具體畫面，是透過人物行動來表現劇情的一種特定過程。

二、新場景：建構虛實融合的消費者體驗路徑

所謂新零售，就是在解決「人」（使用者）、「貨」（商品/服務）、「場景」（體驗）的三角關係。新零售下的「場景」革命，應該以「娛樂、互動、體驗」為主訴求，將商業環境融入娛樂的主題，將商業嫁接更多互動元素，給予消費者更豐富多元的體驗，形成新的商業空間和氛圍。

無論實體門市、線上官網、APP、Facebook 皆為單一購買管道，若將所有消費場域打通，虛實融合下許多新場景將出現，例如線下體驗、線上選貨、線上付款、線下門市取貨/退貨等，不僅為消費者佈建各種新體驗流動路徑，讓品牌服務從單一通路延伸到全通路，更為品牌通路導入新流量，且更加精準掌握顧客動向。

三、網路重新定義的新場景

《場景革命》作者「吳聲」認為，網路重新定義的新場景：

1. 場景是最真實的以人為中心的體驗細節。
2. 場景是一種連接方式。透過官網、Line、FB、行動 APP 等形成連接。
3. 場景是價值交換方式和新生活方式表現形態。
4. 場景構成堪比新聞五要素，時間、地點、人物、事件、連接方式。
5. 場景是共享經濟商業模式新創的重要工具。
6. 基於新的用戶需求和用戶體驗，以共享經濟的邏輯，形成一種全新的產品打法和場景分類。

四、場景的構成要素

通俗來說，『場景』，就是什麼人、在什麼時間、什麼地點、做了什麼事情、產生什麼交互事件。場景的構成要素：時間、地點、人物、事件和連接方式，缺一不可。這五個構成要素，任一構成要素發生改變，場景隨之發生改變。

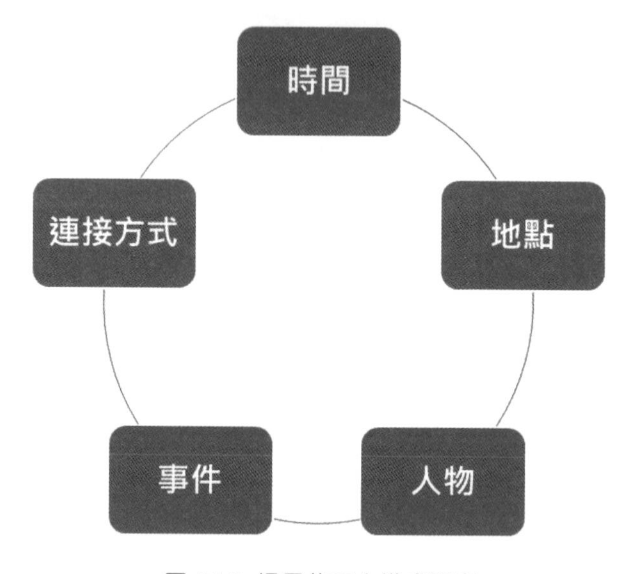

圖 10-6 場景的五大構成要素

1. **時間**：消費場景的本質是佔有時間。
2. **地點**：消費場景的全通路接觸點。讓消費地點演化成消費者的新生活方式。
3. **人物**：分享即獲取。分享經濟時代，分享越多，獲取越多；越分享，越獲得。「分享」是場景紅利的神經中樞。分享最大的主體，不是企業或第三方廣告中介，而是「人」。
4. **事件**：消費者體驗情節的構成，離不開「事件」。「題材」是消費場景之體驗情節的基本面，消費場景之體驗情節是一些按時間順序排列之「事件」的集合體。
5. **連接方式**：場景是一種連接方式，任何消費場景都需要透過連接產生價值，任何連接也都是基於具體的消費時空場景。在互聯網時代，「微信」連接人與人，「百度」連接人與信息，「淘寶」連接人與商品，「餓了麼」連接人與食物，「滴滴打車」連接人與搭車服務。

五、不只找目標受眾，更要找「場景」

找場景不是多新穎的概念，只是比「找目標受眾」更多一步，進一步想像目標受眾的生活、感受與滿足點；當然也可以倒過來，先找場景，再來瞄準目標受眾。

《場景革命》的作者吳聲：「場景的本質是對時間的占有，擁有場景就擁有消費者的時間（回應「眼球經濟」），就會輕鬆占領消費者心智。」

行銷應找尋用戶（目標受眾）生活的實際場景，也就是說，行銷內容必須與用戶（目標受眾）真實生活中的具體場景做結合。不只設定目標受眾，應該更細部的去設想使用場景。不同的場景有不同的連結方式，不同的連結方式又進一步影響執行的細節。

場景設定-您要給目標受眾什麼樣的生活，例如五年後，你的錢包裡，裝的不再是紙幣、銅板和信用卡，搞不好連多元支付都不用，只要帶臉就好（刷臉支付）。當你挑好商品，直接拿了就走，系統會自動扣款。這些超乎想像的未來，就是一種場景設定，它讓消費者想像使用著它時的生活方式。

行銷 4P 當中「產品」本身固然重要，但現代人往往喜歡的不只是產品本身，而是與產品共處的場景，以及使用產品的整體體驗。CP 值當然重要，但許多人願意為了美好的體驗掏出更多的鈔票。

六、應用科技重新定義消費場景

1. **實體通路變身體驗館**：在電子商務越來越成熟的時代裡，實體商店的「體驗」功能就越發重要。加拿大卡爾加里大學教授 Thomas Keenan 認為，「未來的商店將變得更像體驗館，人們會去那裡觀賞、學習並且被娛樂。」
2. **物聯網裝置讓你更懂消費者**：國內外零售業者都紛紛導入 Beacon，藉由 Beacon 收集到數據，再透過大數據分析消費者購買行為，零售業者不僅可以分析人流，還可以做到更精準的行銷。
3. **交易支付方式更多元**：隨著多元支付的興起，台灣的消費者漸漸習慣無現金支付。
4. **無人機、機器人都來送貨**：更省時間、更省人力的物流新方案，各家廠商都在嘗試。
5. **不只是通路更是溝通管道**：零售業者紛紛打造線上、線下社群，加強消費者的參與和連結。

10-5 通路發展與通路衝突

一、影響通路發展的因素

研擬通路策略最好是從分析最終購買者的需求開始，這樣可以使通路納入整體行銷方案的規劃。影響通路發展的因素很多，包括消費者的特性、產品特性、企業本身的特性、中間商的特性、及外在環境。如圖 10-7 所示。

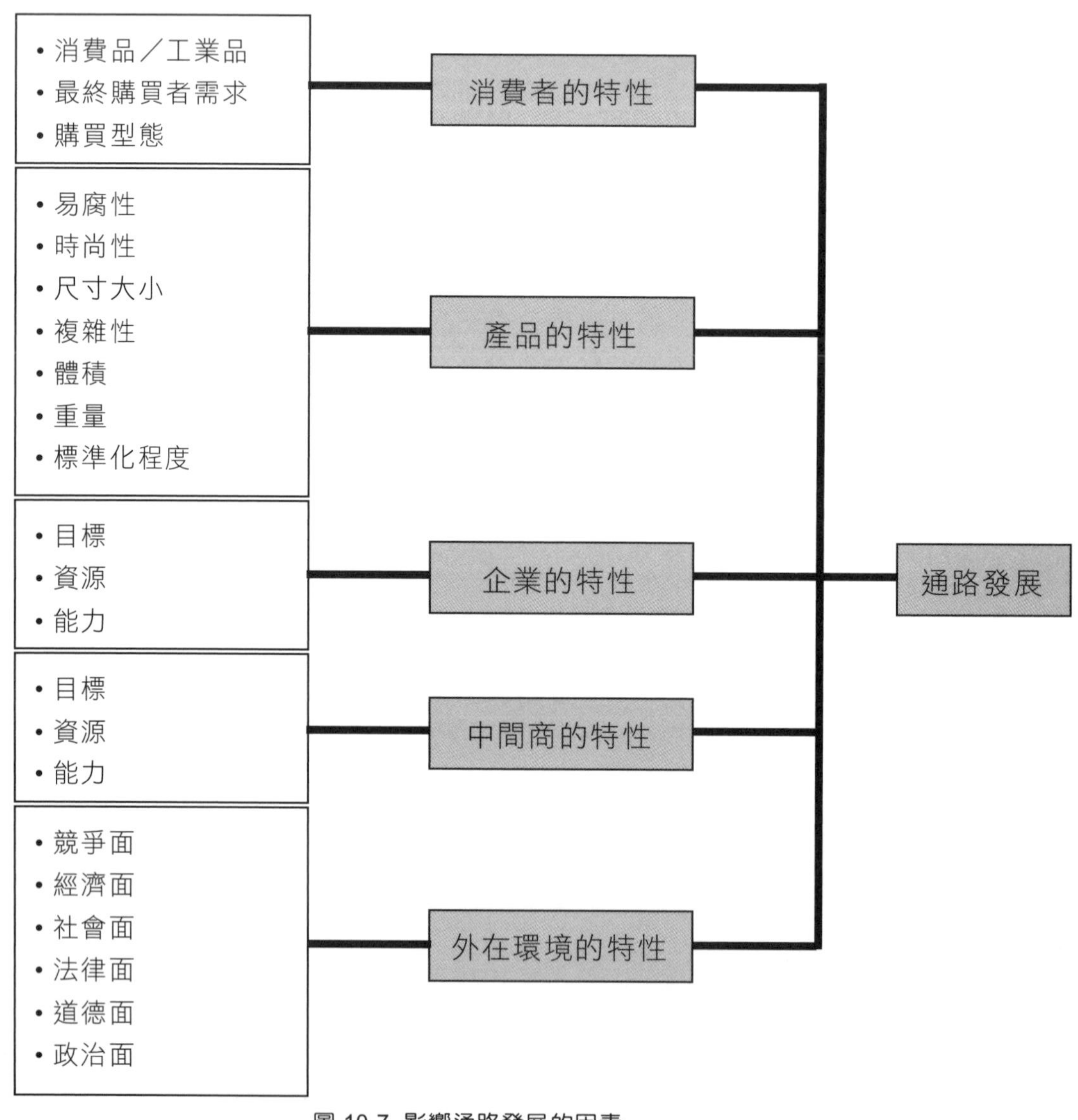

圖 10-7 影響通路發展的因素

二、通路衝突的定義

當某通路成員知覺到其它通路成員妨礙其達成自身目標或經營績效，即產生通路衝突。通路組織因為利益追求與經營考量的不同，而會與其他成員發生通路關係上的衝突。因此，通路衝突可視為通路關係中，因為預期與實際結果不一致，或其他通路成員妨礙自身達成目標與績效，因而引發雙方的緊張關係或挫折感。

三、通路衝突的解決

網際網路使得某些現有配銷通道與某些銷售技術變得落伍，在這種情況下，便容易產生通路衝突。因現有的銷售力量和經銷商，並不樂見他們的收入流向新的通路，因而會很激烈的反對那些新的通路。但當舊的通路中間商，擁有較大的通路權力時，將會利用其權力使通路結構不改變，於是便成為實體企業在進入電子商務的一個阻礙。學者提出了以下解決虛實多元通路衝突的方法：

1. 網路上的訂價不低於其它通路夥伴的零售價。
2. 在網路上的訂單轉向通路夥伴去履行。
3. 在網路上只提供產品資訊，而不接受線上訂購。
4. 在網路上推銷它的通路夥伴。
5. 鼓勵通路夥伴在它的網路上作廣告。
6. 在網路上對於提供產品的訂購作限制。
7. 在網路上對於所提供的產品，使用獨特的品牌名稱。
8. 在網路上提供產品，於較早的需求生命週期。
9. 更有效地溝通協調於所有內在的（外在的）配送策略，供應商將感受到較低的內部（外部）通路衝突。
10. 更有效地溝通於所有內在的（外在的）配送策略，供應商將感受到較大的內在的（外在的）通路協調。
11. 使用更高的內在的（外在的）目標，供應商將感受到較低的內部（外部）通路衝突。

10-6 網路行銷的通路策略

一、設計網路行銷通路的四個步驟

1. 分析網路消費者的需要與慾望：分析網路消費者可接受的等候時間，通常不同網路消費者會有不同的等候時間容忍程度。
2. 建立網路行銷組合的通路目標：依網路消費者的需要與慾望，決定網路行銷通路的服務水準。
3. 選找可行的網路行銷通路方案：例如要找那一家宅配合作廠商，在台灣主要有「宅急便」、「宅配通」與「中華郵政」等。
4. 評估並決定所要採行的網路行銷通路方案。

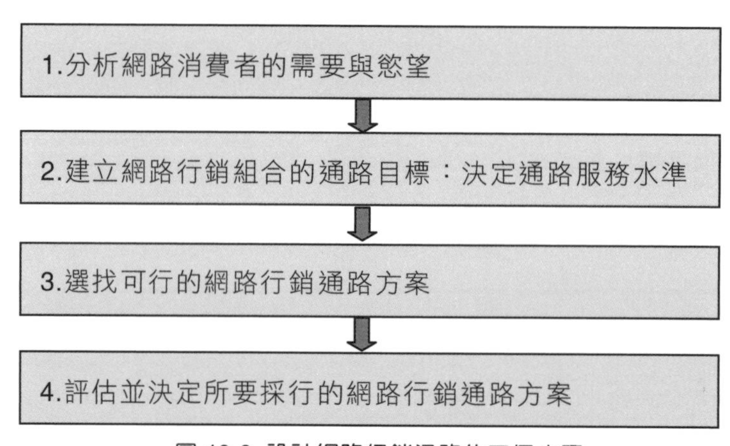

圖 10-8 設計網路行銷通路的四個步驟

二、網路行銷通路策略

網路行銷者在配銷策略方面有二種選擇：（1）由製造商直接銷售、或（2）由製造商透過其網路中間商進行配銷。

◆ 由製造商直接銷售

「由製造商直接銷售」係指製造商透過網路直接銷售產品，形成一對一市場。網路技術的發展，使遍佈全球的網路直接連接到每一位最終消費者，製造商也可以直接銷售無需中間商的參與。目前有越來越多的生產者建立了自己的網站直接面對最終消費者銷售產品。一對一市場和銷售的基本重點是：必須消除用一種形式對待所有顧客的思想，使產品和服務適合不同的需要。

然而，並不是所有的製造商都適合採用自己建立的網站進行直接銷售，一個企業在決定是否自建網路進行直接銷售時，必須認真考慮企業本身的市場優勢和產品的品牌知名度。如果一個企業能在本業內處於領導地位，並具有很高的品牌知名度，那麼，建立自己的網站並進行銷售活動，將是十分合理的選擇。

◆ 由製造商透過其網路中間商進行配銷

為克服網路直銷的缺點，透過網路中間商進行網路間接銷售對許多企業，特別是一些缺乏足夠的市場優勢和品牌知名度的中小企業，可能是一種較好的選擇。

網路上的中間商又稱「網路中間商」。與傳統中間商一樣，網路中間商不但具有連接製造商和消費者的橋樑作用，同樣發揮著幫助消費者進行購買決策和滿足需求的作用，幫助製造商掌握產品銷售狀況，降低生產者為達成與消費者交易的成本費用。

傳統的零售商及配銷通路成員並不歡迎網路行銷，因此常會與網路行銷者發生通路衝突。這種現象會造成許多嚴重的問題。即使網際網路的成長十分快速，但如果完全放棄既有的通路是風險極高的事。但企業又不應忽略網路行銷所帶來的機會和利益。因此多元配銷通路策略也許是比較好的配銷方式。

三、虛擬市場中的交易位置

企業在實體市場中有其交易位置，但網路上沒有實體存在，它是一種虛擬市場。但就算如此，企業在虛擬市場中仍存在三種交易位置：

1. **賣方控制網站**：是指賣方具有商業交易主導權的網站，例如 Amazon。
2. **買方控制網站**：是指買方具有商業交易主導權的商業網站，例如台塑網。
3. **中間商控制網站**：是指中間商具有商業交易主導權的網站，例如 PChome24 小時購物網。

四、跨境電商（Cross-Border e-Commerce）通路

跨境電商（Cross Border E-Commerce）是以網路平台進行跨境電子商務交易的國際貿易行為。換句話說，跨境電商是買賣雙方在不同的關稅區域或國境，透過網路平台，進行電子商務交易，並藉由跨境物流遞送商品，完成買賣。

學・習・評・量

1. 請簡述何謂「行銷通路」？
2. 請簡述何謂「跨境電商」（Cross-Border e-Commerce）？
3. 請簡述「場景」的五大構成要素？
4. 請簡述何謂「去中介化」（disintermediation）、「重新中介化」（reintermediation）？
5. 請簡述何謂「全通路」（Omni channel）？

網路與社群行銷

11
CHAPTER

11-1 虛擬社群的基本概念

一、虛擬社群的定義

虛擬社群（Virtual Community）就如同一般實體社區，只是實體社區有必要條件是由「居住在同一地區，而由同一政府所治理的一群人」，並且「具有共同興趣的一群人」，滿足此二條件可謂社群。而當實體空間換成了網際空間，政府的管理與運作機制由相關的網路協定、服務、規範所取代，這是滿足虛擬社群的第一個要件，此社群尚需要有共同興趣的使用者，透過網路上互動的溝通模式，找到一群與自己有相同興趣的人，能夠討論一定程度深度及意義的主題討論，此為滿足虛擬社群的第二個條件。透過這兩個概念的結合，可以描繪出「虛擬社群」涵義之輪廓。

虛擬社群是社會的集合體，當有了足夠數量的群眾，在網路上進行了足夠的質與量的討論，並付出了足夠的情感而得以發展人際關係的網路，虛擬社群因此成型。

社群本身即為由一群具有共同目的承諾者所組成，彼此相互協助並分享知識，成為具有共同經驗及價值的生命共同體，經由承諾的制約機制及規範以達成共同目的。虛疑社群不一定需要固定的聚會時間及實體的聚會地點，而是建構在虛擬的網路環境之下，一群擁有個別興趣、喜好、經驗的人或是學有專精的專業人士，透過各種形式的電子網路，以電子郵件、新聞群組、聊天室或論壇、FB、Line 等方式組成一個社群，讓參與的會員藉此進行溝通、交流、分享資訊。

二、虛擬社群的組成要件

人潮並不等於錢潮，網站瀏覽的數量也不一定等於獲利的多寡，由於大多數的使用者還停留在「免費」的心態，所以如何將人潮轉為錢潮，是一個很值得討論的問題。當然會員數並不等於社群，哪一個社群需要哪些元素，會讓使用者緊抓著不放？

虛擬社群的六個面向：

1. **認同感**：成員對社群的認同，覺得自己屬於這個社群。
2. **影響力**：成員對社群與其他成員的生活，對外在世界，具有影響力。你對其他人的生活有影響能力，例如，如果你在某個留言板上公開說你買東西被騙了，或許其他網友會因為你的一番話，再也不去那一家商店買東西。甚至，如果你已經有社群的基礎，而且夠強悍的話，你甚至可以動員一票人，去真實世界抗議。
3. **幫助**：成員在社群中提出協助的要求，並獲得其他成員的協助。例如你失戀了，想找人去數落前任男人，可能就真的會有人跳出來說要幫你報仇。
4. **關係**：成員之間的彼此吸引力，以及成員之間的情感。
5. **語言**：使用特定語言的能力。例如說中文的網站，用英文大家就會看不習慣，有時候在聊天室遇到用英文交談的人，還會有網友在旁邊吆喝看不懂。
6. **自我約束**：社群自我約束、自我管理的能力。例如當有人在某個聊天室鬧場的時候，會有其他網友或版主出面制止。

虛擬社群應具備四大要素，以構成社群意識：

1. **滿足需求**：社群滿足成員需求的程度。
2. **參與他人計劃及活動**：鼓勵成員多參與成員之間的計劃或活動。
3. **相互影響**：成員之間的相互交流與討論，所造成彼此影響的程度。
4. **情緒及經驗分享**：分享彼此經驗與心情，當作一種交流。

社群中的互動主要是由四項人們基本的需求：興趣、人際關係、幻想和交易所組成，分述如下：

1. **興趣**：許多早期的虛擬社群，將網路經營焦點擺在滿足追尋具有共同興趣的夥伴，亦即讓所有在一個特定主題上具有相同興趣或專業知識的人們聚集在一起。以特定興趣為建構主旨的社群，是網路空間最為普遍的模式，同時對網路行銷業者而言也是最容易建構的模式。

2. **人際關係**：透過網路社群，因為沒有時間與空間的限制，又因為無須直接面對面，人們往往能夠在較短的時間內，建立起較具意義的個人關係，甚至比真實世界更坦白的交談。
3. **幻想**：滿足人們幻想需求的網路遊戲，如多重角色遊戲（MUDs），可以讓人們暫時逃離他們的現實生活，置身於線上社群中。人們喜歡逃避現實的需求，確實為 Internet 帶來不少商機，使用者可以透過遊戲角色扮演、虛擬實境或 3D 聊天室去享有另一種體驗和感受。
4. **交易**：大部分的人們將線上交易與電子商務買賣行為劃上等號。事實上，對許多網路社群來說，交易行為往往被定義為資訊的提供或接收。網路上資訊的交換與蒐集是多數使用者的興趣焦點，尤其在電子商務蓬勃發展後，有關商品購買方面的資訊流通與需求也就更加頻繁；當人們在購買某商品時，往往喜歡聽別人或購買過的使用者建議與意見。

三、虛擬社群會員發展四個階段

虛擬社群會員發展的四個階段：

1. **吸引會員**：行銷誘人的內容、免會費及免費使用。
2. **增加參與**：會員創作的內容、社論或出版內容、特別來賓行銷。
3. **建立忠貞**：會員之間的關係、會員與主持人之間的關係、客製化的互動。
4. **獲取價值**：交易機會、目標性廣告、優質服務的收費。

第一階段主要在挑起個體進來該社群的慾望，當有一定的人數進入社群後，由於彼此陌生，需要增加成員的積極參與，關鍵是成員會不知覺經常拜訪該社群，且每次都停留許久。當成員參與程度有所增加時，社群經營者開始建立成員們的忠誠度，使成員習慣或不捨離去，最後，以營利為目的的社群經營者會希望從成員身上獲得價值，如圖 11-1。虛擬社區的獲利來源，包括提供個人化的產品與服務，以建立深厚而忠實的會員基礎。因此，虛擬社群對電子商務業者最大的優勢其實是在於提供一個更趨近「單一區隔（Segment One）」行銷機制的環境。成功經營虛擬社群的電子商務業者，將擁有以往無法想像的顧客忠誠度。

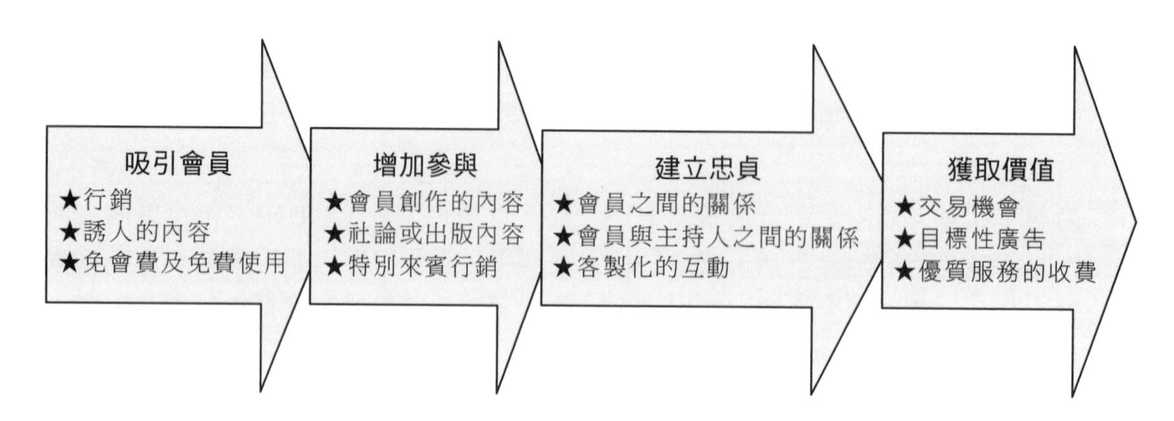

圖 11-1 虛擬社群會員發展四個階段

四、虛擬社群的種類

一般虛擬社群的種類有三種：

1. 第一種是基於人口統計學（例如性別、教育程度、收入、籍貫…）而產生的社群，例如：大學同學會、女性社群、新手父母。
2. 第二種是基於專業而產生的社群，例如：律師、醫師、電腦工程師…等。
3. 第三種是基於個人興趣而產生的社群，例如：旅遊、籃球、釣魚…等。

但不同的學者有不同的分法，有依據實體性質或興趣分類，也有依據會員需求、應用類型及功能區分，最重要的目的仍為了建立有特色、目標明顯的社群。

◆ 以社群參與的角色區分

1. **社交者（Socializers）**：他們進入社群的目的是為了交朋友或是建立關係。
2. **瀏覽者（Explorers）**：屬於被動參與者，參與社群的程度很廣，但是並不深入。
3. **主動者（Achievers）**：參與社群的目的在於解決某一件問題，帶著特殊需求來的。
4. **搗蛋者（Killers）**：在網路上專門搗蛋的一群人。

◆ 以會員需求分類

虛擬社群的會員需求可分為四類：

1. **興趣型**：一般人都會有一些特別喜愛的興趣，例如：旅遊、運動、財經、美容等等，虛擬社群大都是建立在興趣上面，使許多分散世界各地，但對某一個主題有共同興趣或專長的人得以聚集在一起。

2. **關係型**：網際網路的線上聊天系統，使網友不用出門即可以與全世界網友溝通與交換意見，即使是打發時間也可以滿足人們對歸屬感的渴望，即使是原本相識的朋友，也可以藉由虛擬社群達成維繫友誼的目的，例如網路同學會，即是以人際關係為定位，讓網友能夠透過網路跟自己的同學、朋友相互聯繫，即使畢業後大家各奔前程，仍可以在社群裡互通消息。
3. **幻想型**：網際網路上，匿名的氾濫，使在多重匿名、虛構中引發想像、隱藏真實，使用者在網際網路上有無限的想像空間，可以隨心所欲飾演不同的人物，在天馬行空、無所不能的角色扮演遊戲中，滿足自己的幻想例如：網路系統可讓網友在網路上交談時選擇自己希望扮演的角色或造型，以更具體的形象上網交談。
4. **交易型**：簡單說就是買賣東西，商業性質的虛擬社群具有四種功能，可成為消費者與企業間互動溝通的橋樑：
   (1) 降低成員的搜尋成本。
   (2) 增加顧客的購買傾向。
   (3) 加強企業對某群目標消費者的行為能力。
   (4) 提高產品和服務的個人化加值功能。而虛擬社群若能克服安全性與成員身份確認等技術的限制，同時聚集足夠數量的會員與企業，將可發展至滿足人們的交易需求。

◆ 以應用型態分類

社群中的成員透過許多不同類型的工具進行互動，一般較常見的功能包括討論區（forum 或 message board）、聊天室（chat room）、郵件清單（mailing list）、線上傳訊（instant messaging）、留言板（guest book）、群組行事曆（group calendar）、遊戲或投票等等，留言板通常是最容易建立的功能，允許使用者在網站上發表個人的意見；郵件清單則是當有使用者發表意見時，由系統統一寄發電子郵件通知所有訂閱該清單的使用者，較適合資訊不多的社群；討論區則是加強版的留言功能，使用者可以發表新文章，也可以回應另一篇文章。討論區又可分為引線式（threaded）與循序式（linear）兩種，引線式是以階層結構組織文章，較適合技術性的討論主題，循序式則依照發表時間先後排列，較適合一般性的主題；此外，聊天室與線上傳訊則提供即時資訊傳遞的功能。

◆ 以應用功能分類

虛擬社群的應用功能類型可分為三類：

1. 企業對企業（B2B）商業模式之虛擬社群。
2. 企業對消費者（B2C）商業模式之虛擬社群。
3. 點對點（P2P）商業模式之虛擬社群。

◆ 以關係聚焦或任務聚焦分類

虛擬社群的聚焦類型可分兩種：

1. **關係聚焦（Relationship-Focused）**：關係聚焦社群中的成員進行一對一和面對面的互動，彼此間有著強烈認同感與情感依賴。
2. **任務聚焦（Task-Focused）**：任務聚焦社群中的成員則是較為正式，而非個人化的組合。

◆ 以互動直接性區分

1. **以你為基礎社群（You-Based Community）**：在以你為基礎的虛擬社群中，成員進行一對一交談，彼此間有強烈依賴，關係是他們主要的焦點所在，而且也喜歡同步訊息交換與溝通。
2. **以他們為基礎社群（They-Based Community）**：在以他們為基礎的虛擬社群中，充滿對第三社會群體的人性需求，社群中的數個成員間交換有趣的意見或笑話，互動模式為多人對多人，彼此分享興趣是主要的目的。很多的互動過程是非同步的，且確保成員了解與遵守。
3. **以它為基礎社群（It-Based Community）**：在以它為基礎的虛擬社群中，成員主要的興趣在於獲得想要的資訊或是建議，即使和其他成員交談，也是以任務為導向，溝通的本質是一對多。成員間情感的維繫是比較微弱。

◆ 以存在實體性質為基礎

第一種分類是在較傳統的社區或某些具有實際關係的群體上，建立電子連繫的管道，例如將某個城鎮相關的訊息、學校或社區佈告搬到線上，即形成所謂以實體為基礎的虛擬社群；另一種則是屬於地理上分散的社群，成員以相同興趣或特定議題而在網路上聚集在一起。

五、虛擬社群的特性

虛擬社群具有以下特性：

1. **成員之間共有的興趣**：這是虛擬社群存在的第一要素，社群成員之間必須有能夠共享的興趣，虛擬社群提供成員討論、分享的場所。
2. **社會契約**：在虛擬社群中每個人都是訊息的接收者與傳送者，所以虛擬社群中會存在著一種不成文的契約，那就是每一個成員都會將別人需要的資訊公佈在適當的地方，讓需要的人能很方便的獲得需要的訊息；並能在他人需要幫助時適時提供資訊，這就是虛擬社群中成員都一直都在實行的一種特殊社會契約。
3. **橫向的傳播**：橫向的傳播方式指的是，虛擬社群中重在成員相互之間的溝通，而沒有階層或是權力關係影響溝通的平等性。
4. **社交結構**：社群依其型態可以分為兩種：一是地方性社群（communities of place），另一個就是結盟性社群（ communities of association）。而虛擬社群屬於後者，成員之間因認同和合作友好的關係結合為一社群。這種社群提供成員一個分享、討論重要議題的空間，成員可以在這裡彌補在地方性社群中社交與資訊不足的部份。

11-2 網路行銷與虛擬社群

網際網路和之前的傳統媒體有一個不同的地方，它建立了一種社群感。在網際網路發展初期，新聞討論區、電子佈告欄和聊天室就已出現，加上後期興起的部落格（Blog）、微網誌（micro-Blog）、臉書（Facebook）、Line，如今已發展成功能齊全的網路社群。社群是網際網路上的某個區域，可以把在某一方面有基本共同點的人聚集在一起。有些網路社群專供消費者聊天、交易和互動，但是有些網路社群也聚集了一些資訊蒐集者與潛在顧客。具有前瞻思考的網路行銷人員可以好好利用網路社群這個概念，他們不但能夠參與網際網路現有的網路社群，還可以在需要時自行創建新的網路社群。

一、網路社群工具

網路社群工具有電子佈告欄、新聞討論區、聊天室、部落格（Blog）、微網誌（micro-Blog）、臉書（Facebook）、Line等，每一種溝通方式都以某種共同連結關係將人群聚集在一起。

1. **電子佈告欄**：是最早期提供網路社群成員發言的園地，它到現在都還存在。電子佈告欄讓成員可以將評論和問題公佈給所有人看，但是電子佈告欄無法提供私密性或一對一的溝通。儘管如此，電子佈告欄確實造就了社群的感覺，因為它就像是一個可以讓人們彼此發表想法的電子白板。

2. **新聞討論區**：進一步發揚了網路社群的概念。在新聞討論區裡面，使用者可以透過電子郵件進行互動溝通。大多數的新聞討論區都可以提供「討論線索」（thread）來查詢討論內容，這樣會員不只可以彼此互相問答，還可以閱讀別人的問答內容。由於新聞討論區傾向於針對某一個特定主題或興趣範圍而成立，它們的功能就像是一個自給自足的迷你網路社群。

3. **聊天室**：在性質上可能比較像雞尾酒會，比較不像是一個社群。在聊天式的環境中，使用者能夠以互動方式和別人聊天（即時回應）。同樣的，每個人都可以「旁聽」別人的對話內容（閱讀來來往往的訊息），而且任何人都可以參與聊天內容。聊天室協助造就了功能完備的網路社群── 這是網際網路上一塊完整的領域，吸引了某一個社會區塊或某一群對某個特定主題有興趣的人們。

4. **部落格（Blog）**：什麼是部落格呢？跟傳統的個人網站、新聞台、發報台又有怎樣的不同呢？Blog就是weblog的簡稱。Web是網路，Log是指網站程式運作時，產生的記錄檔。為了將部落格和網站程式的Log記錄作區分，因此才通稱為Blog（又稱為部落格、網誌、博客）。用白話來說：Blog就是一個可以讓你發表心得、抒發自我的平台。從獨立專有的網址、發表文章、好友分享、傳閱串連、意見回饋…與好友互動等等，完全包括在一個小小的平台裡。撇除傳統個人網站硬冷的管理機制以及網頁編輯能力的限制，在部落格圈裡，你只要花費10分鐘的時間，就可以馬上建立一個美美的、個人化的、簡單好使用的部落格。

5. **微網誌（micro-Blog）**：顧名思義，就是小一點的部落格。是一種允許使用者即時更新簡短文本（通常少於140字）並可以公開發佈的微型網誌形式。之所以會是140個字，主要是為了配合簡訊發送的限制。（是的！一則簡訊最多只能發送140個字元）。它允許任何人閱讀或者只能由用户選擇的群組閱讀。隨著發展，這些訊息可以被很多方式傳送，包括短訊、即時訊息軟體、電子郵件或網頁。微網誌的代表性網站是Twitter與噗浪。因為限制字數，微網誌就不太可能讓你長篇大論，但也正因如此，微網誌比起正統部落格來說，也就顯得更沒有負擔，想說什麼就說什麼。

6. **臉書（Facebook）**：Facebook於 2004 年 2 月 4 日上線，是一個社交網絡服務網站。截至 2010 年 7 月 Facebook 擁有超過 6 億活躍用戶，用戶可以建立個人專頁，添加其他用戶作為朋友並交換信息，包括自動更新及即時通知對方專頁。此外，用戶可以加入各種群組，例如工作場所、學校、學院或其他活動。Facebook 規定至少 13 歲才可註冊成為用戶。由於沒有官方中文名稱，不同華語地區的使用者社群便各自發展出不同的譯名，如中國大陸的「臉譜」、香港的「面書」、台灣的「臉書」、馬來西亞的「面子書」等；新加坡則直接採用英文原名 Facebook。
7. **Line**：Line 是一款全新型態的通訊應用程式，讓您隨時隨地享受免費傳訊、免費通話等溝通樂趣！

網站成立網路社群，有助於增進網友的忠誠度，因為網路社群能促進網友、顧客間的資訊分享及購買使用經驗，企業可藉此滿足顧客的社會需求，以進行關係行銷。

網際網路的討論區，可以扮演較軟性的角色，為人們建立「心」的溝通橋樑，久而久之，一群同好便會形成一個網路討論虛擬社群，並擁有專屬的網路虛擬社群文化。因此，網際網路不僅能提供最新的資訊，並且也能夠與顧客群體建立新的關係，顧客可以在網路虛擬社群裡彼此交換心得，並藉由參考團體的輔助，來達成行銷的功能。

虛擬社群在網路行銷上為顧客和企業雙方都帶來利益：

1. **顧客的力量**：虛擬社群協助顧客在與企業互動中獲取最大利益，並消除資訊不對稱的問題。
2. **企業的利益**：虛擬社群降低搜尋成本、增加顧客的購買傾向、加強目標行銷能力、提高產品和服務的個別化能力、降低固定資產的投資、擴大接觸層面等。

二、虛擬社群的理論基礎：六度分隔理論

1967 年，美國哈佛大學心理學教授 Stanley Milgram 想要描繪一個連結人與社區的人際聯繫網絡，做了一次連鎖信實驗，結果發現了「六度分隔」現象。六度分隔（Six Degrees of Separation）現象，又稱為「小世界現象」（small world phenomenon）。所謂「六度分隔理論」，簡單來說就是「你和任何一個陌生人之間所間隔的人不會超過六個，也就是說，最多通過六個人你就能夠認識任何一個陌生人」。

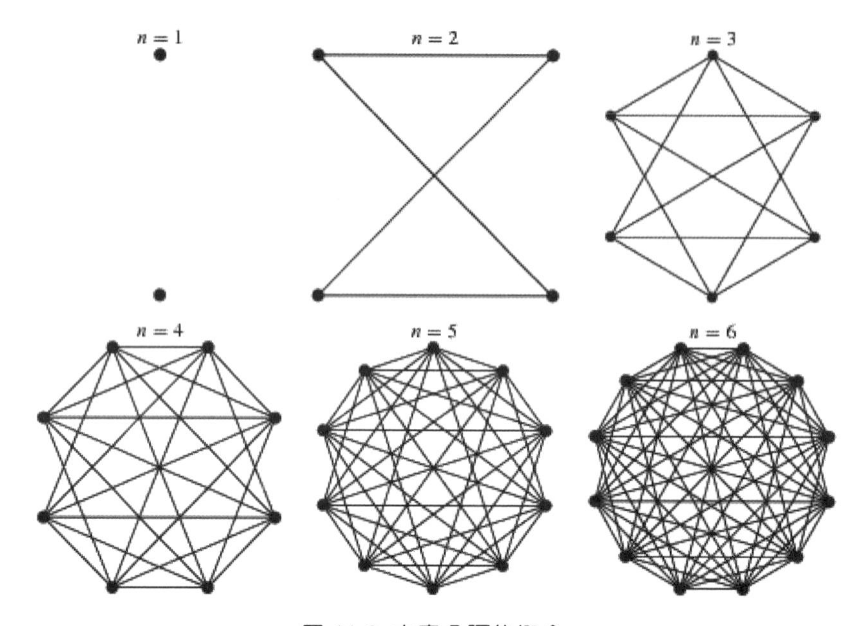

圖 11-2 六度分隔的概念

資料來源：http://ricecatalyst.org/discoveries/2018/2/six-degrees-of-separation

三、社交裂變

政治大學 EMBA 執行長邱奕嘉解釋，「裂變」一詞出自原子彈的爆炸原理，當一個外力打到原子，爆炸後，便開始裂變下去，刺激其他原子不斷分裂產生能量。用在商業經營上，就是讓你透過客戶的社交圈影響力，把產品及服務，快速擴散，產生影響力。

圖 11-3 社交裂變概念圖

由於社群平台如臉書、Line的普及，讓大家傳遞訊息更快；另一方面，客戶消費者行為發生改變。現在，消費者更相信「推薦購買」，包含社群平台上的抖音短片、網紅推薦、甚至是親朋好友分享的折價券，都促成了社交裂變的基因。

只是，客戶為何願意當小原子，幫你把商品，推薦給朋友呢？第一您的產品質量要好，產生口碑裂變，讓客戶願意自發性分享；第二是社交裂變，客戶因為您有趣、有創意的內容，而自發性傳播，滿足社交參與感；第三是利益裂變，例如紅包、折扣、兌換等實質利益，驅動大家主動分享。

四、驅動社交裂變的三種力量

轉化裂變的驅動力，可以分解為以下三種力量：

1. **吸引力**：吸引用戶點擊連結的力量。
2. **傳播力**：驅動用戶轉發連結的力量。
3. **轉化力**：促使用戶支付下單的力量。

11-3 虛擬社群的經營

一、虛擬社群經營模式的五個基本因素

虛擬社群為廠商與消費者雙方帶來了商業利益；消費者從虛擬社群本身的特性中獲利，而廠商則得到擴充市場的機會。虛擬社群經營模式有以下五個基本因素：

1. **獨特的宗旨**：虛擬社群的宗旨可能是地域性的，也可能是某個特定話題或某種專業功能。有此獨特宗旨，潛在的會員才知道他們可以在社群裡找到哪些資源；社群組織者才能決定它應該提供哪些何種資源來滿足會員的需求。
2. **整合內容和通訊的能力**：虛擬社群提供一套與社群獨特宗旨相吻合的出版內容（包含廣告和廠商消息），並把這些內容跟一個豐富的通訊環境（包括張貼信息的公佈欄、聊天區、電子郵件等）整合起來。會員利用這些通訊功能，可以跟其他會員進行交流以評估內容的可靠性，因此擴大了出版內容的價值。
3. **重視會員創作的內容**：虛擬社群也提供園地讓會員自己創作內容和傳播這些內容，進而彙整出更豐富的資訊；這一點也是虛擬社群授權會員的最大因素。

4. **接觸競爭的出版者和廠商的機會**：虛擬社群是會員的組織代理人，它會為會員蒐集品質最高、範圍最廣的資源（包括互相競爭的出版者和廠商）；並盡量擴大資訊和產品的選擇性，讓會員有更大的選擇空間。

5. **商業導向**：虛擬社群將會逐漸變成一個商業性質的機構，藉著提供寶貴的資源和環境來加強會員的力量，以達到自己賺取優厚利潤的目的。社群組織者唯有幫助會員獲得某種價值，自己才可能獲得豐厚的利益。

二、網路效應與臨界規模

由於網際網路上的虛擬社群普遍存在網路效應（network effect），因此當社群人數達到一定規模後，整個社團就會自動快速壯大，這個規模就稱為「臨界規模（critical mass）」。一般而言，虛擬社群在達到臨界規模之前，社群的成長速度會比較緩慢，因此需要經營者努力運用各種手段與資源來擴張其規模，而當規模大於臨界點時，社群就會自行快速壯大，如圖 11-4 所示。

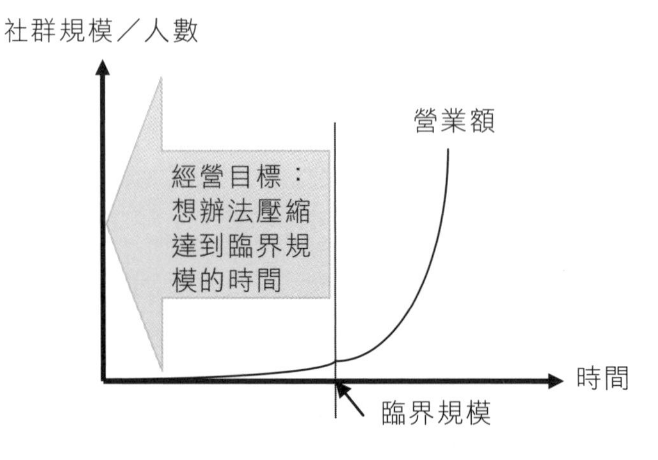

圖 11-4　網路效應與臨界規模

網路效應（network effect）會影響網際網路上的網站經營策略，在網站人數、營業額未達到臨界規模前，網站應盡量衝刺瀏覽人數和交易量，此時網站所要追求的不是利潤，而是規模最大。當達到網路臨界規模之後，網站人數和營業額會自動地快速增加，當規模累積到一定程度之後，網站就可以享有「虛擬規模經濟（virtual economics of scale）」的低成本優勢，此時才是企業追求利潤的時機。

三、虛擬社群經營與企業數位轉型

網路經營之道必須不斷創新、時時更新以及提供附加價值，才能使顧客不斷地回流，因此管理互動社群可經由差異化來進行，而差異化可由 8C 來著手：

1. **基模（context）**：是指接觸點（contact point）的設計與擺設，主要是企業在網路上的門面。以網站來說，就是指面對顧客的螢幕介面所帶給顧客的感受。基模的好壞取決於「美觀」與「機能」，美觀屬於主觀的感受，每個人對美的定義不同，故難以判別其優劣。在現今強調「四屏一雲」的年代，企業在思考「智慧型手機」、「個人電腦」、「平板電腦」、「電視」等接觸點介面時，基模的設計與擺設將更加重要。
2. **內容（Content）**：了解消費者是為何而來，他們想要什麼，如何與他們互動，並且在正確的時間，以消費者想要的機能與呈現格式，提供正確的內容。
3. **社群（Community）**：如果企業能在網站上創造「社群」的感覺，顧客將會不斷重回網站，就像他們在看喜歡的雜誌或電視節目或是逛他們喜歡的百貨公司一樣。
4. **客製化（Customize）**：企業所提供的產品或服務是否能做到一對一客製化？
5. **連結（Connection）**：網站與其他網站連結的程度。連結的類型有由外面連進來或由內部連出去。透過連結，企業可以增加爆光和交易的商機。
6. **協調（Coordination）**：企業在創造附加價值結構，提昇顧客認知價值時，要協調整合企業內部（價值鏈），及企業外部（價值體系）等組織內外各項活動。協調的大部份工作就是資訊的交換，而網際網路這項資訊技術能提供非常大的裨益。
7. **商務（Commerce）**：企業提供的產品及服務能給顧客帶來什麼價值？企業所提供的產品或服務所提供的附加價值是否大過其他企業？
8. **溝通（Communication）**：企業以顧客想要的時間、想要的管道、想要的方式進行雙向溝通，而不再是過去單向的推廣（廣告、促銷、人員推銷、公關、直銷）。

換句話說，虛擬社群的有效經營，企業必須作數位轉型，而數位轉型將改變企業的門面—基模（Context）、所利用的資訊—內容（Content）、互動的對象—社群（Community）、提供的商品或服務—客製化（Customization）、企業對企業或企業對消費者的連結方式—連結（Connection）、合作方式—協同（Collaboration）、企業做生意的方式—商務（Commerce）、以及互動的方式—溝通（Communication），如圖 11-4 所示。

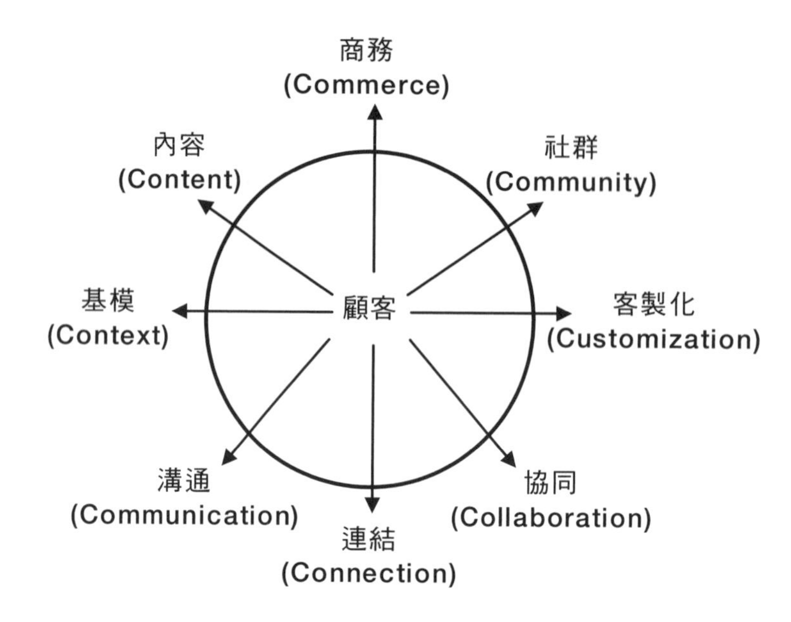

圖 11-4 數位轉型的八個 C

資料來源：修改自 Keyur Patel & Mary Pat McCarthy, 2000, Digital Transformation: The Essentials of e-Business Leadership

數位轉型取決於兩大標竿：價值（value）與速度（speed）。企業必須在價值與速度之間尋求平衡點。如果企業只把焦點放在速度，若八個大 C 之中有任何一個點的革新速度過快或方向不同步，則很可能造成無法提升價值。反之，如果企業只把焦點放在價值的提昇，而不去管革新速度，將可能因此流失顧客。如圖 11-5 所示。

此外，整個數位轉型中還要考量三個重要要素：

1. 支出成本（Cost）
2. 企業文化（Culture）
3. 科技（Technology）

在數位轉型過程中，需要「科技、流程、人力資源」三大環節整體的改變。數位轉型最顯著的成功之處，在於價值鏈（value chain）與價值體系（value system）的重新整合。電子商業的轉型並非零和遊戲，您的勝利不代表著其他商務夥伴的失敗；這可以是一場雙贏的遊戲，亦即，電子商業價值鏈（value chain）或價值體系（value system）裡的每一個環節都可以共享資訊與顧客—包括：

1. 基模（Context）
2. 內容（Content）
3. 社群（Community）
4. 客製化（Customization）
5. 連結（Connection）
6. 協同（Collaboration）
7. 商務（Commerce）
8. 溝通（Communication）

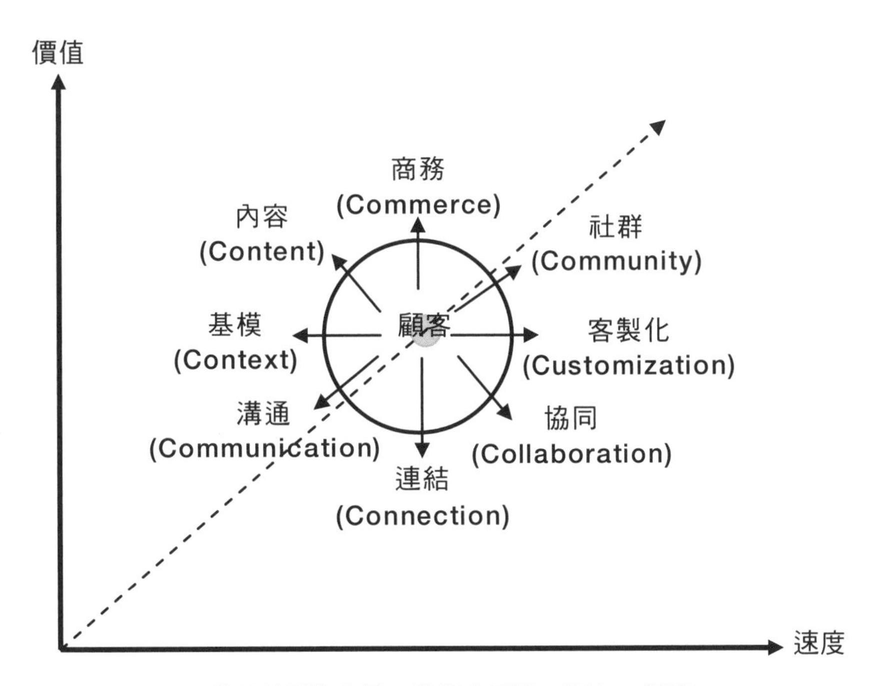

圖 11-5 數位轉型的八個 C 與兩大標竿：價值 vs.速度
資料來源：修改自 Keyur Patel & Mary Pat McCarthy, 2000, Digital Transformation: The Essentials of e-Business Leadership

11-4 社群行銷

一、何謂社群行銷？

社群的最大的價值在於「人」。這些人共同建構了人際網路，創造了互動性與影響力強大的平台。

「社群行銷」可定義為「個人或群體透過群聚網友的網路服務，來與目標顧客群創造長期溝通管道的社會化過程」。簡單地說，「社群行銷」需要透過一個能夠群聚網友的網路服務來經營。這個網路服務早期可能是 BBS、論壇、部落格、微網誌（噗浪）、Facebook、Youtube、IG、Line。由於這些網路服務具有互動性，因此，能夠讓網友在一個平台上，彼此溝通與交流。不過，這些網路服務也有演進的過程，從早期類似大禮堂式群聚的方式（如 BBS、論壇），漸漸地趨近於個人化專屬空間（如部落格、微網誌）。也由於越趨的個人化，網友彼此的繫結型態也由然改變，從早期大家都是某個站的會員開始，一直到現在彼此可以擁有各自的交友空間，你可以是對方的朋友、甚至粉絲。而個人或群體（當然包括企業）可以運用這樣子的網路服務，來與目標顧客群來往、溝通與認識彼此。目標顧客群需要依您的行銷目標不同而有所不同。

二、社群行銷的五大步驟

社群行銷要成功並不難，只要掌握五大步驟，網友絕對會成為品牌的助力。

1. **選對社群網站**：所選的社群網站必須具有「廣度」、「速度」、「深度」三個特性，讓訊息可以很快速有深度而廣泛的擴散，引發社群的迴響與互動，甚至作為新聞指標趨勢，成為民眾討論的話題。
2. **鎖定特定社群，瞄準溝通**：社群網站中聚集了許多同好，讓企業主瞄準溝通無障礙。
3. **抓住社群特性**：瞭解網友「愛表現」、「重人氣」、「好分享」、「玩創作」、「愛溝通」、「互動性」的六大習性，搭起溝通橋樑。
4. **運用議題操作**：創造有趣的議題或是搭配網紅代言，很容易引發群體發酵，例如 KUSO 的影片特別容易引起注意。
5. **善用社群行銷工具**：例如：FB、IG、Line，讓企業主輕鬆多元操作。

三、社群行銷的事前檢視事項

1. **部落格（Blog）**：進行一個社群活動的最佳起點是部落格。即便想自行設計一個活動網站，也可由採用部落格平台的方式來進行。部落格的採用方法有二：一為採用現有第三方平台，如無名，yam 天空部落或 Pixnet 的部落格。另外就是可以使用 Wordpress 來自建部落格網站。建議在進行行銷策略時從部落格開始。
2. **微網誌（MicroBlog）**：在台灣，這類平台是「噗浪」（Plurk），在歐美是「推特」（Twitter），在大陸則是「新浪微博」。很適合作為品牌或企業對顧客的即時溝通管道。唯一的缺點是必須時常更新，優點則是能累積用戶。活動結束後，相關投資具累積性。

3. **線上影片**：成功的影片易於打動人心，人們對影片的接受度很高，行銷活動中應盡量考慮埋入這個元素。如果自建影音平台，往往無法負荷大量流量需求。若影片下載速度過慢，往往也會打壞一個行銷活動的效果。最佳平台是 Youtube 的影片。
4. **圖片分享**：社群行銷時亦可採取鼓勵圖片分享的元素，針對主題進行串聯。適合的平台是 IG，及其他主要入口網站的相簿服務。Flickr 當然也是個好選擇。
5. **標準社群網站**：台灣最大的社群網路是 Facebook。由於社群元素的豐富性，很適合在上頭建立粉絲專頁，開發小遊戲等，與精準的顧客群互動溝通，建立知名度。
6. **討論區**：雖然流量趨勢往下，但討論區還是在台灣占有一席之地。各類主題討論區仍須參與在你的行銷策略中。如 3C 的 Mobile01、育兒的 Babyhome，線上遊戲的巴哈姆特、或是歷久不衰的 PTT。在這些主題討論區中與聽眾或意見領袖互動，都已證實是有行銷回報的。
7. **評論網站**：網友參考的重要指標網站形態之一。如討論餐廳美食的愛評網，介紹好康的好康挖挖哇。一般而言，社群評論對你的產品或服務很重要，好評負評可能會大大影響行銷結果。
8. **書籤網站**：網路書籤能幫忙將你的網址分享出去，並加強 SEO 的結果。常見的書簽網站如 Google 書籤。
9. **議題監測**：透過網路進行即時議題監測，可有效監控行銷成效，品牌認知，並對網路上出現的野火及時撲滅。可透過 Google 搜尋，Google Alert 與 Google Trend 自行拼湊出需要的結果。

四、社群經營績效評估

Tim Trefren 在 Mashable 文章『 3 New Ways to Measure the Social Web 』提出「三種用來衡量社群網站的新方式」。

◆ 利用漏斗分析衡量轉換率（Funnel Analysis: Measuring Conversion Rates）

利用「漏斗分析」衡量轉換率，例如把「註冊人數」除以「總訪客數」，找出使用者註冊所需要的步驟，並了解其中的轉換率。「轉換率」（Conversion Rate）一般是指，總共有多少訪客進到這網站，在經過每個動作（例如：註冊帳號或者是購買商品）之後的比例。圖 11-6 是 Twitter 的註冊漏斗示意圖，它包含五個步驟：

1. 進入 Twitter 首頁
2. 進入註冊頁面，填入註冊資訊
3. 瀏覽推薦話題
4. 拉好友加入
5. 搜尋某人有沒在玩 Twitter

圖 11-6 發現，在步驟 4 的時候有很大流失率，而流失率通常代表網友在這個步驟，就離開了。當企業發現像這樣的流失率，就必須找出根本的原因。簡單來說，「漏斗分析」可以協助找出社群網站的一些問題，這有助於企業進行修正社群經營方式。

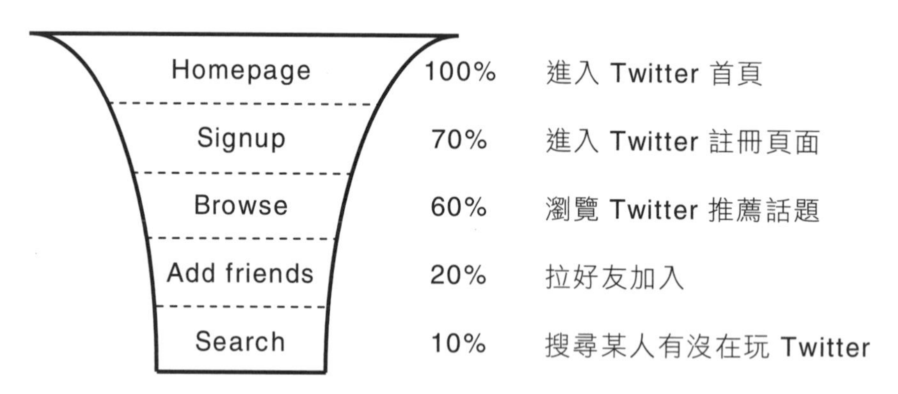

圖 11-6 Twitter註冊漏斗示意圖

◆ 利用互動追蹤評量人們正做些什麼事（Engagement Tracking: Measuring What People Do）

對許多網路公司來說，追蹤使用者正在進行的動作，可能遠比追蹤「頁面瀏覽數」更為重要。例如，以 Twitter 來說，可能比較想知道平均每個人推（tweets）幾次，他們正在搜尋什麼，而不是他們看了哪幾頁。基本上，「網頁瀏覽數」只是一種對於該網站概略了解的資訊，隨著網站互動性的增強，這中間的關係就變得越來越疏遠。

◆ 訪客回訪率：多少人會再回來（Visitor Retention: How Many People Come Back?）

「訪客回訪率」對社群經營來說，是相當重要的資訊，因為社群網站的價值就在於社群的規模有多大，一個低回訪率的社群網站就好像是個空屋一樣，訪客人數高，但活躍玩家少。訪客回訪率的特性是，如果投入在增加訪客回訪率數值的力氣越大，相對的報酬就會越高。簡單來說，增加 10%的回訪率，長期可能為企業帶來 20%以上的新訪客。

11-5 內容行銷

一、什麼是內容行銷？

《MBA 智庫》定義，「內容行銷」是一種藉由不斷產出高價值、與顧客高度相關的內容來吸引顧客的行銷手段；與多數傳統廣告相反，內容行銷旨在長期與顧客保持聯繫，避免直接明示產品或服務，而是持續提供高度價值和高度相關的內容給顧客；以「改變顧客行為或消費習慣為目的」來持續與顧客「溝通」，最終讓顧客對企業產生信賴和忠誠感，很多新創公司都已採用內容行銷作為長期發展的策略之一。

內容行銷的精髓：提供你的潛在目標顧客，具有時效性且有價值的資訊。內容必須要在脈絡下生成：雖然內容是王，但脈絡是神。

二、觀望、思考、行動、關注（See／Think／Do／Care）框架

觀望、思考、行動、關注（See／Think／Do／Care framework）框架是由 Avinash Kaushik 所提出，是以目標顧客群為核心，針對目標顧客群的認知階段分層：

- **See 階段**：這個階段品牌所期望曝光的潛在對象，這些人對於你的產品或服務還不認識，但將來很有可能成為你的潛在客戶。面對 See 階段的目標對象，在內容行銷方面，通常他們需要被教育性的內容煽動，促使他們更加活躍地與您的品牌互動，進而轉換他們到 Think 階段。
- **Think 階段**：這個階段有意圖想要了解你品牌的對象，這些人可能會考慮購買你的產品或服務，但還不到真的下決定與確切的時機。面對 Think 階段的目標對象，他們通常對您品牌的產品或服務已有興趣，此時他們需要導購或指南這一類的行銷內容，促使並轉換他們到 Do 階段。
- **Do 階段**：那些準備把想法付諸於行動的對象，也就是近期就有強烈採購意願的對象，這些人很可能即將在某特定時機點購買您品牌的產品或服務。此時，他們需要的行銷內容是，連接到促銷頁面或購買介面，促使或協助他們直接進行購買行為。
- **Care 階段**：已經購買多次的對象，這些人已經購買過您的產品或服務，大多已是您品牌的顧客，此時，他們需要的行銷內容是如何讓他們成為忠誠的顧客。

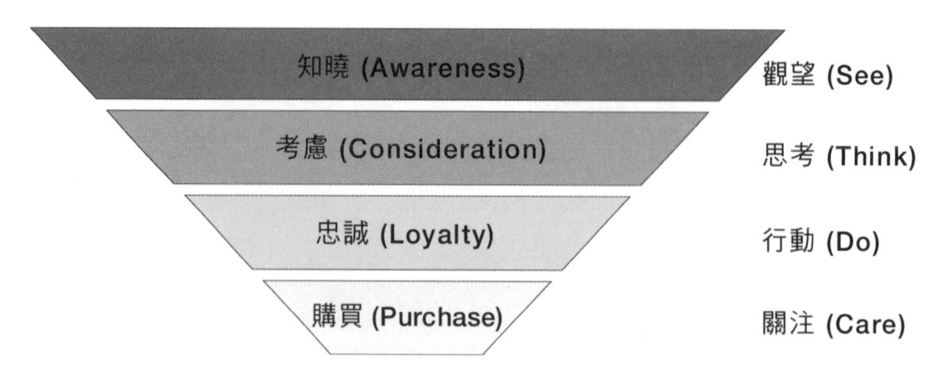

圖 11-7 觀望、思考、行動、關注（See／Think／Do／Care）框架

三、IP（智慧財產／知識產權）

《數位時代》指出，人的財產分為三種：動產、不動產以及「智慧財產」。「智慧財產」或稱為「知識產權」（Intellectual Property），其縮寫「IP」近幾年非常火紅，《MBA 智庫百科》說明，其實「IP」就是指取得文學、動漫、音樂、影視、遊戲等原創內容的智慧財產權，向外延伸多種 IP 衍生商品，在其他領域進行改編或創作，「寶可夢 Go」的成功一部分即來自任天堂授權 IP。

四、IP 化

《硬塞科技字典》指出，IP 即是 Intellectual Property（智慧財產、知識產權）的縮寫，IP 化是指透過收購網路小說、遊戲、電影、文化作品版權，再將這些劇情稍加改編，製作成周邊產品例如影集、遊戲、電影等，這個產製的形式就被稱為 IP 化。

一本好的劇本通常產出不易，因此有企業轉而將目標轉至網路上的知名小說、遊戲上，從這些既有的劇情再做出延伸或改編，因為這些網路知名作品都擁有不少的粉絲，基本上，就擁有一定的討論度跟目標顧客群，方便企業行銷和推廣。IP 化的核心可以說就是「粉絲經濟」。因為企業只要釋放出網路知名作品即將 IP 化 的消息，除了事前網路上會造成熱烈討論外，這些網路作品粉絲們必定會掏錢購買，企業可以很容易的就擁有基本觀眾群。例如在美國將知名網路遊戲《魔獸世界》、《憤怒鳥》改拍成電影上市；在中國將知名網路小說改編而成電視劇《盜墓筆記》、《太子妃升職記》等作品，這些都是 IP 化的結果。

五、超級 IP（超級知識產權）

《MBA 智庫百科》，超級 IP，又叫超級知識產權，具有較高的讀者、觀眾或粉絲群體，具有一定的社會影響力的知識產權。可分為「原創」和「改編」兩類，以目前市場上排名前列的書籍、電視劇、電影為基礎，並同時在文化產業鏈上具有一定延展性，可全方位開發的知識產權產品。特徵是一個具有可開發價值的真正的 IP，至少包含 4 個層級，稱之為 IP 引擎。

IP 引擎，從 IP 的表層到核心，可以分為「呈現形式」、「故事」、「世界觀」和「價值觀」四個層級。前期開發的層級深度決定了作品的價值，也決定了作品是否能成為真正的常青 IP。超級 IP 的四大層級：

1. **呈現形式／流行元素引擎**：這是 IP 的最表層，是觀眾最直觀感受的層面，要符合趨勢潮流。
2. **故事引擎**：引人入勝的劇情，是推動 IP 的一種工具。
3. **世界觀引擎**：世界觀是推動故事發展的普世元素。普世元素是指故事中人物對世間美好事物的追求，比如，愛情、親情、正義、尊嚴。普世元素是跨越文化、地域、時代的。美國好萊塢的作品能夠在全世界獲得認同，就是因為對於普世元素的把握。普世元素和人性息息相關，不論生活在世界哪個角落的人都有共性。把握好這些全人類共性，才能確保作品能覆蓋最大面積的觀眾群。
4. **價值觀引擎**：價值觀是 IP 最核心的要素，要反映普世價值，不論風格選擇、人物設定、故事發展等都是可被替換的因素，超級 IP 都有自己的價值觀和哲學，不只是故事層面的快感，也不是短平快消費後的短暫狂熱。超級英雄故事中，每位英雄都代表著一個不同的價值觀，例如《美國隊長》是原則至上不容變通的愛國主義；《鋼鐵人》從個人享樂至上到逐漸承擔責任；《蟻人》屌絲肩負重大責任感的平民英雄主義；《蝙蝠俠》從暴力與混亂中誕生的民間正義等。超級 IP 通常會透過價值觀的沉澱，對全球觀眾產生哲學層面、文化層面或美學層面的持久影響。

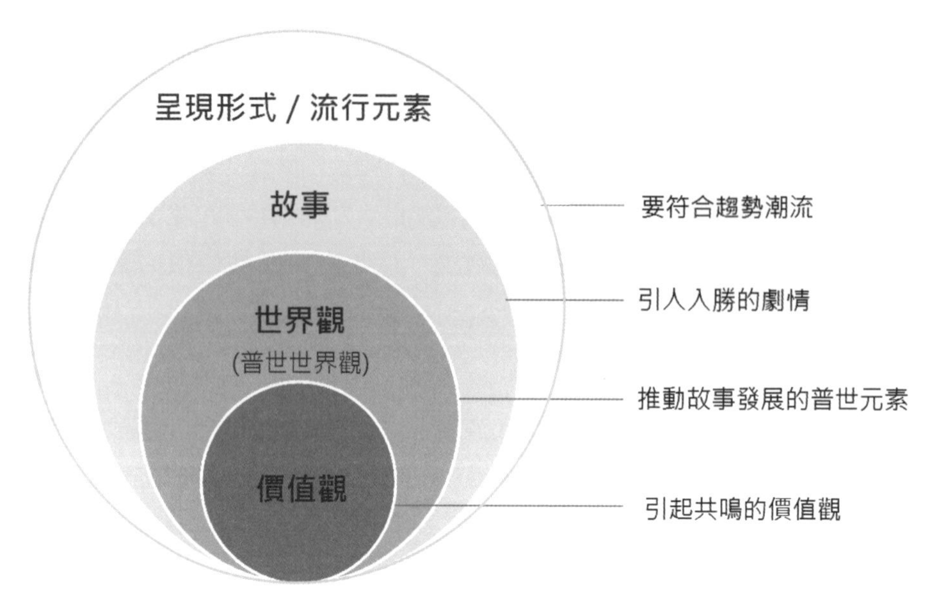

圖 11-8 超級 IP 的四大核心要素

六、明星 IP 變現

明星 IP 是具有高度曝光度、高度知名度、粉絲相關穩定的優質 IP。明星 IP 包含五項基本要素，最中心的要素是核心價值觀（Values），然後依次向外展開的要素「鮮明形象」（Image）、故事（Story）、多元演繹（Adaptation）與商業變現（Commercialization）。

1. **核心價值觀（Values）**：內容基石。核心價值觀是原創 IP 內容是否具有開發與傳播價值的第一標準。IP 的載體（電影、電視劇、遊戲、漫畫等）作為文化商品，在傳播過程中，無可避免地會對消費者的精神思想造成影響，因此正能量的內容，著重表達契合社會大眾認同的共同核心價值觀。
2. **鮮明形象（Image）**：基本單元。個性鮮明的角色形象是明星 IP 的基本單元，也是潛力 IP 跨界開發的落腳點，尤其是可視化的角色形象。在 IP 一系列商品中，電影、電視劇、遊戲、漫畫等可視覺化商品（例如公仔），是 IP 內容變現的核心部分。當然，形象需要時代化的個性予以支撐，需要與目標顧客群的生活環境發生連接。
3. **故事（Story）**：受眾連結。明星 IP 的故事具有共鳴性的內容表達。人類記憶往往是一種故事記憶，當某一事物被鑲嵌在豐富的故事內容中，最能傳達真摯的情感或明白的道理，能够為受眾帶來較好的接受效果。明星 IP 的故事是具有一定創意、含豐富情感，而且打動人心的內容，可被改編成能够在不同載体（電影、電視劇、遊戲、漫畫等）的轉化下保持故事的延續性。

4. **多元演繹（Adaptation）**：粉絲擴展。多元演繹是優質 IP 在鮮明形象的基礎上，在不同的內容載體（電影、電視劇、遊戲、漫畫等）上對「故事」進行的延伸，透過持續建立情感連結，擴展受眾增加粉絲，並將更多的受眾轉化為「粉絲」。「粉絲」是忠誠度與熱情度都非常高的受眾，IP 孵化與開發的目的就是將更多的「普通受眾」轉化為「粉絲」，將更多的「粉絲」轉化為「超級粉絲」，透過「粉絲」的忠誠消費實現 IP 價值的最大化，進而延長 IP 的生命周期與變現能力。

5. **商業變現（Commercialization）**：資本轉化。IP 是受法律保護的知識產權，具有可流通的財產屬性，可以從文化資本轉化為經濟資本。原創 IP 內容可透過 IP 授權的形式進行買賣。在「內容為王」的商業文化中，優質的 IP 內容必須經營好「核心價值觀」、「鮮明形象」、「故事」和「多元演繹」的 IP 要素後，才能獲得持續可觀的商業收益。

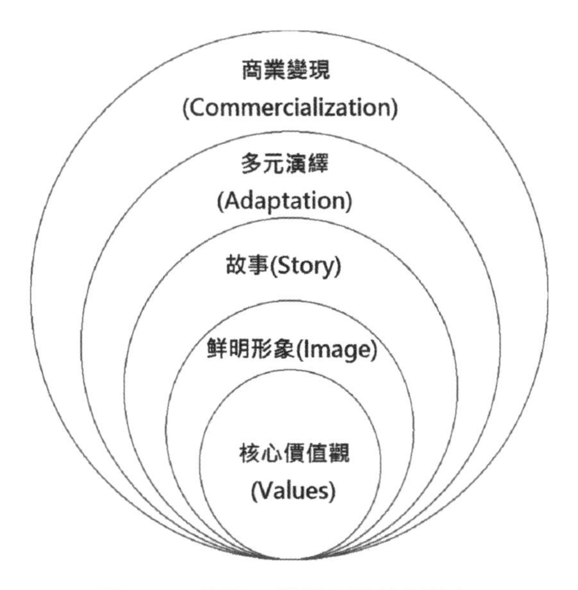

圖 11-9 明星 IP 變現五項基本要素

學・習・評・量

1. 何謂社群？何謂虛擬社群？請簡述之。
2. 何謂社群行銷？請簡述之。
3. 請簡述網路社群的工具有那些？
4. 請簡述網路效應與虛擬社群臨界規模（critical mass）的關係。
5. 請簡述虛擬社群會員發展的四個階段？

社群媒體行銷工具

12

CHAPTER

12-1 社群媒體

一、何謂「自媒體」（We Media）

2003 年 7 月，由夏恩．波曼（Shayne Bowman）與克里斯．威力斯（Chris Willis）在美國新聞學會提出的研究報告中，對「We Media」如此定義：「自媒體是普通大眾經由強化數位科技、與全球知識體系相連之後，一種開始理解普通大眾如何提供與分享他們本身的事實和新聞的途徑。」

「自媒體」一詞來自於英文的 self-media 或 We Media，又被稱為「草根媒體」。在網際網路興起後，由於部落格、微網誌／微博、共享協作平台、社群平台的興起，使得個人本身就具有媒體、傳媒的功能，也就是人人都是「自媒體」。此外，「自媒體」也有「公民新聞」之意。即相對傳統新聞方式的表述方式，具有傳統媒體功能，卻不具有傳統媒體運作架構的個人網路媒體，又稱為「公民媒體」或「個人媒體」。

二、自有媒體、付費媒體、贏得的媒體

企業應該整合自有媒體（Owned media）、付費媒體（Paid media）與贏得的媒體（Earned media）／口碑媒體這三者，讓它們協同發揮更大的作用，而不是社會化媒體熱，只跟著熱門媒體起舞。

1. 自有媒體（Owned media）是指品牌自己創建和控制的媒體管道，例如品牌官網、品牌部落格、品牌微網誌、品牌 YouTube 頻道、Facebook 粉絲專頁、Facebook 社團、電子報（EDM）等。

2. 付費媒體（Paid media）是指品牌付費買來的媒體管道，例如電視廣告、報紙廣告、雜誌廣告、電台廣告、Google 廣告、Facebook 廣告、付費關鍵字搜尋。
3. 贏得的媒體（Earned media）／口碑媒體：是指客戶、新聞或公眾主動分享品牌內容，透過口碑傳播您的品牌，談論您的品牌，例如 Facebook、Instagram、Twitter、Google+、Line 這類社群媒體。這是品牌做出各種努力後，由消費者或網友自己「主動」將話題或訊息分享出去，所吸引到的目光或關注。換句話說，贏得的媒體是他人主動給予的。

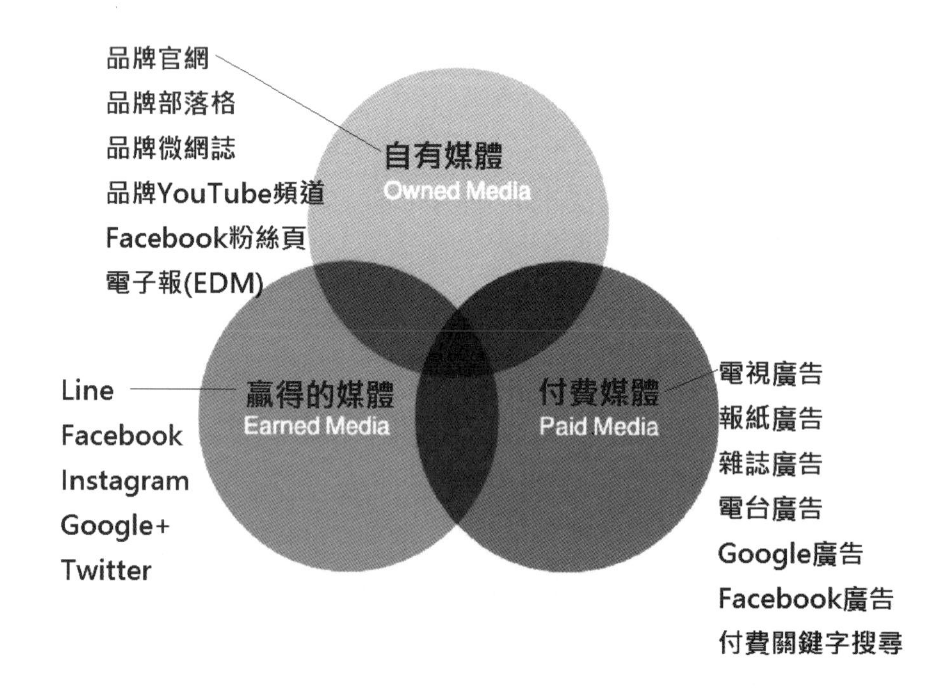

圖 12-1 Paid Media、Owned Media、Earned Media

品牌要好好思考如何利用各種行銷管道接觸顧客，梳理你的數位資產有哪些：自有媒體（品牌官網、購物官網、自營部落格、自營論壇…）、付費媒體（簡訊、EDM、LINE@…）和「贏得的媒體」，藉由社群力量宣傳，請老客戶和忠實粉絲幫你做宣傳導購。若要借重老顧客的口碑行銷，要先做好「自有媒體」與「付費媒體」，才能談到後面「贏得的媒體」。

三、小群效應

當所有社群平台，都出現「大社群鬆散沉默，小社群緊密活絡」的特徵時，與其在大社群中盲目亂竄，不如找出「能病毒擴散、可變現」的關鍵小社群。

關鍵小社群利用四步驟，找到最關鍵的「連結者」：

1. 建立一個員工小組（市場部門和商務部門經常扮演這個角色），在微信和微博上找到真實用戶（或目標用戶），這個數量通常在 500～5,000，將他們一一添加為好友。
2. 閱讀目標顧客群近半年來的朋友圈或微博貼文，將細節記錄到一張工作表格中，需要留意的細節包括：
   （1）他／她關注了哪些帳號和關鍵意見領袖（Key Opinion Leader，簡稱 KOL），又被哪些人所關注？在朋友圈和微博中經常討論什麼話題？曾經分享了什麼連結網址？這些連結網址來自哪些內容帳號或 APP、企業？這些連結網址和其他發文所顯示出的語言風格是什麼樣的？貼文屬什麼類型？標題是什麼？經常在什麼時間段發文？
   （2）他／她還參與過什麼線上或線下活動？活動是由哪家企業舉辦的？通常一些成功的活動結束後，企業都會發布新聞稿宣傳這次活動。搜尋這家企業發布的新聞稿，看看這家企業出於什麼原因舉辦這次活動，是如何策畫和思考的，以及效果如何。了解這家企業處在什麼樣的發展階段、前後是否還舉辦過其他活動等。更多問題還能不斷窮舉出來，需以經營團隊當下關注的重點和需求為準。
3. 觀察粉絲討論文，這些訊息會告訴我們，當下目標顧客期待什麼類型和主題的活動，他們又聚集在哪些帳號或 APP 周圍，以及採用什麼樣的風格表達自己的訴求等。利用這些訊息可以製作成一張工作表格，包括連結者們、關鍵意見領袖（KOL）、目標合作 APP 或企業、用戶活躍時段、興趣喜好、語言風格、閱讀習慣，及不同行業的活動／傳播資料庫等。
4. 大數據分析強化對這些關鍵訊息的掌握，形成不一樣的理解深度，幫助品牌更加了解目標顧客群。

有時候你認為的忠實客戶，並不是你所想的那個族群。當這些結論被搜集整理在多張工作表格中，並不斷被更新、完善時，有助團隊理解目標顧客，也幫助團隊率先找到一些可以扮演「連結者」角色的客戶。這和做客戶訪談、用戶田調的本質類似，只是由「聽」用戶說變成了「看」客戶說。由此，品牌能知道哪些名人、明星是影響目標顧客的關鍵意見領袖（KOL），更重要的是，發現真正能影響他們的「連結者」和「局部意見領袖」，可能就是他們身邊的朋友。

12-2 網紅行銷（Influencer Marketing）

一、網紅

社群時代，消費者養成利用各大社群平台吸收和交流資訊的習慣，使得品牌重視起網紅行銷（Influencer Marketing）帶來的龐大效益。「網紅」是透過網路的擴散、傳遞，而吸引群眾關注、互動、甚至追隨的人。但實務上，一個人可以是網紅，一個虛擬人物也可以是網紅，甚至是一隻動物也可以是網紅！簡單來說，網紅就是透過網路所創造出來的明星，傳統明星必須靠大眾媒體，如電視媒體報章雜誌累積名氣，是少數人的專利，而現代網路普及人人都有這機會成為網路明星（網紅），傳統明星靠著大眾媒體版面跟粉絲溝通，現代網紅透過社群平台跟粉絲溝通，現今網紅能造成的影響力已遠大於中後段明星。

二、關鍵意見領袖（KOL）

「關鍵意見領袖」（Key Opinion Leader，簡稱 KOL），其通常代表的是在特定領域、議題、群眾中，有著發言權以及強大影響力的人，他們的意見受到族群的認同及尊重，足以推動或改變群眾的決定。在自媒體發展下，人人都有可能成為網紅、經營自媒體，許多品牌紛紛開始與網路關鍵意見領袖（KOL）合作。合作對象不再僅限於名人代言，而是與更貼近消費者生活的部落客（Blogger）、YouTuber、Instagramer，及 FB 粉專經營者等進行品牌 x 網紅合作。

三、網紅行銷的效益

1. **建立信任創造口碑行銷效果**：網紅與追蹤者（粉絲）的關係建立於「信任」之上，當網友願意按下 Like、留言、開啟頻道小鈴鐺（推播新片通知），等於網友願意接受對方分享的內容和觀點，並願意信任對方。社群平台的多元化讓粉絲能與網紅直接互動，像是朋友又像是榜樣般正向的存在。當品牌與網紅合作時，網紅與追蹤者的信任關係、真實互動，無形中會相對提升品牌被信任與被選擇的機率。
2. **小眾行銷更專注**：網紅本身的頻道定位自動地幫品牌分出了不同的消費族群，在品牌選擇與 A、B、C 網紅合作時，便是針對了這些網紅的追蹤者投放廣告與傳遞消息。因此，挑選與品牌匹配的網紅進行行銷，可以幫助品牌更快、狠、準地吸引目標客群或是滲透到目標市場。
3. **內容創作更吸睛，降低廣告排斥感**：每位網紅都是內容創作者，都有屬於自己的風格與定位的方向，他們瞭解粉絲在乎什麼、想看什麼、對什麼感興趣，而創造出各式各樣的內容，因為都是粉絲切身的內容，進而降低廣告排斥感。

四、挑選網紅合作的三大關鍵

1. **設定行銷訊息的傳達目的與目標顧客群**：行銷最主要的目的是為了把訊息傳達給消費者。首先，必須要思考清楚「訊息」的目的，是想要單純推廣新產品呢？結合新活動資訊呢？提高品牌曝光度呢？還是建立品牌形象與定位？確認訊息的目的後，思考目標客群是誰，是大學生、上班族、小資女還是家庭主婦等等，再根據目標客群的喜好下手，花時間了解他們喜歡哪些網紅，進而選擇對的訊息傳遞者（網紅）。
2. **找尋適當的社群媒體平台**：不同社群媒體平台的網紅，會帶來不同的效益，在瞭解想要傳遞的訊息內容與目標顧客群後，選擇目標顧客群最常出現的社群媒體平台才能以最小成本達到最大利益。例如：部落格：部落客通常提供完整的圖文內容，有助於 SEO 自然引流。文字敘述加上照片輔助，有助於搜尋者獲得詳細的資訊。資訊內容不易受限於發表方式、字數限制、產業方向，品牌可透過部落客分享獲得較高的曝光率及搜尋次數。
3. FaceBook：FB 是台灣使用率高的社群平台之一，因此品牌可利用與 FB 經營者的合作，分享短期活動資訊以最少預算獲得最大的短期曝光。
4. Instagram：是以精緻的圖片和短片分享為主的平台，讓 Instagramer 加上一點短描述吸引粉絲目光，特別適用在服飾、美食、旅遊等不需要大量解釋的內容。Hashtag 的標籤功能讓粉絲更輕易地可以連結到相關內容或是他人所分享的圖片。
5. YouTube：無論是全職或是兼職的 YouTuber 多數都是自製影片/剪片/發想主題等，清楚地頻道定位，群聚了對特定主題有興趣的粉絲，例如健身、美食、美妝、遊戲等，故可接觸有特定的興趣社群，相對來說其忠誠度較高。
6. **選擇匹配的網紅—網路意見領袖**：如何在有限預算達到最大的宣傳效果與轉換率，絕非只是看合作對象流量的表面數字，更需要確認網紅的風格、表達方式、目標受眾群符合品牌形象。

12-3 部落格行銷

一、部落格（Blog）簡介

部落格是英文 Blog 的中文譯名，是由英文的 Web Log 簡化而來，而寫部落格的人被稱為部落客（Blogger）。Blog 於 1997 年開始在美國以線上日誌的型式出現，通常超連結網路新聞再加上 Blogger 的簡短介紹或個人評論，以及讀者的回應。Blog 其實是一個網站，只是這個網站是將資訊或新聞依日期新舊順序排列，而且 Blogger 通常會提供相關的超連結；與一般網站不同的是，讀者看完 Blog 上的內容後，可以加以回應或加入討論。

部落格（Blog）是繼 BBS、e-mail、即時通後，第四個改變世界的網路殺手級應用。2005 年以來，Google 等網路龍頭紛紛開始鼓勵網友到他們的網站上成立個人部落格，各大企業也逐漸把生意頭腦動到部落格身上，運用部落格來推展行銷、廣告與公關任務。

傳統上，行銷人員將精心設計的訊息，透過大眾媒體傳遞給社會大眾；但在部落格出現後，每一個部落客（Blogger）都可以發表自己的言論，透過網路無遠弗屆的特性，廣泛的轉寄、連結，吸引人潮上部落格觀看且造成自發性地討論。現在甚至許多媒體都會根據部落格上的訊息來產製新聞，如同《紐約時報》所言，在網路上公開事實的真相，無論好事與壞事，散播的速度都將超過以往。部落格的影響力如此驚人，也難怪西北大學教授 Walter Carl 會如此肯定部落格的行銷時效與速度。

常見的部落格行銷方式，是企業將試用品或產品活動放到部落格上，吸引消費者上站瀏覽、討論，例如 Nissan 在推出新車時，就設立部落格邀請車主分享相關心得，讓車主或潛在消費者彼此互動，這些討論也是企業十分珍貴的參考資料。Nike 更是運用部落格行銷的經典案例，利用創新的手法，獲得媒體廣泛的矚目與報導，創造了數萬人次的點閱，成功地提升企業品牌形象。

在娛樂產業方面，部落格也不缺席，以電影《魔戒》一片走紅全世界的導演彼德傑克森就利用顛覆好萊塢傳統行銷手法的「Video Blog」形式宣傳上檔的電影《金剛》。自電影開拍前就架設獨立網站，發布選角等前製消息，影片拍攝期間，使用「製片日記」方式和影迷溝通；導演每隔一段時間更會親自錄製短片以供下載，讓影迷直接參與影片製作過程，更醞釀其心中的等待。而在台灣，如《無米樂》、《生命》等電影也運用部落格來行銷，雖然只是在電影上映後將各個部落格串聯起來，卻也十分成功，增加不少宣傳效益。

無論從公關或廣告的角度來看，部落格與商業的結合愈來愈密切，在美國甚至出現一種名為「部落格監視服務」的新興行業，專門替大型企業彙整分析在部落格上的消費者意見，進而在最快的時間內，和消費者做溝通，調整自己的策略。

失敗案例七喜汽水（7 Up）。早在 2003 年 3 月，七喜就已經嘗試要用部落格（Blog）來做行銷。當時為了宣傳新調味乳產品「狂牛」（Raging Cow），成立「狂牛部落格」，配合全美的巡迴行銷活動，請消費者以「狂牛」身分來寫部落格，分享飲用經驗，因此獲得消費者熱烈迴響。但不到半個月的時間，就有部落客（Blogger）發現，在狂牛部落格中，有6名大力讚美的部落客是七喜安排的。七喜造假的消息，違反了部落格在網路上真誠表現自我的精神，這個訊息開始在各部落格之間傳遞，進而有部落客開始發起「抵制狂牛」（The Raging Cow Boycott）活動。儘管真正抵制的人數不得而知，但卻對七喜的品牌與形象造成傷害，後來七喜的「狂牛部落格」也以關站了結。

二、部落格是一種網路行銷工具

基本上，部落格可以協助網路行銷從事四個方面工作：

1. **網路事件行銷**：這有點像是傳統行銷人員在操作「事件行銷」一般，透過 Blog 可以對一群有特殊同好的網路社群進行線上事件行銷，例如，日產汽車（Nissan）2005年重量級新車 Tiida，就成立部落格（http://blog.nissan.co.jp/TIIDA/），邀請車主上來分享駕駛心得、開車旅遊經驗、試駕會活動感想、車隊活動照片等各種文字、照片、影片，讓車主或潛在消費者彼此互動，部落格上的討論也可直接反映給日產參考。
2. **線上服務重度使用者**：一般來說，對您企業商品有高度好感的這些人，都是您的免費宣傳者，也是您企業商品的死忠派。基本上，這群人對您的商品也最有話說，因此如果在網路上為他們建立一個特區，讓他們有機會為您發聲，對他們來說是一種線上服務，對您企業來說則是一種免費的宣傳。
3. **深耕社群**：以書商為例，可以在 Blog 張貼新書書評、排行榜、得獎書單，邀請讀者參與式寫作，分享書評或閱讀心得。建立線上讀書會，請讀者推薦導讀等等。
4. **支援與連結社群**：Blog 可以為各類網路社群量身訂做，也為特定網路社群提供特殊服務。以民宿業者來，可以為該地方建立觀光部落格張貼該地相關美美的旅遊照片或相關旅遊服務資訊，這都有利於該地區整體的民宿發展。

12-4 微網誌行銷

一、何謂微網誌（microblog）

根據維基百科的定義，「微網誌」（microblog）是一種允許用戶即時更新簡短文本（通常少於200字），並可公開發佈的部落格形式。

微網誌的使用者透過這「140字元（70個中文字）」的短文，輕鬆、即時地向眾人傳達心情、發佈資訊、得到陪伴、獲得生活中的安慰。微網誌不同於一般的網誌，是一種自我抒發的管道，使用者在這個平台上不只抒發自己的感受，還會加入大家的話題，與眾人說早安、晚安更是必備習慣之一。微網誌的代表性網站是「Twitter」。

微網誌最大的特色在於：

1. **簡短**：不需像部落格般地長篇大論。
2. **即時**：只要透過手機等移動式通訊設備，隨時隨地都能發抒感言，不需要被綁在電腦前。
3. **接觸面廣**：不像 MSN 那樣，會有私密性的考量，讓人們可以自在地與陌生人在平台上自由互動。
4. 有著 MSN 的即時性，又沒有維護網誌的壓力。

微網誌最明顯的特色，除了限制文字字數外，就是粉絲與好朋友的概念。成為粉絲是無需經對方同意，因此，是目願性接受對方的訊息。反之，成為朋友需對方同意，同意後，除了會接受到對方訊息外，自己的訊息亦可以傳達給對方。更簡單地說，粉絲是單向地接受訊息，相反地，朋友則是彼此雙向地接受與傳達訊息。這個概念，給企業的網路行銷帶來了一個不討人厭的效果。

微網誌是一種即時性的網路溝通媒介，與 MSN 有點像，您可以跟這些網友們成為更進一步的線上好友。但不同的是，MSN 是一對一的，而微網誌是一個開放性的公共場域，因此，這種貼近感不是一對一的，而是可以形成一對多的貼近感。您可以想像一下，當您有一百位、一千位、一萬位、甚至像歐巴馬那樣子有一百多萬位朋友加粉絲時。等同於您的一篇訊息發在微網誌，就會同時有上百萬人可能接受到此訊息。

二、微網誌行銷與部落格行銷有何不同

「微網誌行銷」與「部落格行銷」有所不同。網誌（blog）是單向的獨立發聲管道，讓企業恣意揮灑的行銷媒體平台。冠上了一個「微」字後，除了意謂更簡短的內容，也更強調雙向的溝通。透過發起一個引人入勝的話題，吸引網友踴躍討論、回應，培養出一群互動密切的忠實粉絲。還能藉由社群串聯，接觸到朋友的朋友，讓群眾範圍無限延伸，使個人媒體不斷壯大成穩固的社交圈。

因此「微網誌」與「部落格」不同的是，企業加入微網誌世界時，重要的不是寫出一篇吸睛的好文章，而是如何和網友展開對話，怎麼維持溝通的品質。關於這點，戴爾電腦（Dell）可說是箇中翹楚。企業最常見的微網誌行銷手法是發佈官方公告或促銷訊息。據路透社報導，Dell 透過在 Twitter 上發送訊息，已賺進超過 300 萬美元。

其在 Twitter 上共註冊了 34 個帳號，並依功能分成了六大類，每個帳號皆由專人負責管理，像一個一對多的線上客服窗口，讓客戶能得到豐富而即時的訊息，還能同時看到其他用戶的問題做為參考。

140 字能創造出多驚人的廣告效益？很多傳統行銷的廣告人感到好奇。其實，140 字的限制，讓微網誌的文章產量大且時效短，加上網友們可以隨時隨地透過行動裝置掌握最新訊息，傳播速度快得驚人，也大大縮短網路行銷的反應時間。其實，微網站行銷有點像是「在人多的地方，拿著大聲公攬客」。

三、微網誌所重視的不是點閱率，而是影響力

進入 web 2.0 的時代，社群影響力的衡量指標主要有二：

1. 微網誌的朋友與粉絲數
2. RSS FEED 訂閱數

簡單的說，假若該部落格排行在前二十大，但是，噗浪好友加粉絲數低於 100 位、RSS FEED 訂閱數低於 500 位。這可以很肯定的說，這個部落格的排行，就口碑行銷的角度來看影響力是不足的。因為，其所象徵的意義在於該部落客的忠誠讀者群過少，並且疏於經營個人的社群。以此狀況觀之，即便該部落格的搜尋引擎優化（SEO）做的不錯，因此搜尋引擎來的散客很多。但，真正信任他或者會受到他的文章影響者，絕對不若噗浪好友加粉絲數高於 1000 位、RSS FEED 訂閱數高於 500 位之部落客。

注意，要成為網站關鍵的影響人物，有些事必須做：

1. 必須讓人認識你
2. 塑造迷人的特質與風格讓人追隨
3. 要交很多很多的網路朋友
4. 能夠不斷回應、建立社群關係

以上四個條件成熟才能夠開始運用你各種想做的公關行銷方法，什麼口碑行銷、活動行銷、體驗行銷等等才施展的出來。

四、微網誌行銷的四部曲

1. **用誰的帳號來噗**：企業必須先決定在微網誌中面對網友的形象為何，例如商業周刊的「桑粥阿宅」、BenQ 的「阿基獅」，都是網友熟悉的噗浪虛擬角色。此外，實際在背後經營噗浪的操盤手也很重要，企業可思考要選用內部員工，或是請外部的行銷、公關公司負責。
2. **耕耘期（第 1 個月）**：選擇性的加朋友，以擴展知名度，例如媒體工作者、網路名人或近期內有在噗浪談論你的網友，初期要鎖定可以產生連結的人。
3. **經營期（第 2 到 9 個月）**：設計活動，讓訊息轉噗，或是去知名噗浪回應，增加曝光度。
4. **成長期（9 個月以後）**：舉辦網聚，讓噗友從虛擬走到實體世界，朋友數達到 1000 人是一個經營門檻。

五、四大指標評估微網誌行銷成效

1. **參與度**：觀察每則浪後面的回應數量，一個浪平均有 10 個人回應就算成效不錯，代表這個帳號有 1%（以 1000 位朋友數為例）的參與度。
2. **粉絲魅力**：朋友數與粉絲數的比例維持在 2：1，許多網友會和你維持朋友關係，但不見得會追蹤你的訊息，因此粉絲數對於企業行銷而言較為重要。
3. **互動力**：企業在噗浪的回應數（不管是回應自己發的或別人發的），最好是張貼則數的 7 到 10 倍，忌諱開啟話題卻不回應，代表只是上來做廣告而已。
4. **品牌吸引力**：行銷人員應觀察檔案檢視次數，可知道有多少人看過，其中又有多少人願意成為你的朋友。例如檔案檢視次數有 1000 次，朋友數有 200 人，代表有 200 人成功被企業所吸引。

六、把微網誌當成線上客服中心

「微網誌是否會搶走了部落格的市場。」若就網路行銷的角度來說，根本上是完全不會的。因為，部落格是部落格、微網誌是微網誌，兩個並非是互斥性的網路服務。大家會如此誤解，最終的根源還是出自於「微網誌」這個名字中，帶了「網誌」兩字。但實際上「微網誌」不像是「網誌」（部落格）、反而比較像是公開給大眾看的即時通訊息。因此，就本質來看，可將微網誌看作通訊系統看待，而非是像部落格一樣的內容管理系統。

就通訊系統的角度來看，微網誌相較於一對一的方式，它更具有獨特的一對多之特質。企業能利用此一對多的特質來建立一個線上的單一服務窗口，使得客戶不致於搞亂了與企業連絡的方式。這也就是說，即使微網誌後面有不同的員工負責不同種類的客服，但客戶只需要面對負責微網誌的那個帳號就行了。另外，除非是隱私性的訊息，不然在微網誌之中，企業與 A 客戶微網誌的溝通訊息，是可以被 B 客戶、甚至其他客戶做為參考，如此的運作正好在無形之中可形成一個客戶服務的訊息資料庫，為客戶服務達到更好的綜效。綜合上述所言，才會認為微網誌是一個絕佳的線上客服中心工具。Dell（戴爾電腦）就是善用了上述所說的這些線上客服中心之特質，來做為該公司微網誌運作的核心功能之一。

12-5 Twitter 社群行銷—網路大聲公

一、Twitter 簡介

Twitter 擁有超過 3.28 億使用者，並將原本 140 字的發文限制，提升到 280 字，讓用戶有更多的空間來表達想法與點子。在 Twitter 上，每天有超過 5 億則海量 Tweets 推文，有高達 80%的全球用戶會使用行動裝置，因此 Twitter 行動裝置推廣的轉化率特別高。不過，在台灣對大部份的網友而言，Twitter 大概是有接觸但是不常用的平台。

Twitter 比起其他社群平台能進行更多的對話。然而要注意瞭解轉推（retweets）、回覆（replies）與直接訊息（direct messages）之間的差異。

1. **轉推（retweets）**：能讓你分享其他人的推文，並能選擇是否要寫評論；選擇「引用推文」（quote tweet）代表你在某人的貼文上加了留言，若只是按下「轉推」則代表你只是想將它發給你的追蹤者，看而不留下任何評論。
2. **回覆（replies）**：是公開顯示你想對某人推文的回覆，後面也能讓追蹤者繼續看下面的對話。
3. **直接訊息（direct messages）**：是讓你私訊某人；如果你想私訊某人的話，他必須要追蹤你，或他有在設定中調整能讓任何人私訊自己。群組對話則是方便你在群組中溝通的方法。

二、Twitter 社群行銷工具的特性

1. **Twitter 具有強大的新聞傳播性，用戶也更願意透過 Twitter 搜尋資訊**。在其他社交平台用戶期待的是「Look at me.」，讓家人或親朋好友知道「我做了什麼事」，而 Twitter 則是「Look at this.」，Twitter 讓世界各地的用戶知道「有什麼事正在發生」。Twitter 用戶的使用心態非常不同，用戶更專注於吸收新資訊或新訊息。
2. **Twitter 有點像大聲公，極適合發布即時訊息**，用戶不會錯過即時資訊。因此很多品牌選擇 Twitter 進行新品發表、重要資訊發布。
3. **Twitter 是匿名制，用戶更會表達真實想法**。品牌可利用 Twitter 的社群傾聽（social listening）瞭解消費者心聲。Twitter 是公開的對話平台，使用者不需要追蹤、關注就可以展開對話，可以看到更多不一樣的聲音。
4. **Twitter 是高度對話性的平台**。Twitter 有許多與用戶直接對話直接互動的功能，用戶期待最新資訊、即時性、用戶願意傳達真實想法等 Twitter 特性，更讓 Twitter 成為高度對話性的平台。

此外，Twitter 早已不是單純的文字或訊息平台，上頭每天至少有 16 億部影片可以看，Twitter 用戶觀看影片的時間，比其他主流社群平台用戶多出 13% 以上，而這些都是品牌的一大機會。

根據 Twitter 的內部調查，Twitter 的影音廣告觀看完成率在 6 秒內高達 39%、15 秒為 10%、30 秒則降於 2.7%。因此，Twitter 建議品牌，短影音廣告更聚焦簡潔內容、品牌清晰可見、強烈視覺效果，透過短影音呈現品牌故事，是品牌經營市場的重要行銷手法。

Twitter 在日本大約有 4500 萬名用戶，遠超過 Facebook 及 Instagram，平均每人每天開 7 次 APP，原因是 Twitter 總能帶給日本用戶最即時的新聞訊息，無論是娛樂、影視的流行文化還是第一手天災訊息，Twitter 在短短五小時內，就能觸及到全日本 1/5 的民眾，另外韓國利用 Twitter 社群行銷，成功將 BTS 防彈少年團及韓國影視推廣到全世界。

12-6 Instagram 社群行銷-重視覺美感

一、Instagram 簡介

Instagram 有超過 8 億用戶，功能主要圍繞著照片、影片、標題和標籤而建立，如果你的品牌是以吸引消費者視覺美感為導向，Instagram 應該是不錯的選擇。網路流傳一句話，「FB 留給老人用，IG 才是王道」，Instagram 廣受年輕族群喜愛。

二、Instagram 社群行銷手法

1. **洞悉使用者並了解受眾**：經營 Instagram 社群必須先剖析使用者與受眾，才能為品牌帶來最大的價值。根據 Nielsen Media Research 的調查，Instagram 是個比較能展現自我並尋找靈感的平台，其中有 40%的使用者指出視覺的美感，在貼文中是相當重要的，因此切記視覺語言對經營 Instagram 社群的重要性。不過，不同的地區，其特性又有些許不同，以台灣而言，18~34 歲的女性使用者是最活躍於該平台的使用者。在主題上，不管是美術、設計、旅遊、汽車、甚至是動物，你都可以在 Instagram 中容易找到擁有相同興趣的使用者，進而展開共同話題，增加互動機會。
2. **確立品牌風格，Instagram 主頁就像品牌第二官網**：在過去，當網友接觸一家新的品牌，也許會先從 Google 搜尋開始。但對於年輕族群而言，認識品牌的第一步是由 Instagram 社群軟體下手。在經營 Instagram 時，品牌可以利用 Instagram 行銷平台 Later 提供調動主頁照片的功能，藉此讓整體品牌調性一致。此外，Instagram 的「Stories Highlight」功能，能讓限時動態能出現在主頁上。企業可將特殊、有意義的限時動態儲存至「Highlight」資料夾中，這些精選限時動態便會出現在 Instagram 主頁上，使整個頁面看起來更豐富且活潑，也讓品牌更有機會將新的用戶導入官網，創造更多流量。
3. **具創意的呈現方式**：成功的案例如 Mazda，該品牌透過 Instagram 獨有的九宮格貼文呈現模式，打造令人耳目一新的「The Long Drive Home」系列貼文。Mazda 在貼文中適時顯示出贊助的活動、與時事連結、當地風俗、訊息傳遞、甚至透過影片展現 Mazda 車子的性能，將所有的內容都在一條不間斷、蜿蜒漫長的道路中呈現，也因此在這一系列的貼文發布後，追蹤者的成長率是過去的 302%，更為 Mazda 帶來更多與追蹤者互動的機會，保有競爭優勢。
4. **貼文內容呈現前後一致**：當然，若能效法 Mazda 極富創意的「The Long Drive Home」系列貼文，是使品牌追蹤人數在短時間內明顯增加的好方法，但這種方式不論時間或成本都所費不貲，必須事前有非常詳盡的規劃才做得到的。其實，

最簡單的方法就是讓保持真實性，讓你的貼文圖像內容、文字語氣都具有一致性，主題風格連貫不突兀，才是品牌長久經營 Instagram 社群的王道。成功的案例如時尚品牌 nude，其貼文內容的呈現走簡約路線，白色背景與鮮明的主題，每一則貼文都像一張張精心設計過的藝術照，令人享受。

5. **著重圖像呈現的視覺美感與品質**：Instagram 是十分注重圖像呈現美感與品質的社群平台，品牌著重的焦點應該是貼文圖像的視覺美感與品質，而不是文字內容，更不是貼文數量，因此經過精心設計的貼文圖像才能吸引目標受眾的目光，更給予追蹤者視覺上的感動。

6. **善用 Instagram 數據分析**：Instagram 的粉絲專頁提供了非常詳細的洞察報告，而且免費，但帳號擁有者必須要先有一個粉絲專頁，將 Instagram 帳號與粉絲專頁兩者串連在一起。Instagram 的洞察報告會提供詳細的追蹤數、年齡層、居住地、熱門貼文、熱門限時動態、並且提供每一則貼文的詳細數據。此外，對品牌來說，Instagram 商用帳號可提供「撥號」、「電子郵件」、「路線」資訊，讓消費者直接聯繫。Instagram 提供的貼文數據資訊，包括商業檔案瀏覽次數，追蹤人數，觸及人數，曝光次數，說明如下：

   （1）商業檔案瀏覽次數：你的粉絲專頁檔案被瀏覽的次數。

   （2）追蹤人數：開始追蹤你的用戶數量。

   （3）觸及人數：看過你任一則貼文的不重複帳號數量。

   （4）曝光次數：你的貼文被查看的總次數。

7. 使用「限時動態」述說一個具有特色的品牌故事，引導消費者行動：Instagram 於 2017 年 3 月推出限時動態，短短幾個月便獲得廣大用戶的歡迎。限時動態特性在「快」，發布後只能存在 24 小時，品牌可以運用限時動態說故事。

三、Instagram 標籤工具的行銷操作

Instagram 的一則貼文大約可放 30 個標籤（tags），建議品牌放好放滿，才容易被搜尋到，也更能衝上熱門榜。hashtag 不是想到什麼就放什麼，而要有結構與策略才能有效增加曝光度。「hashtag 三階層金字塔」的概念，分為大眾標籤、中眾標籤、小眾標籤三個階層。

1. **大眾標籤**：範圍最大，概念涵蓋最廣，例如：「#台灣必吃」、「#台灣美食」。
2. **中眾標籤**：比大眾標籤再小一點範圍，但較小眾標籤再擴大一些範圍，例如「#台北必吃」、「#台北美食」。

3. **小眾標籤**：用量、範圍較小的標籤，但最貼近使用者，像是「#萬華必吃」、「#萬華美食」。

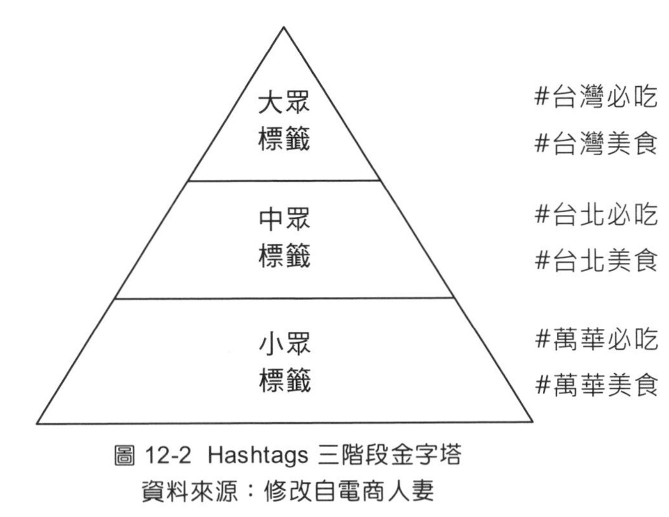

圖 12-2 Hashtags 三階段金字塔
資料來源：修改自電商人妻

Instagram 標籤排名機制的運作方式，是標籤彼此相互影響。若你的小眾標籤吸引粉絲互動，排名往前，就會拉拔該篇貼文的中眾標籤、大眾標籤往熱門榜推進。由於小眾標籤進入熱門榜需要的互動數，比中型標籤和大眾標籤少，能以小力達到大效益。因此建議在同一篇貼文內，放上以上 3 種 hashtag。

學會 Instagram 標籤的排名行銷技巧後，還需要回過頭檢視發文內容的品質。由於 Instagram 的演算法著重在「互動率」，愈能引起粉絲留言、分享互動的貼文，愈能衝上熱門榜，不妨多多朝這個方向努力，勢必能為品牌提高行銷曝光度。

12-7 FaceBook 社群行銷

一、Facebook 簡介

Facebook 擁有超過 20 億用戶，在所有社群網站中最具有影響力。它能夠很便利地連結起你的親朋好友。

Facebook 的真正價值，並非是讓品牌累積粉絲與免費推播廣告訊息，也非增進一對一互動（即便是大品牌也沒資源一天到晚跟幾萬粉絲一對一互動），而是 Facebook 平台具備全世界最精準的「分眾／區隔」（Segmentation）能力。Facebook 的分眾／區隔能力，強大到甚至有單一型號的產品，都能有自己的 Facebook 社團，而且社團人數更可能高達上萬人，例如 Panasonic 的麵包機，愛好者進入專屬社團，主動分享食譜與使用方式的文章高達數千篇，互動與觸及之熱烈程度遠遠高與 Panasonic 自身 Facebook 粉絲專頁。

二、Facebook 粉絲專頁（粉絲團）

「Facebook 粉絲專頁」的演算法：依據越多互動，FB 才會把你的內容給越多人看。演算法權重是 Facebook 內部的機密，但通常品質越好的文章才能得到更高觸及。Facebook 定義的互動是：留言、分享、按讚、點擊，大致權重如下：

1. **留言**：權重最高。
2. **分享**：權重第二。
3. **按讚**：權重第三。
4. **點擊**：權重第四。
5. **滑過去都不看**：倒扣分。

而權重還有一些細節：

1. 互動數並不是單純的高低，而是相對他給你的觸及數比例，比如一萬觸及人數有 1000 人按讚，成效會高於一萬觸及有 200 人按讚。
2. 留言和分享，權重可能是按讚、點擊數的 10 倍以上。
3. 各種互動之間連動性也會連帶影響權重，比方說一個按讚又點連結的權重，會遠高於單獨按讚加上單獨點連結。
4. FB 會檢測閱讀時間，如果是掛羊頭賣狗肉的騙點內容，會從很快退出內容的比例過高抓到，同理閱讀時間長可能也有加乘。

三、「Facebook 粉絲專頁」與「Facebook 社團」的功能與用途

一般來說，「Facebook 粉絲專頁」的設立是為了建立獨立風格內容的個人品牌或企業品牌，Facebook 粉絲專頁可以有多個人共同管理，任何人都可以在 Facebook 搜尋到你的粉絲專頁，到你的粉絲專頁看你的貼文內容並給予回應，而你也可以下廣告推廣你的貼文或是商品、服務。

「Facebook 社團」可以邀請使用者「加入」，它設立的主要目的大部分是因為這群成員他們有共同的偏好、興趣或身份，比方說「主婦購物社團」、「日本代購團」、「二手拍賣團」、「食譜分享團」、「xxx 大學校友會」。你可以設定社團的隱私性、管理員身份，並設定成員回應的規範，不過不能針對 Facebook 社團下廣告。

表 12-1 Facebook 粉絲專頁跟 Facebook 社團的差別

功能	Facebook 粉絲專頁	Facebook 社團
隱私	**無隱私設定** Facebook 粉絲專頁資訊與貼文屬於公開性質，一般而言，Facebook 的所有用戶都看得到。	**有隱私設定** 除了公開設定外，Facebook 社團更多隱私設定可以使用。在私密與不公開社團中，只有社團成員才能看見貼文。
廣告受眾	**不下廣告幾乎沒人看** 任何人都可以對 Facebook 粉絲專頁按讚並與其聯繫，取得動態消息更新，而且沒有限制對 Facebook 粉絲專頁按讚的人數。	**不可下廣告** 您可以調整 Facebook 社團隱私，以要求必須由管理員來批准或新增成員。當社團達到某個規模時，部份功能會有所限制。
溝通	**可能僅 10%按讚用戶看得到，內容決定觸及高低** 管理 Facebook 粉絲專頁的用戶，可以代表粉絲專頁發佈貼文。粉絲專頁貼文會出現在對專頁按讚用戶的動態消息中。粉絲專頁擁有者也可以替粉絲專頁建立自訂應用程式，並查看粉絲專頁洞察報告，以追蹤粉絲專頁的成長情形及活動紀錄。	**預設情況下，社團成員都會收到通知** 在 Facebook 社團，當任何成員在社團中貼文，在預設情況下，所有成員都會收到通知。社團成員可參與聊天、上傳相片到共享相簿、一起協作社團文件，以及邀請身為成員的網友參加社團活動。

資料來源：修改自 https://www.facebook.com/help/155275634539412

通常，「Facebook 社團」的涉入程度比「Facebook 粉絲專頁」來得高。若你是 Facebook 的重度使用者，又沒有特別設定關閉提醒通知，應該會發現，每當有人在「Facebook 社團」裡更新貼文時，你就會自動收到 Facebook 的通知；相較之下，「Facebook 粉絲專頁」的貼文則是根據演算法出現在使用者的動態牆上。因此，如果你的「Facebook 粉絲專頁」人氣不是特別高，又發佈的內容不是屬於與粉絲會與你有高度互動或是高度涉入，也不是被粉絲設為「搶先看」、沒有下廣告，那麼「Facebook 粉絲專頁」的涉入程度勢必會比起「Facebook 社團」來得低，因為使用者是「相對被動」在接收資訊的。因為「Facebook 社團」通常有較高的主題專一性，因此使用者大多都是針對該主題具有高度興趣的愛好者，又或者他們共享同樣的某種性質，這群加入「Facebook 社團」的人大多都是對這些事情有熱枕的。

許多品牌將「Facebook 粉絲數」「月流量」當作 KPI（關鍵績效指標），但若只是追求粉絲數，卻沒有照顧到粉絲品質和效度，將難以商業變現、缺乏品牌忠誠度。

四、Facebook 直播

直播最早起源於電視轉播，直播或實況（Live），是指電視、電台等傳播媒體節目的錄影與廣播同步進行的動作。可分為電視直播與電台直播。自 Youtube 開放直播以來，不斷出現自稱「實況」的視訊，不少上傳者自稱「實況主」。而實際上這些實況主進行的是「線上直播」，非媒體術語之「現場直播」。直播與影片不同的地方：

1. 直播是現場的實況轉播不能後製剪接。
2. 直播更有臨場感和時效性，並且可與訪客互動。
3. 觀眾和直播現場相隔兩地卻能同步所有訊息，增加討論的話題性。

直播跟一般影片最大差別在於即時分享，讓朋友或粉絲們能零距離感受現場氣氛，就好比新聞或運動賽事 LIVE 轉播，而觀賞直播的網友也能夠留言。直播比影片更加真實。就因為沒有時間去後製，所以更能讓觀眾感到興奮！

五、Facebook 直播 5 大要點

《GEMarketing》Wendy 提出，Facebook 直播 5 大要點：

1. **內容有料**：是指要有「明確主題」，並非要有艱深的內容，主題從閒聊到活動都可以，但要讓粉絲在看到直播後能馬上進入狀況，知道你今天想分享些什麼內容。
2. **讓粉絲有參與感**：直播最大的好處之一就是能拉近與粉絲的距離，適時的詢問粉絲意見、開放提問、轉述粉絲留言、回應粉絲等可以讓粉絲有參與感，進而加深粉絲的好感度與黏著度。
3. **事先預告&事後提醒**：事先預告很重要，簡單的在粉絲頁上告知粉絲什麼時候預計要開直播，可避免有興趣的粉絲因不知情而錯過直播，如果是一段時間會固定直播的內容，也可以在每次直播結束前跟粉絲約好下回見，就算時間還不確定也沒關係，重點是讓粉絲知道並有期待感。
4. **展現自然但不隨便**：直播時要展現最自然的一面，但這個自然並不是真的要你什麼都不準備，事前的主題規劃、鏡頭角度、網路狀況等都必須先確認好，就好比化妝中的裸妝，看似脂粉未施實際上所有步驟一應俱全，粉絲喜愛你「猶如日常」的自然展現，但如果真的隨便，恐怕粉絲會失望而去。
5. **確保隱私**：其實不僅在臉書實況直播時，平時在網路上就必須留意避免隱私外洩，以免遭受有心人士利用。有大批追蹤者的明星藝人在保護隱私時都有一套方法，在粉絲頁中常見利用延遲發文時間來避免有心人士跟蹤，但臉書實況直播講究時效性，無法使用延遲發文，因此在分享時更需要留意隱私外洩的危險。

六、Facebook 直播注意事項

直播長度很重要，直播時間如果太短，很多人會來不及加入，理想的長度為 15~30 分鐘，這樣即使你的粉絲們沒有從頭開始也能中途加入，當然如果你的內容媲美電視節目，高潮迭起，一個小時也不嫌長，但 Facebook 限制一次直播最長 90 分鐘。

記得要在每一段的開始簡單說明現場狀況，並在每一段最後總結之前談論的重點，讓中途加入的觀眾也能立即進入情況。可以把一個平淡無奇的故事說得引人入勝的直播主也相當重要，建議事前需要測試彩排和練習。此外，分享是擴散的關鍵，要事先設計會讓他們願意分享直播給親朋好友的視覺重點或資訊重點。

除了手機直播外，如果要追求更高的影片質感，也可使用電腦甚至是使用專業軟體連接設備進行直播。此外，確保你的影片不靠聲音也能吸引人，在手機捲動動態消息時，Facebook 預設影片會自行無聲播放，研究顯示大概有 85% 的 FB 影片是在無聲的狀態下被播放的，但是為了要讓他們在滑動時看到會停下來，你只有三秒的時間用視覺吸引他們。

12-8 Line 行銷

一、Line 簡介

LINE 在台灣擁有超過 2,100 萬用戶，且平均每天使用時間超過 70 分鐘，加上購物、支付、新聞、影視等服務，已經建構了一個包圍用戶生活的生態圈，讓 LINE 從單純的通訊軟體，變成生活圈入口，LINE 的台灣用戶黏著度之高，也讓 LINE 成了品牌行銷的必爭之地。台灣也是全球使用 LINE 使用率最高的國家。

二、經營 LINE 官方帳號 2.0

2019 年 2 月，LINE 正式公佈全新官方帳號 2.0 計畫，改變如下：

1. **再也沒有 LINE@ 這個名稱**：原先的 LINE@ 生活圈、LINE 官方帳號、 LINE Business Connect、 LINE Customer Connect 等產品進行服務及功能整合，並將名稱改為「LINE 官方帳號」。
2. **改依訊息發送量計價，好友數無上限**：改為「以發送訊息量」來收費，全面根據訊息量的多寡來收取固定費用和加購訊息費用。相較於過去以好友數為主的收費方式，新的計費不再是以目標好友數及是否開啟 API 為依據，而是以每月發送的

訊息量計價，如此可以有效的消弭原本 LINE@ 跨入官方帳號（Offical Account）費用的巨大差距，轉向根據每家企業自己的使用量計費。

3. **零元開啟帳號，全面性開放過往進階功能**：LINE 官方帳號 2.0 將入手門檻降低，任何人都能夠從零元開啟帳號經營社群，並開放後台 CMS（內容管理系統）的全部功能，同時自動開啟 Messaging API（API 即為應用程式介面），讓大家免費地去串接自家系統或是第三方服務，不需負擔額外的費用。
4. **主動行銷型成本可能會大增**：假設有 20,000 名好友，每位好友每個月傳送 3 則訊息，那麼每個月的訊息量將會有 20,000 x 3 = 60,000 則。以舊收費計算，每月僅需支付 $798（入門版）。以新收費計算，每月則需支付固定月費 $4,000（高用量）+ $4,850（加購訊息費用）= $8,850。每個月僅僅發三則訊息，費用竟然成長了 10 倍以上，過往的經營方式將受到非常大的挑戰。面對群發推播的巨大成本，精準的分眾行銷才是經營 Line 官方帳號 2.0 的唯一解藥。
5. **被動客服型成本大減**：被動客服型帳號是受到計費模式改變而優惠的一群，不主動廣發推播的帳號，完全不需要付費，同時過往需要付費的圖文選單與進階影片訊息，都變成可以免費運用的工具。

LINE 推出 LINE 官方帳號 2.0，其最主要考量是行銷工具一直在改變，從以前有傳單、eDM、簡訊等工具，曾經有效果很好的時候，但因為被大量發送，消費者過度接收，難以消化而造成行銷效果變低落。因此，LINE 重新定義 LINE 官方帳號 2.0，要給行銷人有效的「分眾」行銷工具。升級 LINE 官方帳號 2.0 後，系統就會自動增加分眾功能，但預設的分眾功能暫時只有「性別、年齡、地區、裝置」等選項，預設的分眾功能還很陽春。

學・習・評・量

1. 請簡述何謂「微網誌」（microblog）？
2. 請簡述何謂「部落格」（Blog）？
3. 請簡述何謂「KOL」？
4. 請簡述何謂「自媒體」？
5. 請簡述何謂「自有媒體」、「付費媒體」、「贏得的媒體」？
6. 請簡述何謂「小群效應」？

網路行銷工具

13 CHAPTER

13-1 資料庫行銷（Database Marketing）

一、資料庫行銷的意涵

「資料庫行銷」（Database Marketing）為蒐集現在或以前顧客的資料，建立起一個資料庫來改善行銷績效，所蒐集的資料包括人口統計變量、生活型態、消費者的偏好、品味及其購買行為等相關資料。

「資料庫行銷」是一套中央資料庫系統，用來儲存有關企業與顧客的所有資訊，目的不在於獲得或是儲存資訊，而是用來規劃個人化的溝通管道，以創造行銷業績，其中整合與業務相關的顧客資料，和提高顧客終身價值的能力，乃是支持此系統策略價值的驅動力量。

「資料庫行銷」為統計分析與數位化的模組技術的應用，對象乃針對單位個體的資料集合進行分析與應用。資料庫行銷的功能有三：

1. 對於直接與現有顧客及潛在顧客的溝通提供具成本效益的行銷程序；
2. 追蹤與評估促銷的成果；
3. 有計劃的與現有及潛在目標顧客群作長期溝通，藉以促使顧客不斷消費產品與服務。

從上述觀點，可歸納出對資料庫行銷定義的重點：

1. 資料庫行銷是以個體為行銷對象（包括個人、家庭、單一企業）、以顧客個人化資訊為導向的行銷方式。

2. 資料庫行銷強調有計劃性的與顧客接觸及溝通，即要適時適地針對特定顧客作個人化行銷。
3. 資料庫行銷試圖利用交叉銷售及向上銷售等促銷方法，以滿足顧客的需求，並與之建立長期的忠誠關係。
4. 資料庫行銷強調互動媒體的利用，是掌握市場脈動的最佳利器，妥善利用資訊科技將帶來競爭優勢的機會。

二、資料庫行銷的功能

從資料庫行銷接觸個別顧客的特性，使行銷資料庫能夠達到下列行銷功能：

1. **進行顧客價值分析**：資料庫行銷最主要的功能，是針對顧客進行價值分析。傳統上，雖然企業可以很清楚知道每日的銷售額有多少，但是卻很難將個別顧客與銷售情況做連結。透過資料庫行銷的協助，企業可以很容易地對顧客進行價值分析，並針對不同價值的顧客進行不同的資源分配，以及採取不同的行銷策略。
2. **計算顧客終身價值**：所謂顧客終身價值（Customer Lifetime Value），是指在未來一段時間之內，品牌可以從個別顧客獲得之利潤的淨現值。藉由資料庫行銷，企業可以依據資料庫中顧客的購買記錄（例如 RFM），計算每位顧客可能貢獻於企業的終身價值。透過顧客終身價值的計算，企業除了可以預測未來的營收情況外，還可以確認顧客貢獻價值的高低，從而分配不同的企業資源於不同價值的顧客身上。
3. **進行向上銷售（Up-Selling）與交叉銷售（Cross-Selling）**：所謂向上銷售，是指品牌可針對顧客目前想購買的產品，推薦顧客購買更高等級或更高規格的產品。所謂交叉銷售，是指針對顧客目前想購買的產品，鼓勵顧客購買更多相關產品或週邊商品。因此，針對資料庫中顧客的購買品項記錄加以分析，企業可以很輕易地達到向上銷售和交叉銷售的目的。
4. **作為行銷決策支援系統**：所謂行銷決策支援系統（Marketing Decision Support System，MDSS），係指將顧客的購買記錄放入行銷模型分析，再利用行銷模型分析的結果配合專家知識，使決策者能作出有利的決策。「顧客資料」與「分析模型」是資料庫行銷的二大要素。因此資料庫行銷的功能並不止於幫助企業管理顧客，更重要的是可以作為企業的行銷決策支援系統。

三、資料庫行銷的執行方法

基本上，資料庫行銷的實際執行必須經過六個步驟：

1. **企業需求分析（Corporate Needs Analysis）**：這是第一步可能也是最重要的一步，它決定資料庫的使用方向、功能以及適切性。而企業需求分析的另一個議題則在於是誰要來使用該資料庫系統，以及它該包括怎樣的資料，同時必須決定要用哪種方法來發展資料庫，是要自行發展或是外包，這會影響到未來行銷程序的維持、更新以及執行。

2. **蒐集資料（Compiling Data）**：一般而言，資訊來源可分為內部及外部資料：

   （1） 內部資料：內部資料的型態包括顧客姓名、地址、電話號碼、主要人口統計變數、過去交易歷史包括 RFM（最近購買時間、購買頻率、購買金額），以及付款歷史等。在 B2B 資料庫中，還會包括標準職業分類碼（Standard Industrial Classification Code，簡稱 SIC 碼）、員工人數、購買的偏好，以及購買決策者的姓名、頭銜及相關資訊。

   （2） 外部資料：外部資料包括已彙編的資料（如：總體的人口統計資料）、行為資料（如：購買型態），及模型資料（如：預測交易行為的模式）。

3. **初步分析（Initial Analysis）**：資料庫系統是由知識、資源以及創造力所構成，必須將個別不重要的資料轉變成有用的資訊才有意義。二種方法將有助於達成這項任務，一是利益分析（Profitability Analysis）：計算每位顧客對公司的貢獻。另一項是趨勢分析（Trends Analysis）：以前一項分析做基礎，去分辨不同獲利群的特徵屬性。這種分析有助於行銷人員更有效率地對高貢獻顧客設計行銷活動。

4. **定義市場（Defining the Market）**：資料庫模型有助於依據現有及潛在顧客的分析尋找市場機會。利益分析模型可以找出最有價值的顧客，之後廠商可以決定是否要減少或中斷對低獲利顧客群的行銷活動。

5. **發展行銷計畫（Developing the Marketing Programs）**：也許發展行銷計畫的最佳資訊來源是過去的績效。不論是企業本身成功或失敗的經驗，或其它企業的經驗，都可提供有價值的建議。最主要是能辨識出哪一種行銷計畫能產生怎樣的產出。其中有許多該做或不該做的準則有助於引導成果，而這些都可以從過去的經驗中學習。

6. **追蹤結果及趨勢（Tracking Results and Trends）**：資料庫行銷比起傳統的行銷，最大優勢在於創造了回饋途徑（Feedback Loop），另一項優勢在於可藉由歷史交易資料找出顧客，甚至求出循環的銷售型態。最後就是可以有效追蹤所有成功的直效行銷案例。

四、RFM 分析

為有效評估顧客價值，品牌可利用 RFM 分析作為評估顧客價值的工具，只要有顧客資料庫的購買歷史，即可用 RFM 來分析。所謂 RFM 分析，是指最近一次購買日期（Recency）、購買頻率（Frequency）及購買金額（Monetary）。一般而言，RFM 的執行步驟如下：

1. Recent 最近一次的購買日期

   1.1 每次更新購買日期欄位資料

   1.2 依購買日期愈近的來排序

2. Frequency 購買頻率

   2.1 根據上述購買日期，計算某購買時段內的購買頻率

   2.2 依購買頻率由高至低排序

3. Monetary 購買金額

   3.1 每次購買金額欄位資料

   3.2 計算某購買時段內的平均購買金額

   3.3 依平均購買金額由高至低排序

4. 區分不同等級的顧客

   4.1 企業可以自行訂定 RFM 標準來區分顧客等級

   4.2 然後針對不同等級的顧客，採取不同的行銷手法

13-2 電子郵件行銷（e-mail Marketing）

一、電子郵件行銷的應用

電子郵件行銷為網路行銷的一種，其涵蓋了促銷活動、廣告活動、訊息發佈、顧客關係維繫，以及顧客服務等。電子郵件的行銷策略，在行銷的層次上為直接主動地將訊息推向（push）消費者，屬於推試策略（push strategy）。

早在多年前，訂閱電子郵件就已經是品牌行銷手法之一，現今仍然有用。雖然垃圾郵件讓電子郵件受到多方責難，但是經過收信人同意的訂閱電子郵件，這類許可式行銷將會呈現穩定成長的趨勢。

實施電子郵件行銷必須經過複雜的運作流程，稱為顧客接觸週期（customer contact cycle），可簡化為三個重要的階段，如下說明：

1. **購買名單階段**（acquisition phase）：尋求和蒐集顧客電子郵件帳號的階段，拉進潛在的顧客，目的為將之轉變成正式顧客。在此階段必須認清目標市場，將電子郵件給最有潛力的目標顧客。
2. **測試階段**（testing/conversion phase）：持續反覆且不斷地測試，以篩選並鎖定有效的目標顧客群。
3. **持續階段**（retention phase）：針對潛在顧客名單持續執行個人化的電子郵件行銷，強化忠誠度並建立品牌，同時增加銷售量。

二、許可式行銷（Permission Marketing）

許可式行銷（Permission Marketing）是指先向消費者取得許可，再傳送推廣資訊或促銷訊息給他的一種行銷策略。例如，在加入會員時，通常消費者會被訊問是否願意收到電子郵件廣告，這種讓消費者選擇願不願意收到廣告的網路行銷方式，即屬於許可式行銷。而如何取得顧客允許？這正是推動許可式行銷的重點與難處之一。

許可式行銷是透過消費者的允許，而達到行銷或銷售目的的方法。其中關鍵點就在於「需求」與「價值」，如何滿足消費者的需求，以提供具有價值的資訊，進而達到行銷或銷售的目的。這和過去被動的等待顧客上門的行銷方式相當不同。

三、許可式電子郵件行銷

電子郵件行銷模式傾向以許可式電子郵件行銷為主，並且著重在維持舊顧客與開發新顧客為二大主軸的行銷策略：

◆ 維持顧客關係的策略（customer retentions）

1. **顧客關係郵件**（customer relationship）：所有郵件中運用最廣的一種。一般網站的作法是邀請顧客提供個人的電子郵件帳號，當網站有新產品、折扣或新聞發佈時，利用電子郵件送給每一位註冊此項服務的顧客。雖然此類的電子郵件作法簡單，但成功地實施卻需多方面的配合，包括產品或折扣本身的吸引力、寄件的頻率、電子郵件的格式、電子郵件標題、電子郵件內容的遣詞造句等。

2. **發行企業電子報（corporate newsletter）**：這類電子郵件和顧客關係電子郵件最大的不同在於，電子報是定期出版的，而且有評論性的內容，譬如專欄、相關新聞，甚至提供社群互助資源、慈善工作等資訊。製作電子報必須掌握的關鍵就是，讀者每天都可能收到看不完的郵件，因此與其將整篇文章張貼在電子報上寄給網友，不如擷取精彩的片段或另寫一段簡單的文章概要，並附上文章的超連結（hyperlink）予讀者，如此電子報才能更具實用性。
3. **備忘錄（提醒服務）（reminder service）**：部份網站甚至主動提醒網友重要的節日，例如週年紀念日、生日等，無疑地這類服務最適合禮品網站來提供。但除了送禮之外，經營需要定期補充、更新產品或服務的業者也可善加利用電子郵件備忘錄，例如汽車保養廠便可提醒顧客什麼時候該回廠維修汽車，甚至讓顧客在網上預約進廠時間等服務。

◆ 開發新顧客的策略（customer acquistions）

1. **顧客許可行銷（permission list marketing）**：又稱為 opt-in list。為了因應電子郵件行銷的需求，有許多業者專門從事電子郵件地址的蒐集，稱為郵件地址管理人（list manager）。這些公司大多提供幾類主題，例如旅遊、運動休閒、商業資訊等讓顧客自由選擇訂閱，而顧客便會收到與選擇項目相關的郵件。一般的郵件管理人不將顧客的電子郵件帳號透露給廣告商。郵件管理完善的公司，會針對高度相關的目標顧客寄件，同時也會定時更新無效的電子郵件帳號。若不根據目標顧客寄件，不但效果大打折扣而且所寄出的郵件很可能變成垃圾郵件。
2. **電子報廣告（sponsorship newsletter）**：許多知名的內容出版網站均發行電子報，而且其電子報也廣受讀者歡迎，更重要的是，這些網站的電子報接受刊登廣告。在這類電子報上刊登廣告最大的好處在於能直接接觸到具特殊興趣的讀者群，使廣告的點閱率提高。
3. **討論郵件（discussion list）**：網路社群使用電子郵件作為會員間討論的工具已有十多年歷史，每位會員無論是否參與討論都會收到一份集合會員當天意見的電子郵件，而有些討論群由於會員眾多，因此其討論郵件也逐漸成為另一廣告的新園地。
4. **病毒行銷（friend referral）**：藉由收件者之手再將郵件散播出去，達到以一傳十、以十傳百的效果。這套行銷策略，近年來有如野火燎原般猛不可擋。
5. **合作行銷（partner co-marketing）**：由擁有目標顧客的網站出面替合作夥伴將郵件送給收件者，比方說 A 公司希望能將產品推銷給 B 公司的顧客，為了避免造成顧客「被出賣」的印象，實際的郵件便由 B 公司代替 A 公司寄出。

四、電子郵件行銷的效果評估

電子郵件行銷的效果評估可由下列四項指標來衡量：

1. **開信率（open rate）**：此項指標顯示一批大量發出的郵件中，究竟有多少封曾被打開來看過，而有多少封收件人根本還沒看就直接刪除。假設總共寄出 10 萬封郵件，其中五萬封曾被打開，則其開信率便是 50%。
2. **點閱率（click through rate）**：收件人在打開郵件後，有多少人實際點按郵件裡所列出的網址超連結（hyperlink），進入所要宣傳的網頁閱讀。點閱率同時也是網路廣告公司最常使用的效果統計法，因為「點閱」是收件者受了廣告刺激而引起興趣，進而採取的行動，這顯示該則廣告的目的已經至少達成一半。點閱率愈高，潛在的顧客進而轉換的機會也愈大。
3. **轉換率/說服率（conversion rate）**：收件人在讀完郵件內容後，同意接受或購買所推銷的服務或產品等。這項指標比起點閱率，又更具體地顯示是否成功地刺激收件者並改變其行為，通常為最重要的指標。此項指標將依活動目標不同而有不同的方式呈現，如果活動的目的為銷售產品，則以轉換至購買產品的比率計算，若以達到註冊或報名為目的，則將以顧客轉換登記註冊或報名的比率計算。
4. **投資報酬率（ROI： Return on Investment）**：即實施電子郵件行銷活動的淨所得除以活動所花費的總成本，直接以獲利的能力來評估成效。

13-3 病毒式行銷（Viral Marketing）

病毒式行銷（Viral Marketing）是指以非常具有創意或加入很驚人聳動元素，穿插融入在產品或服務，並以 E-MAIL 傳播。所以，病毒式行銷主要係以電子郵件行銷為基礎，通常是指在電子郵件內容最後加上「與好朋友一起分享」、「轉寄給親朋好友」等字眼的按鈕，只要填上 e-mail 地址，按下按鈕便可將信件轉寄出去。而當網友發現一些好玩的事情，常會再以 email 或 BBS 討論區告訴網友們而一傳十、十傳百像流行病毒很快就傳播出去。而這種靠網友的積極性和人際網路間分享的行銷方式，就是病毒式行銷。

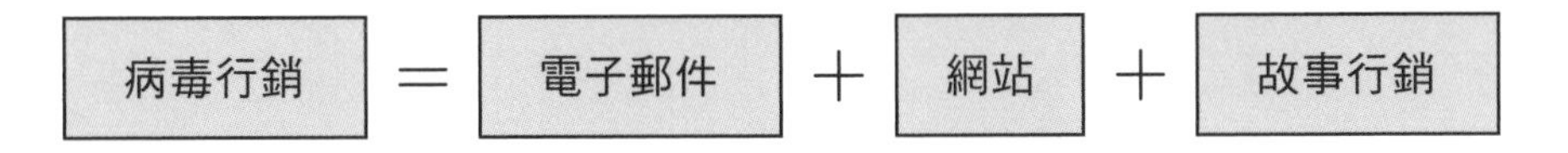

病毒式行銷最知名的案例就是「我心遺留在愛琴海」。這是一位聯電工程師 Justin 在 2003 年 5 月初到希臘自助旅行 12 天，拍攝 1 千 400 多張希臘風景照片。網址一公開，email 不斷被轉寄，馬上造成轟動，7 月初就突破 100 萬人次上網，至 8 月中已被 160 萬人次瀏覽。

病毒式行銷來源為何？最早由網路創投業者 Steve 在 1997 年提出，他認為「病毒式行銷」是一種透過趨近於零的轉移成本，讓客戶在使用產品時將產品訊息傳遞並加以背書。利用使用者的背書，可以更輕易地將產品訊息傳遞給周遭的人，進而達到行銷的效果。

我的❤遺留在愛琴海

資料來源：http://www.justin-photo.idv.tw/aegean/

電子郵件行銷和病毒式行銷的差別？基本上，病毒式行銷 = 電子郵件 + 故事行銷；病毒式行銷與電子郵件行銷的最大不同，在於電子郵件行銷強調一對一行銷，但病毒式行銷則可藉由網友的轉寄力量把電子郵件寄送規模擴大。圖 13-1 所示，即在說明傳統行銷手法與病毒式行銷手法的差異。

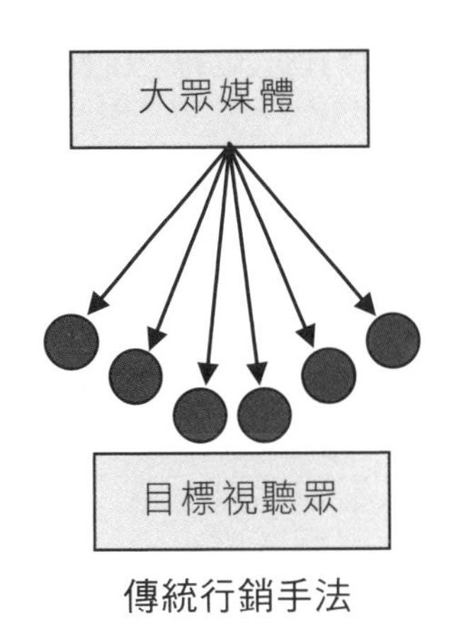

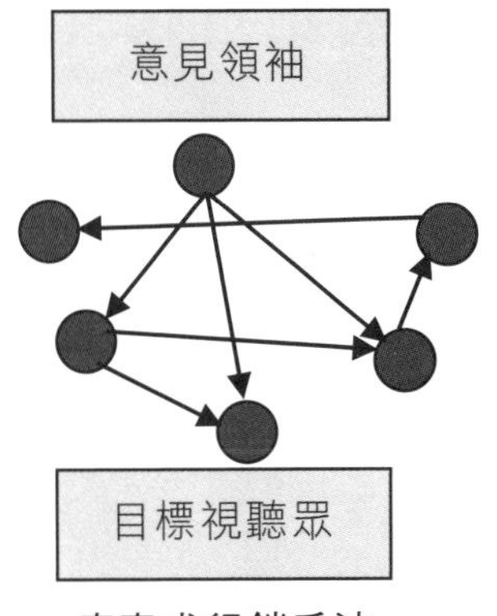

圖 13-1 傳統行銷手法與病毒式行銷手法的差異

使用病毒式行銷的通路管道有哪些？病毒式行銷有時候不見得都是藉由 B2C 的傳遞行為，很多時候都是經由 C2C 的方式，資訊是透過第三者、親友同儕或他人介紹的，而非業者自己去主動宣傳，藉由如 e-mail、BBS、留言版、Blog 等具輕易複製、快速流通特性的電子化工具傳遞。它能夠以小費用造成大效果、引發群起效應，藉由網友的轉寄力量替廣告主帶來無法計算的附加效果。

病毒式行銷的步驟如下：

1. 創造有感染力的「病源體」，成爲爆炸性傳播話題（例如，無傷大雅的八卦事件，流傳最快），透過心靈的溝通感染網友不斷蔓延。
2. 挖掘意見領袖傳播目標受眾成爲病毒最初感染者和傳播者。
3. 創造消費者日常生活中頻繁出現的「病毒」感染途徑。基本上有 9 種感染途徑：
   (1) 日常生活中展開無指向性宣傳。
   (2) 透過贊助各項活動。
   (3) 舉辦線上研討會。
   (4) 進行產品和服務公益展示。
   (5) 加入產業協會影響消費者。
   (6) 建立廣泛的行銷聯盟，聯盟其他網站共同開發市場，互相促進銷售。
   (7) 主動與有影響力的消費者（意見領袖）互動，舉辦座談會或 PARTY。
   (8) 聯盟使用不同企業的行銷資料庫，獲得更全面的資訊。
   (9) 在一些可能有效地載體預埋管線，讓社會大衆積極參與讓病毒容易擴散。

13-4 聯盟網站行銷（Affiliated Web Sites Marketing）

「聯盟網站（Affiliated Web sites）」是網站協助與其合作的網路商店產生營業額時，按交易筆數或金額支付其一定比例金額的一種機制。聯盟網站是由多個知名網站結盟為合作夥伴以擴大市場規模，讓廣告達到最佳的曝光效果。一般來說，聯盟網站行銷機制如圖 13-2 所示：

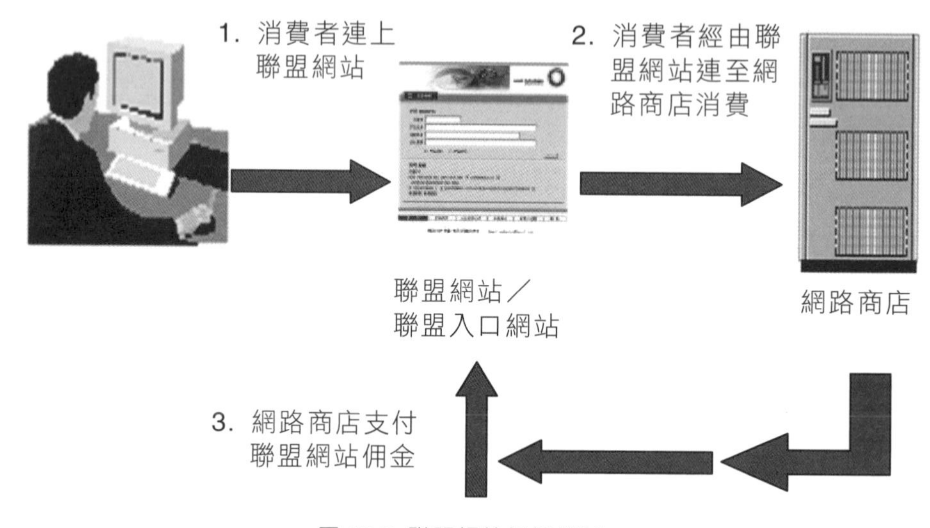

圖 13-2 聯盟網站行銷機制

例如，消費者若經由非亞馬遜網站的鏈結而成功採購亞馬遜網站的商品，提供亞馬遜網站鏈結的聯盟網站將可獲取 5%到 15%的佣金，其運作流程如圖 13-3 所示。與其他專業領域網站或討論群組建立聯盟網站行銷，不只可發揮行銷綜效，更可提高網站對消費者的價值。並且把傳統口耳相傳（Word-of-Mouth）的行銷傳播模式轉換成滑鼠相傳（Word-of-Mouse）的效果。

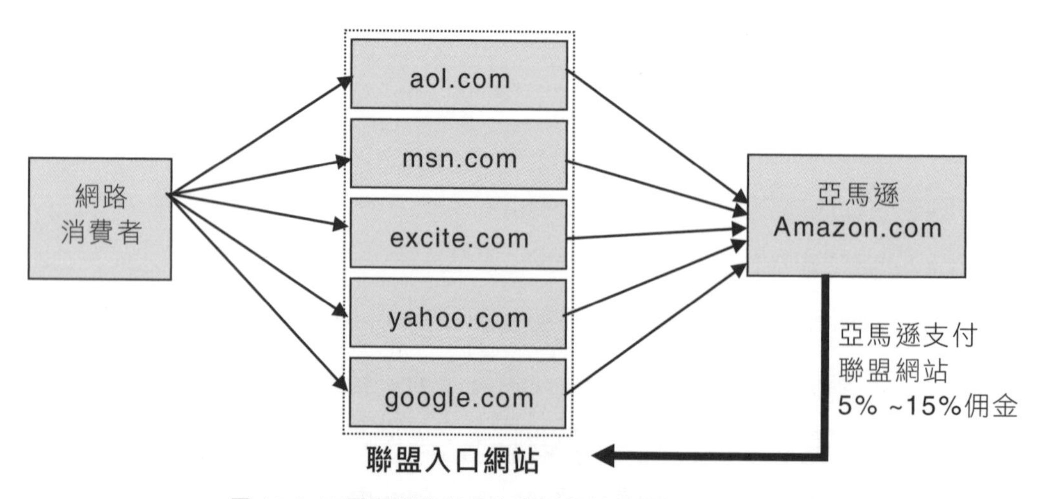

圖 13-3 亞馬遜網路書店的聯盟網站行銷機制

13-5 關鍵字行銷／搜尋行銷

一、何謂關鍵字行銷

網際網路的興起，改變了人類的消費者行為，搜尋引擎公司如提供關鍵字「搜尋行銷」（Search Marketing）服務，可使在眾多的搜尋資料列中，能讓搜尋者快速找到最精確且又排前的優質商品或品牌。

對於行銷的產品、經營的行業及公司的屬性…等，列整出最會被消費者及採購者選用去搜尋的文字詞彙群組，簡稱為「關鍵字」（Keywords）。二大入口網站 Google 與 Yahoo!的「關鍵字搜尋行銷」的廣告推廣方案應運而生。

關鍵字行銷的特色在於「精準」、「效率」與「低預算門檻」。其實，關鍵字行銷還有一項最大的特點就是：廣告主可「隨時操控」的廣告。廣告主可依據當日最新「廣告成效報表」，隨時決定廣告是否繼續、暫停、修正、重啟或調整支出預算高低…等。也就是說，雖然已經預付一筆廣告費用，但費用未「被點完」用盡前，廣告主可以隨時針對已經進行的廣告進行檢討、修正，讓廣告效益發揮最大化。與一般傳統媒體廣告或第一代網路「刊登付費」廣告，幾乎無法中途終止或修正，截然不同。

二、關鍵字行銷構成要素

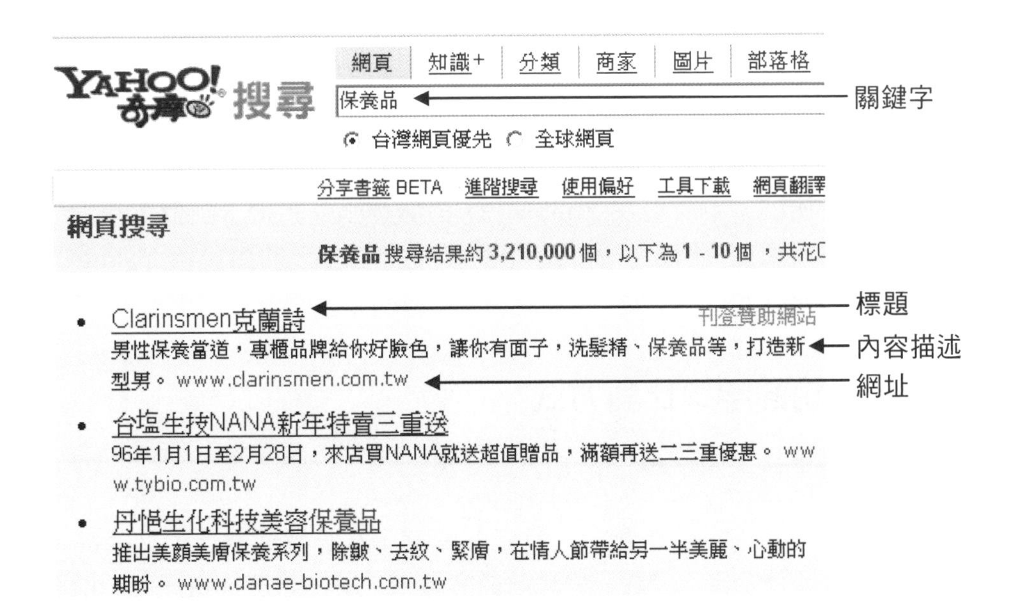

圖 13-4 關鍵字行銷構成要素

如圖 13-4 所示，基本上，關鍵字行銷是包括四個構成要素：

1. **關鍵字（Keywords）**：任何有關促進商品銷售的文字詞組，包括商品介紹或促銷活動的內容，預先將消費者會查詢的字詞設定在搜尋引擎內，則這些字詞通稱為「關鍵字」。例如：「保養品」、「化妝品」、「結婚婚紗」、「美白」…等。
2. **標題**：以公司市場定位及競爭優勢為核心，包括公司形象、品牌核心、行銷通路…等，並且使用目標客群熟悉之語言用詞來描述。例如：葛洛莉 SPA 美學館 或 英國泰勒花卉香氛生活館 或 陳怡安天然手工香皂概念館
3. **內容描述**：包括所設定之關鍵字（詞），並實在描述公司特色避免使浮誇用詞，再順勢帶入相關週邊以增加豐富感。例如：加拿大天然保養品，心曠神怡乳油木果油，甜蜜溫馨的感覺，同時保護潤澤肌膚。
4. **網址**：設定關鍵字（詞）欲讓消費者，實際聯結的網站網頁。

三、關鍵字行銷收費方式

1. **競價排序**：讓企業對關鍵字的價格有更多主導權。若是有甲, 乙, 丙三家公司都選擇關鍵字「手機」，則出價最高的「關鍵字廣告」排在最上方，每個關鍵字的最低出價是新台幣 3 元，最低增幅是 0.5 元。例如：最高出價者乙公司出價 10 元，丙公司出價 5 元，甲公司出價 3 元，最高出價的乙公司雖然出價 10 元，但是僅需支付比第二高的出價丙公司之 5 元多一個增幅 0.5 元的費用，所以乙公司的單次點閱費用為 5.5 元。
2. **點閱計費**：每一塊錢都花在引導到您公司網站的流量上。點閱制（Cost Per Click, CPC）的收費方式，是只有當網友點閱到您刊登的「關鍵字廣告」時，您的公司才需要付費。例如：甲公司在 Yahoo 上，對關鍵字「手機」出價 3 元，今天共有 100 人點閱甲公司的「關鍵字廣告」，所以甲公司今天的應付給 Yahoo 的關鍵字廣告費是新台幣 300 元。

四、關鍵字行銷的字串比對方式

關鍵字行銷最常使用的字串比對方式有三種：

1. **標準比對**：又稱為「完全比對」，設定的關鍵字和消費者輸入的文字完全吻合。例如：設定的關鍵字為「美白」，當消費者輸入「美白」搜尋資訊時，則購買「美白」關鍵字的該公司相關資訊，即會被優先顯示在搜尋結果頁。

2. **進階比對**：又稱為「加強比對」，消費者所輸入的文字（詞），若和關鍵字設定的字（詞）符合時，即也會顯示出在結果頁面上。例如：設定關鍵字「保濕美白」，當消費者輸入「美白保濕」時，則該「保濕美白」的關鍵字也會優先顯示在搜尋結果頁。
3. **內容比對**：關鍵字出現在 Yahoo 首頁內的頻道中，如 新聞、知識+、生活+、氣象…等。當相關的報導或文章內容符合關鍵字屬性時，若您有開啟內容比對功能，則自動帶出熱門關鍵字。例如：「明星代言美白保養品」的新聞內容中－則會出現（保養品）、（保濕）、（左旋 C）、（護膚霜）…等相關熱門查詢的關鍵字。

五、搜尋引擎最佳化（SEO）

搜尋引擎最佳化（Search Engine Optimization，簡稱 SEO）是一種利用搜尋引擎的搜尋規則來提高目的網站在有關搜尋引擎內的排名的方式。研究發現，搜尋引擎的用戶往往只會留意搜尋結果最前面的幾個項目，所以不少網站都希望透過各種形式來影響搜尋引擎的排序。當中尤以各種依靠廣告維生的網站為甚。

所謂「針對搜尋引擎作最佳化的處理」是指為了要讓網站更容易被搜尋引擎找到。搜尋引擎會將網站彼此間的內容做一些相關性的資料比對，然後再由瀏覽器將這些內容以最快速且接近最完整的方式，呈現給搜尋者。

搜尋引擎最佳化對於任何一家網站來說，要想在網路用戶中取得成功，搜索引擎最佳化都是至為關鍵的一項任務。同時，隨著搜尋引擎不斷地變換它們的排名演算規則，每次算法上的改變都會讓一些排名很好的網站在一夜之間名落孫山，而失去排名的直接後果就是失去了網站固有的可觀訪問量。所以每次搜索引擎演算規則的改變都會在網站排名的世界中引起不小的騷動與焦慮，SEO 也變成愈來愈複雜而困難的任務。

13-6 widget 行銷

一、何謂「widget」

所謂「widget」是一種暫存於電腦桌面的連線介面，樣式像是個小視窗，形狀大小不拘，但不會佔據太多螢幕空間。當電腦開機、連網時，網友不用開啟瀏覽器，「widget」就會自動出現並連線，可看到在小視窗內的最新訊息文字、影象、影片等，甚至可能是一種小遊戲。網友看到相關訊息內容後，若有興趣可直接點擊連線到廣告主網頁。

基本上，「Widget」是指小工具。這些小工具透過特定的平台（Widget 引擎）來替使用者呈現不同的個性化資訊的小工具。例如在 Yahoo!的 Widgets 中，有「新聞 Widget」、「天氣 Widget」、「股票 Widget」、「IP 查詢 Widget」等等。樂天網站從 2010 年 4 月初提供即時熱賣資訊的「即時排行榜 Widget」。這款「即時排行榜 Widget」會將樂天市場的 5,500 萬種商品，以類別顯示當下最暢銷的商品，包括食品、流行女裝、家電、3C 產品、相機，超過 60 種類，並且將會結合年齡、性別等資訊，預測網友喜好，顯示 30 種類。樂天在 2008 年 3 月就已開始提供樂天銷售排行榜 Widget，不過為了加強推動消費者的即時購買力，因此再推出即時排行榜 Widget，最終目標還是提高購買力。

圖 13-5 Yahoo!奇摩 Widget

這種呈現在電腦桌面上可即時傳遞訊息的模式，漸漸成為廣告主喜愛使用的傳播方式。廣告主可以透過「widget」，在適當的時候、以適當的方式、傳遞適當的訊息，而且不是網友開啟網頁的被動閱讀，是一種呈現在電腦桌面上的主動遞送，因此可更引起網友的注目，效果也比一般傳統視窗廣告高。據統計，widget 廣告點擊率是傳統橫幅廣告的 35-40 倍，由此可知 widget 行銷效益非常明顯。

就一般網路廣告而言，網路媒體多是以曝光數做為計價標準，但是實際的廣告效果，例如到底有多少人真正看到，卻無法確實評估。但是 widget 卻是只要網友上網，

widget 就會一直出現在螢幕桌面上，不但版位是網友無法忽視，甚至可透過有趣的方式將訊息傳達給網友，效果自然比一般網路廣告明顯。

空中英語教室的 Widget 創下了半年下載 24 萬次以上的驚人紀錄，線上收聽功能和 Widget 的結合，大幅提升消費者對空中英語教室的品牌黏度。7-11 Open 小將 Widget 加入了人工智慧，可愛的小圖形會在桌面做出各種可愛的動作和表情，並且會貼心的出現繳費提醒、用餐提醒，和 7-11 提供的服務緊密結合。

二、widget 行銷的特性

widget 行銷之效果，來自有別於其他形式網路行銷的獨特特性：

1. **主動的認同**：widget 廣告必須由網友主動下載，才能出現在網友的電腦桌面上。而當網友願意下載某一特定品牌的 widget 介面，代表了對其具有一定程度的認同。倘若 widget 設計的好，遊戲或相關資訊滿足網友需求，網友甚至願意讓此 widget 持續出現在自己的電腦桌面上頗長的時間，或傳與他人分享，這更對品牌認同有很大的幫助。
2. **高黏著度**：有別於一般網路廣告只會出現在特定網頁上，當關掉頁面，或者進入到其他頁面時，網告就會不見。即使下次進入同樣網站的同樣頁面，也不見得會看到相同廣告（熱門網路媒體的熱門版位是以輪播方式呈現，因此每次網友進入同樣頁面不見得會看到同樣廣告）。但是 widget 廣告一但被網友主動下載後，就會一直存在於網友桌面上，直到被網友主動移除為止。在這段時間內，廣告主可透過 widget 傳播相關訊息、遊戲、廣告在網友的桌面上。這種與網友的高黏著度已非一般網路廣告所能比擬。
3. **低成本**：在熱門媒體的網路廣告，所費不貲。但是 widget 只是一個連網小介面，技術門檻不高，成本也相對便宜許多，有時候消費者甚至會主動製作一些 widget 上傳網站或分享給其他網友，因此整體而言製作與流通成本比一般網路廣告低，也因此讓廣告主可以用有限的預算去求取更好的效益。

三、widget 行銷的關鍵成功因素

widget 行銷的關鍵成功因素，如下：

1. **認同度**：因為需要讓網友主動下載 widget，故網友對 widget 的認同度很重要。因此，若是領導品牌的 widget 類別，除非有很強的創意內容，否則較難引起網友主動下載的動機。因此是否能夠激發網友對 widget 品牌的認同、進而主動下載，是 widget 行銷是否成功最重要的關鍵。

2. **有趣性**：widget若無趣將很難引起網友下載的動機。畢竟網友會想下載，品牌認同雖然重要，但終究並非是為了要擁護這個品牌，而是因為widget內容有趣、實用，裡面可能是一個有趣的遊戲，可能是氣象訊息、可能是某種小常識、可能是某種即時相關訊息。因此，如果太商業化、太無趣，即使網友下載，也不會存在很久時間，很快會被網友移除。

3. **避免干擾性**：因為 widget 一直會存在於桌面上，因此 widget 本身不能造成太大干擾，例如畫面版位不能太大以免造成視覺干擾、程式檔案運作不能太大以免對系統造成負擔，不能有不相干訊息內容，否則會引起網友反感，進而移除，不僅達不到效果，甚至對品牌造成負面影響。

13-7 微電影行銷

隨著 3G 與 Wi-fi 網路，以及手持式行動裝置的成熟與普及，興起一種新型態影音作品「微電影」（Micro film）。透過微電影進行產品廣告或品牌宣傳，成為深受矚目的網路行銷手法。

一、何謂微電影

微電影（Micro film）特徵是製作成本低、製作團隊規模小、文本長度短，約三到十分鐘，可在移動狀態和短時間狀態下觀看。因此，微電影具有播放長度短、製作時間少、投資規模小的特性。微電影的主要載具為網路，核心精神為多屏觀眾與易於傳播。

基本上，微電影的比較對象是電影，從作品本身來看，微電影的「微」展現在播放長度（短）、製作時間（少）與投資規模（小）上，藉由網路傳播，觀眾大多透過電腦或隨時隨地經由手持行動裝置收看。

二、微電影的起源與變形

其實「微電影」這樣的影片形式不能算新，最早可以追溯到「八釐米」電影短片。近年來隨著攝影器材的平民化，讓一般人拍攝影片更加容易上手。一直到 Youtube 等視頻網站興起，UGC（User Generate Content）得以突破以往的傳播範圍，不再只限於與小眾分享，而可大規模的傳播，進而引起市場的反應與關注，於是這樣的影音型態逐漸受到重視。不過，由於創作者多以「素人」為大宗，因此內容較偏向於生活記錄、有趣 Kuso 分享，不能算是精緻優質。3G 與 Wi-fi 寬頻網路及手持式行動裝置普及化後，企業漸漸發現用精心設計製作的短片來爭取大量的眼球關注成為可能，於是開始有「微電影」的出現。

微電影崛起後，也出現所謂「微劇」與「系列微電影」。「微劇」是電視劇的概念，將同一故事分成幾集前後相關、環環相扣的微電視劇。而「系列微電影」是將同一主題用幾支不同的的微電影來註釋，各自獨立。這些都是微電影的變形，但其展現形式、傳播方式與精神都是一致的。

三、微電影、商業廣告、電影置入有何不同

劉紀綱（2012）認為，從表 13-2 可看到這三種型態的影片在播放平台、彈性、影片長度、內容故事性、品牌置入程度與效益評估方式上的異同。但不可諱言地，微電影是受關注的影片型態。

表 13-2 微電影、商業廣告、電影置入

	微電影	商業廣告	電影置入
播放平台彈性	平台：PC／手機／平板	平台：電視	平台：電影
影片長度	1 分鐘～30 分鐘	10 秒～60 秒	60 分鐘～120 鐘
內容故事性	有足夠時間將想要傳達的故事完整說清楚	時間過短，很難將故事說完整，大多無明確故事情節	無故事性，大多只將商品或品牌適切合理地出現在電影片段中
置入行銷程度	可為品牌或商品量身定製，注意故事性，訴求較溫和	完全為品牌或商品所設計，主要宣傳品牌、商品、Logo、Slogan 等	配合電影情節，在電影片段中的某個角落置入，不影響電影劇情本身的主體性
效益評估方式	瀏覽率／點擊率	收視率	票房

資料來源：修改自劉紀綱（2012）

四、微電影的主要優勢

1. 微電影故事性強，易在短時間內引發共鳴：微電影適合四屏（電影/電視/PC/手機）播放，藉由網路投放可引起網友的共鳴和互動，形成自主傳播，有助於消費者對於品牌或商品的理解與接受。好的「商業廣告」也有這樣的效果，但「商業廣告」的本質無法避免地會引起受眾對其目的的懷疑。換句話說，如果傳遞的是「作品」，而且來源是「朋友」，將可以大大地增強可信度，從而強化大眾對這個品牌的好感度。

2. 有比較充裕的時間用故事情節來詮釋品牌或商品精神：相較於電視廣告，微電影有比較充裕的時間用故事情節或其他手法來詮釋品牌或商品精神，而不用擔心廣告時間的限制。許多廣告主也衍生了在電視廣告中播放微電影預告，引導觀眾上網看完整影片的行銷方式（因為電視廣告的播放以秒計費）。此外，從廣告主的角度出發，微電影加入行銷方案後，可以多一個使用代言人的方式。微電影最後還有一個好處，因為它的微特性，在拍攝和製作經費上都較具彈性，尤其適合突發性的行銷需求。

五、微電影的製作

◆ 製作微電影行銷影片要思考的主要元素

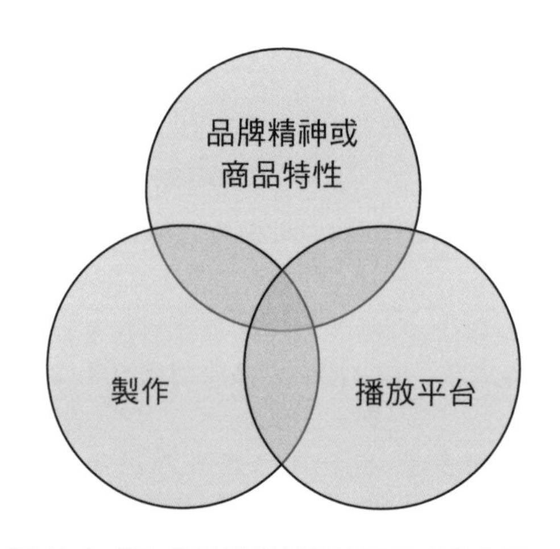

圖 13-6 製作微電影行銷影片要思考的主要元素

1. **品牌精神或商品特性**：企業必須先釐清行銷的目的、預算及素材，才能依照品牌精神或商品特性，來選擇要拍攝哪一種類型的微電影。
2. **製作**：討論到製作層面時，專業製作公司很多，但誰最適合？是廣告公司？電視劇製作公司？還是電影公司？「引人入勝的故事」是微電影的重要核心，所以不管選擇的是哪一種公司，好的「劇本」才是最重要的。
3. **播放平台**：有了內容後，要選擇能提供最多綜效的平台，不管是入口網站、視頻網站、還是社群網站，需考量能否提高點閱率與曝光率、有無設計消費的連結、能否達到宣傳目的、有無評論的空間，甚至是可否做好市場調查等。此外，如果能舉辦實體的行銷活動，就能透過活動把微電影和品牌聯繫起來。最後就是要建立客觀的審視標準如瀏覽率、點擊率、產品銷售，詢問度等，以檢視實際效益。

◆ **依照行銷目的、內容素材與資源決定影片之類型**

企業在著手規劃微電影之前，必需先了解，微電影有哪些類型。

1. 若依內容區分，可以分為「用品牌精神」、「用商品特性」或「用事件本身」說故事三種。
2. 依製作方式區分，可分為「大製作」、「微製作」及「紀錄片/紀實片」等三種製作方式。所謂「大製作」在宣傳上的手法，就是透過大卡司，製作噱頭、利用大眾的好奇心，引發媒體關注、進而製造新聞曝光。相對而言，「微製作」依靠的是故事觸動人心，引發網友關注發動自主傳遞，透過點閱轉傳擴大宣傳的範圍。而「紀錄片/紀實片」也是一樣的，但與微製作的差別在於紀錄片/紀實片描繪「真相」，也就是用故事本身說故事。

13-8 YouTube 行銷

一、YouTube 簡介

YouTube 是球最大的線上影音平台，每月超過 1 億人次造訪，YouTube 也是台灣網友首選的線上影音平台，是品牌進行溝通的重要管道。

網路搜尋引擎的免費自然流量來看，第一大是 Google，第二大是 YouTube。在行銷人員的眼裡，透過 Google 或 YouTube 等搜尋引擎所帶來的自然流量，是會比其它社群媒體如 FB 或 IG 流量來得重要，因為用戶在 Google 上搜尋東西，常常含有較高的購買動機。通常消費者如果想要買某樣東西，一般會先到 Google 上找相關的產品資訊，看看哪裡有在賣、價格是如何，也可能會在 YouTube 上面搜尋觀看相關的開箱影片，如果滿意的話，才會掏腰包購買。

相反地，FB 用戶或 IG 用戶多半只是在 FB 平台或 IG 平台上面與親友或他人做社交，比較不會有什麼購買東西的心情或動機，因此雖然 FB 平台或 IG 平台的網路流量很大，但含金量就差 Google 或 YouTube 等搜尋流量一大截。

透過搜尋引擎所獲得的流量，往往可帶來較高的成交轉換率（conversion rate），為品牌帶來更大的利潤，因此許多品牌會花很多的功夫在搜尋引擎優化（SEO）上，希望藉由好的搜尋排名，帶來免費網路流量的高商業價值。

二、YouTube 集客式行銷手法

1. **要有吸引力的 YouTube 縮圖（Thumbnail）**：每一部 YouTube 影片上面，都會有一個可以點擊的小縮圖，縮圖就是影片精華的截圖。它就像你在 YouTube 上面刊登的免費小廣告，透過吸睛的小圖片來引誘訪客進去觀看你的 YouTube 影片。
2. **要有吸引力的 YouTube 標題**：YouTube 的影片標題也是值得下功夫的地方，標題的寫法，可參考報章雜誌或其他知名 YouTuber 的寫法，基本上，只要是和文章的內容相吻合，能成功吸引訪客點擊的標題，就是好標題。
3. **優化 YouTube 影片的 SEO**：搜尋引擎所帶來的自然流量，不但免費，而且含金量較高，因此為你的 YouTube 影片做 SEO 搜尋引擎優化，提高網路上的排名，也是不可以忽視的地方。而要做好 YouTube 影片的 SEO 優化，可四地方著手：
   （1）影片標題要吸引人外，也可在標題內安插想要的關鍵字詞。
   （2）多多利用影片下方的介紹欄位，能夠寫一段 2~3 百字的影片介紹，並且適時的加入一些流量大的關鍵字詞及它的同義字詞。此外，YouTube 的搜尋結果，只會露出前 80 個字（160 個英文字元）的影片描述，因此，在設定影片描述時，要確認一下，一開始的前幾句內容是否完整地將影片重點表達出來。
   （3）加入高搜尋聲量的標記（Tag），除了使用關鍵字詞之外，也不妨引用其他同類型的高人氣影片所使用的 Tag。
   （4）多做外部連結：在官網、其他網站、FB、IG、Twitter 等社群媒體平台上面多多介紹，並分享自己的 YouTube 影片。事實上，超過 50%的影片其瀏覽量是不超過 1000 的，因此，YouTube 影片放上去後，還是需要進行一些行銷推廣的。

學・習・評・量

1. 何謂「微電影行銷」？
2. 何謂「關鍵字行銷」？
3. 何謂「widget 行銷」？
4. 何謂「病毒式行銷」？
5. 何謂「聯盟網站行銷」？
6. 何謂「SEO」？

網路行銷重要議題

14

CHAPTER

14-1 行銷網站經營

一、分眾：建立以顧客為中心的行銷網站先區隔目標顧客

沒有任何企業能夠滿足所有顧客的需求，只有深入瞭解網路使用者，才能有效區隔目標受眾，進而有效地進行網路行銷。因此建立商務網站、設計網頁內容，首先就要了解網路使用者的組成、習性、需求、特徵等，才能根據網路使用者的需求提供適當的產品與服務。

二、行銷網站建置步驟

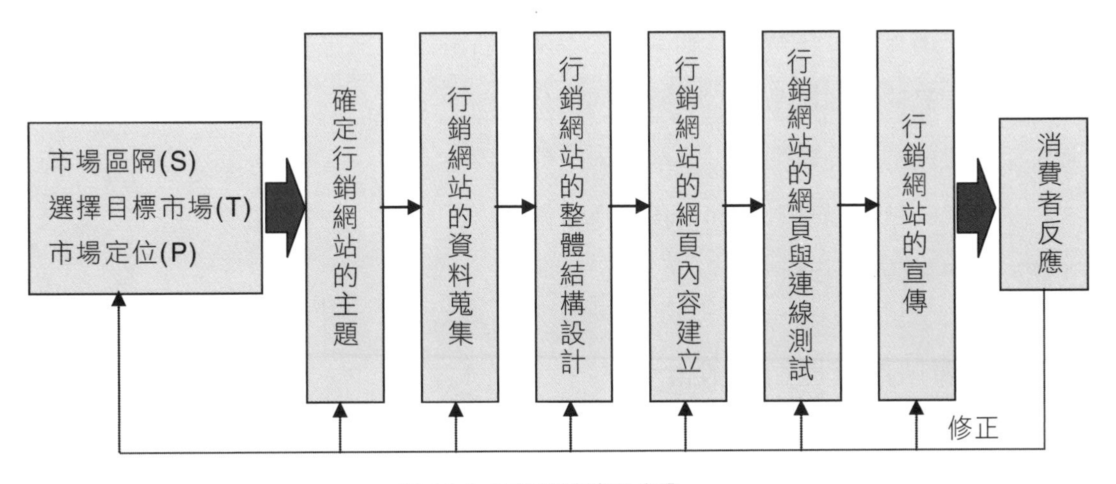

圖 14-1 行銷網站建置步驟

企業網站的建立必須圍繞在行銷的目標市場，因此企業在建置行銷網站時，應先確立網站所要表達的主題和行銷目標。大體上建立一個行銷網站須經過下列步驟：

1. 確定行銷網站的主題。
2. 行銷網站的資料蒐集。
3. 行銷網站的整體結構設計。
4. 行銷網站的網頁內容建立。
5. 行銷網站的網頁與連線測試。
6. 行銷網站的宣傳。

◆ 確定行銷網站的主題

一個網站不應包含所有資訊，那樣只會讓您的消費者消失在資訊洪流中，因此在建立行銷網站的初期就應有明確的目標，確定行銷網站的發展方向。企業應依其本身的特色設定相對應的網站行銷主題。

◆ 行銷網站的資料蒐集

在確定行銷網站主題後，最困難但也最重要的就是行銷網站的資料與資訊蒐集，亦即行銷人員必須決定要呈現那些資訊？不要呈現那些資訊？在此過程中應注意：

1. 確定要提供資訊的類型。
2. 建立一個蒐集資訊轉換為網頁，和不斷更新資訊的工作流程。
3. 建立資訊的目錄結構與文字圖形間的超連結。
4. 保持資訊結構的靈活性，以應付未來的發展。
5. 使資訊的數量與品質之間保持一種平衡。
6. 行銷網站的連線測試。

◆ 行銷網站的整體結構設計

在資料蒐集完成後，網路行銷規劃者必須針對行銷網站進行整體結構設計，以恰當的形式表現行銷網站的主題與資訊內容。

◆ 行銷網站的網頁內容建立

網站的整體結構設計完成之後，下一步就是要對各個頁面內容進行細部設計。此階段的關鍵在於，網頁內容要支援網站行銷目標。在網頁設計中應注意以下問題：

1. 網頁中使用圖檔可以增加頁面的美觀，但有時過多的圖檔卻會影響消費者使用網路瀏覽的速度。
2. 避免使用過多的表格：因為表格所佔用的存儲空間比純文字大。
3. 避免使用太尖端的網站技術：網站使用最新的網站技術只會對關心網路技術的網友有用，而網站潛在消費者更多關心的是有用的內容與網站提供服務的能力。
4. 不要使用過去的網頁。
5. 提供直覺式的導覽功能。
6. 頁面的色彩要協調。
7. 即時清理過時的資訊。
8. 保持連結的有效性。
9. 提供聯繫的電話、地址。
10. 減少編寫和語法錯誤。

◆ 行銷網站的網頁與連線測試

在正式公佈網站之前，最好能做好網站的相關測試，以防網站在正式上線後還有問題發生。

1. 網頁測試

    （1）網頁下載時間是否過長。

    （2）測試不同瀏覽器或作業系統的使用者是否都可瀏覽。

    （3）人機介面的親和力是否足夠。

    （4）產品有無做適當的分類。

    （5）資料搜尋的功能是否過於複雜。

    （6）訂購流程是否流暢。

    （7）內容是否過舊、不夠新穎。

    （8）後台作業處理是否完善。

(9) 每個超連結頁是否存在。

(10) 網站回應速度使用者是否可以接受。

2. 連線測試

(1) 離線測試。

(2) 不同時段連線測試。

(3) 同一時段多人同時連線測試。

(4) 不同瀏覽器或作業系統連線測試。

(5) 不同解析度測試。

◆ **行銷網站的宣傳**

1. 在大型入口網站或搜尋網站註冊您的網址。
2. 廣告交換。
3. 在新聞群組中宣傳網址。
4. 透過電子郵件群組宣傳網址。
5. 尋找新的宣傳網址方法。
6. 設計能夠吸引瀏覽者的活動和促銷方案。

14-2 用戶體驗（UX）/ 用戶介面 UI

一、UX（User Experience）用戶體驗 / 使用者體驗

UX（User Experience）主要的範疇為根據使用者的習慣設計優化用戶體驗，主要考慮的是「產品用起來的感覺」，也就是使用者介面用起來的感覺。鑽研如何妥善安排整個網站頁面的內容規劃，例如行動按鈕的位置應該擺在哪裡、哪些區塊的內容要先在網站上出現等等。

UX 設計一般包含使用者的研究（User Research）和情境分析（Scenario），一般有資源的公司會透過使用者歷程追蹤、問卷及實際訪談調查，或是內部資料庫分析等等，分析潛在目標顧客（TA）的使用習慣和行為，而後再三修飾創作出「最佳的」使用者體驗。

若公司有 UX Designer 職，通常這位 UX Designer 主要是做網站的骨架設計，產出網站模板、網頁線框（Wireframe）與網頁雛型（Prototype），並配合行銷數據進行用戶使用感覺相關研究報告。

二、UI（User Interface）用戶介面 / 使用者介面

UI 主要是負責使用者介面設計（用戶介面設計），將介面上的按鈕、區塊等等，主要考慮「產品怎麼呈現」，以使用者便利性與整個設計的美學為出發點設計，依 UX 的理念和架構設計，包括整個網站產品的顏色、字型、字體大小，主要是根據專案經理（PM）或是 UX 設計師給的框架，設計網頁使用者介面或是 App 使用者介面，是網頁使用者介面或 App 使用者介面的美學工程師。

而 UI 設計師和網頁設計師的差別，一般網頁設計師除設計網頁的視覺呈現之外，也要求必須懂得前端切版，需要具備前端程式語言 HTML+CSS 甚至 Javascript 的能力；而 UI 設計師更重視使用者流程的介面細節，產出的網頁比較偏向功能性網頁，重視使用者流程。

三、UX / UI 設計之間的關係

一般 UX / UI 設計為上下游關係，UX 設計師先透過研究分析使用者需求，思考哪些版面位置該放哪些內容及互動設計，在將網頁的架構勾勒出來，接著才交棒給負責整體視覺呈現的 UI 設計師；UI 設計師透過視覺安排與設計具體呈現，達成 UX 設計師期望傳達給使用者的邏輯與感覺。

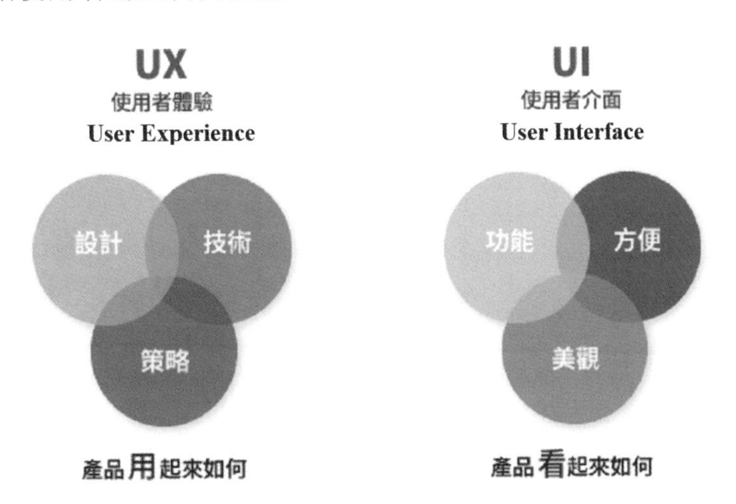

圖 14-2 UX/UI 之比較

圖片來源：UI-UX Services | Web Designing Services

表 14-1 UX 設計師 vs. UI 設計師工作內容比較

	UX 設計師	UI 設計師
重點	產品「用」起來如何	產品「看」起來如何
注重	注重使用感受 --了解使用者需求 --要有哪些資訊 --功能好不好用 --功能如何更好用	注重整體視覺 --將需求變得好讀又美觀 --資訊的視覺呈現方式 --外觀好不好看／美不美觀 --外觀如何更好看／更美觀
說明	研究目標市場之使用者行為後，歸納出來的功能，是不是符合使用者的需求	整體視覺的美感及平衡，是否能讓使用者一眼就喜歡產品。

四、UX / UI 設計與網路行銷的關聯

與一般實體商店相同，企業網站或 App 需要漂亮的門面、簡單直覺的使用者介面及舒適的消費流程體驗，吸引人的首頁設計能讓來到網站的客戶能一眼看出你是賣什麼、或是正在舉辦什麼促銷活動，以增加轉換率。在 UI / UX 設計中，會用顧客旅程地圖來掌握消費體驗與流程，進而找出改善方向。對於網路行銷人員而言，UX / UI 設計的好壞也會直接影響到網路行銷的成效，是不得不重視的領域。

14-3 響應式網頁設計（RWD）

一、RWD 網頁設計，一站解決多種裝置顯示問題

響應式網頁設計（Responsive Web Design）簡稱 RWD，又稱適應性網頁、響應式網頁設計、回應式網頁設計、多螢網頁設計，是指網站能跨平台使用，自動偵測使用者上網的裝置尺寸，能針對不同螢幕的大小而自動調整網頁圖文內容，讓使用者在用手機瀏覽您的網站時，不用一直忙著縮小放大拖曳，給使用者最佳瀏覽畫面。

這是一項開始於 2011 年由 Ethan Marcotte 發明的術語 Responsive Web Design（RWD）。2012 年後被公認為是網頁設計開發的趨勢，網站使用 CSS3，以百分比的方式以及彈性的畫面設計，在不同解析度下改變網頁頁面的佈局排版，讓不同的設備都可以正常瀏覽同一網站，提供最佳的視覺體驗，是因應消費者多種不同網頁瀏覽設備之螢幕畫面尺寸不一，而想出的一個對應方法。

二、RWD 與螢幕畫面尺寸

響應式網頁設計（RWD）主要透過調整撰寫 CSS 語法，可以使得網站透過不同大小的螢幕視窗，來改變網頁排版的方式，使得各種裝置的使用者，如手機、平板、電腦、電視都能夠得到最佳的視覺效果。常見的螢幕畫面尺寸如下：

1. 手機螢幕畫面的尺寸：大約在 320px ~ 720px 之間。
2. 平板螢幕畫面的尺寸：大約在 720px ~ 1024px 之間。
3. 電腦螢幕畫面的尺寸：通常在 1024px 以上。

採用 RWD 的優點是只需要維護單一網站版本，而非兩個版本。舉例來說，不必同時維護電腦版網站和行動版網站，即可兼顧電腦版和行動版網站訪客的使用需求。無論使用者透過何種裝置瀏覽網頁（包括桌上型電腦、平板電腦或手機），該網頁一律使用相同的網址和程式碼，只不過網頁的顯示效果會依據訪客的螢幕尺寸進行調整。

14-4 一對一行銷

一、一對一行銷的定義

基本上，一對一行銷（One to One Marketing）就是揚棄以往一式萬用的行銷方式，讓目標受眾獲得依其需求或慾望量身訂作的行銷訊息，以滿足消費者的個別需求。

二、一對一行銷的規劃程序

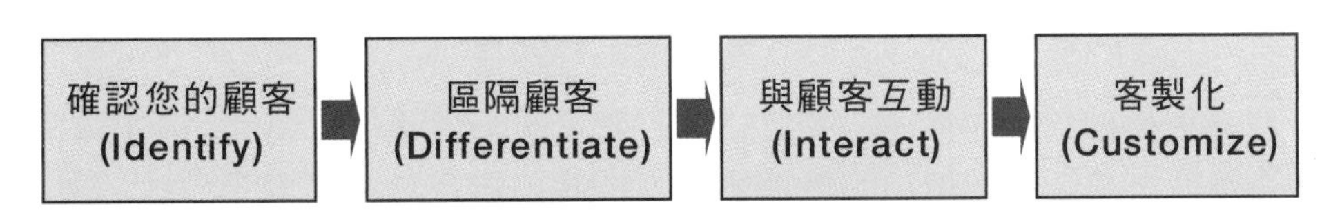

圖 14-3 一對一行銷規劃程序

一對一行銷規劃程序，主要有四個步驟：

1. 確認您的顧客（Identify）：品牌應該具備辨識顧客的能力，並且可以掌握顧客的基本資料。品牌必須知道自己的顧客是誰？這些顧客來自哪裡？人口樣貌如何（性別、年齡、收入、教育程度等）？是新顧客還是曾經多次造訪？是否曾在網站上進行交易？消費行為模式為何？喜歡什麼、需要什麼？不喜歡什麼、又不需要什麼？

2. 區隔顧客（Differentiate）：將顧客分群。品牌利用蒐集而來的顧客資料進行顧客的屬性、偏好與貢獻度區隔，以便清楚地得知顧客的分群，以及是否需要針對不同的分群提供不同的服務。品牌必須能夠從分眾的顧客群中，區隔出哪些顧客最具價值？哪些顧客從來不在網路上消費？哪些顧客消費時總是精打細算？哪些顧客曾經抱怨產品或服務不佳？哪些顧客以前常常消費、近幾個月卻不曾有任何交易？

3. 與顧客互動（Interact）：品牌必須能利用資通訊科技（ICT），提供更良好的互動模式，以便隨時掌握顧客的反應。

4. 客製化（Customize）：提供符合個別顧客需求的產品或服務。客製化與個人化提供量身訂做的產品與服務，滿足不同顧客的不同需求。

14-5 B2B 行銷

以往多數 B2B 賣家大多以「引薦」、「陌生開發」（Cold Call）與「參展」為業務開發的主力，但現今 B2B 買家漸漸改以網路搜尋，取代參展作為主要取得資訊的管道，B2B 網路行銷變成 B2B 賣家不得不重視的新客戶取得管道。

Google 的數據指出：90% 的 B2B 買家會透過搜尋研究產品，在深度與一個品牌互動之前，會平均進行至少 12 次搜尋；今日 B2B 買家已習慣在網路盡情搜尋研究，直到購買意願高漲才與 B2B 賣家接觸。

一、B2B 內容行銷：用行銷內容建立信賴感

B2B 內容行銷的核心思維，必須將內容行銷的策略著重在「建立可信任的品牌形象」、「持續輸出符合品牌精神的價值觀」。B2B 內容行銷是透過「內容」鎖定潛在客戶的「搜尋意圖」，持續提供高品質內容，在目標受眾（TA）心中建立值得信賴的品牌形象，在 B2B 買家的需求出現時就會是 B2B 買家的考慮選項。因此，B2B 內容行銷最重要的任務就是，找到精準潛在目標顧客群，再藉由內容經營堆疊信任感。

B2B 內容行銷執行面有三大重點：

1. 搜尋引擎會讓客戶發現他最在意的內容：B2B 內容行銷「主題」切入口，市場需求、產品特色、使用情境、客戶疑慮都是很好的方向，如果客戶藉由搜尋發現你品牌的同時，若也找到他最在意的內容，認識您的產品或解決方案，對他而言最美好、最重要的部分，那麼在他需求出現時，您才可能是候選品牌之一。
2. 解決客戶問題，植入他對您產品的需求：讓潛在目標客戶在成為你品牌的顧客之前就因為你的建議而受惠，他對你的信任必然增長。因此可以思考一下，在什麼情境下客戶會對你的產品有需求，然後把這些情境寫下來吧！藉由解決客戶問題，植入客戶對產品的需求。同樣地，這也是一種教育客戶的方式，藉由內容他會看到您的產品如何發揮產品的最大效益，為他解決問題，創造顧客價值。
3. 拓展內容的廣度與深度建立專業形象：不斷針對潛在目標客戶的需求與痛點提供解決方案，並且用客觀合理的方式表達出自己產品、服務的獨特與優異之處，就是建立專業形象最實在的方法，再透過搜尋引擎優化（SEO）取得較佳的自然排名後這也是一種建立專業形象的方式之一。

二、B2B 與 B2C 網路行銷的差異之處

《成長駭客行銷誌》一文指出，在本質上 B2B 企業與 B2C 企業有一些差異，所以沒辦法將常見的 B2C 行銷手法套用到 B2B 網路行銷，因此必須在知曉以下差異並擬定不同的網路行銷策略：

1. 潛在客戶的數量不同：不要用 B2C 的流量觀，來看 B2B。對於 B2B 來說，能真正接觸到潛在目標客群才是最重要的，流量只是參考。
2. 爛流量比沒有流量更糟糕，只會浪費您的資源：B2B 網路行銷必須要鎖定明確的目標受眾，打造「精準」流量，並且設計良好的篩選機制，才能找出真正的潛在客戶讓業務接手。因為只要進入業務一對一接洽的階段，花在該客戶上的人力與時間成本就會大幅上升。
3. B2B 沒有衝動購物這回事：基本上，製造熱鬧、歡騰、瘋狂刺激衝動購物的 B2C 行銷方式，對 B2B 行銷來說幾乎是無效用的。B2B 內容行銷的重點在於建立專業形象與信賴，因此內容要更有深度、對 B2B 買方才有用。
4. B2B 決策者多，每個人的痛點都要戳：B2B 企業客戶的一個決策通常需要經過多位決策者的核可，因此 B2B 內容行銷涵蓋必須夠全面，讓不同決策者都能看到自己在意的內容，例如說：行銷部門可能會想看後續包裝的無限可能；產品部門可能會對技術細節更要求；財會部門可能最在意是否能對公司財務帶來正面影響。

5. 大量宣傳對 B2B 買家不管用：B2B 買家與 B2C 買家的核心差異在於決策鏈上的「評估」。在 B2B 這種重視「評估」環節的場景內，必須讓 B2B 買家在「自己想要」獲取相關訊息時，主動搜尋到，我們想要給他們看到的內容。也就是 Inbound Marketing（集客式行銷），由內容拉動目標顧客的拉式行銷手法。

14-6 團購（Group Buying）

一、團購的基本概念

團購（Group Buying）是指消費者集合親朋好友，增加購買數量，藉此向賣方議價。團購對於買賣雙方都可降低彼此的交易成本，是一種對於買賣雙方互利之行銷方式。團購通路的蓬勃發展更為企業開啟行銷通路的新思維，團購通路利用宅配方式送達於消費者手中，或是超商取貨，可以將貨品指定送達家裡附近的超商門市，直接使用轉帳或是貨到付款，這種交易模式，由繁複的過程簡化到直接生產端與消費端的交易，與過去的運銷模式大有不同，對消費者而言更加方便。

網路團購是一群人向商家採購，國際上稱為「Business To Team」，簡稱 B2T，是繼 B2B、B2C、C2C 後，又一電子商務模式。網路團購是指相互不認識的消費者，藉助網際網路的「網聚力量」來聚集人與資金，加大與商家的談判能力，以求得最優的價格。儘管網路團購的出現只有短短幾年時間，卻已經成為在網友中流行的一種新消費方式。台灣知名的團購網站，例如 ihergo 愛合購、486 團購網、17Life 等。

Anand & Aron（2003）認為，團購是藉由聚集消費者需求，使價格隨著需求增加而下降的一種數量折扣形式，其主要兩元素為「需求聚集」與「數量折扣」。團購的過程，通常是由一群對相同產品或服務有共同需求的消費者聚集形成聯盟，以較大的需求量，對廠商進行議價，要求給予價格折扣或其它經濟利益（例如：贈品）。因此，理論上參與團購的消費者愈多，其議價能力將會愈高。

二、團購對消費者帶來的好處

1. 消費者能享受到更多優惠：參加團購，通常會比市面上實際的價格來得更低，往往比市面上便宜 2 至 3 成。因為透過團購，可以將「被動的分散購買，變成主動的購買」，所以購買同樣的產品，能夠享受更低的價格和更佳的服務。
2. 提高消費者的購物效率：面對複雜繁多的商品，不知道該如何選擇，這是大多數消費者，在進行消費時常會遇到的疑惑，這降低了消費者的購物效率。而團購這樣的消費模式，可以協助消費者在很短時間內做出決定，同時又避免了重複操作等問題。
3. 消費者掌握主動權：傳統消費過程中，因市場資訊不對稱問題，導致消費者地位處於弱勢，只能被動接受。消費者可以在網路上進行良性的交流和互動，增進彼此的了解，並透過參加團購來了解產品的規格、性能、價格，藉由其他購買者對產品客觀的評價，達到了省時省力的目的。

14-7 隱私權

一、隱私權

隱私權是二十世紀才出現的法律概念，起源於美國。在美國的法律系統中，隱私權被視為是一種「不受干擾的權利」（the right to be let alone），也是個人控制與自己有關資訊的權利。主要的目的在保護個人的心境、精神與感覺，不受非法侵犯。

任何能用來識別、找出、或連絡個人的資料，謂之「個人可識別資訊」。資訊隱私權包含特定資訊不受政府或企業蒐集的權利，以及個人有控制本身相關資訊之用途的權利。

二、個人資料保護問題─個人資料保護法

台灣政府為規範個人資料之蒐集、處理及利用，以避免人格權受侵害，並促進個人資料之合理利用，特制定「個人資料保護法」。個人資料保護法立法目的是為規範個人資料之蒐集、處理及利用。個人資料保護法的核心是為了避免人格權受侵害，並促進個人資料合理利用。

所謂個人資料，是指自然人之姓名、出生年月日、國民身分證統一編號、護照號碼、特徵、指紋、婚姻、家庭、教育、職業、病歷、醫療、基因、性生活、健康檢查、犯罪前科、聯絡方式、財務情況、社會活動及其他得以直接或間接方式識別該個人之

資料。其中，個人資料保護法特別把醫療、基因、性生活、健康檢查、犯罪前科等資料歸納於特種資料範圍內，明令此類資料除非特殊情形，不得蒐集、處理或利用。

三、歐盟的「通用資料保護規則」(GDPR)

歐盟依據網路世界所訂定的個資法──「通用資料保護規則」(General Data Protection Regulation，簡稱 GDPR)，在 2018 年 5 月 25 日上路。「通用資料保護規則」(GDPR)將所有機構在處理歐盟公民個人資訊時的行為皆納入管制。該規則給予了使用者對於個人資訊如何被機構使用的控制權，並有權要求相關機構在合理的情境下，刪除先前的個人資料。業者使用消費者的個資前，也必須明確地取得同意。此外，業者不得以提供進階服務為誘因，換取消費者的個人資訊。規則中也要求公司對個資保護採取更高的標準。

學・習・評・量

1. 請簡述「一對一行銷規劃程序」。
2. 請簡述何謂「團購」？
3. 請簡述何謂「RWD」？
4. 請簡述何謂「UX／UI」？
5. 請簡述「行銷網站建置步驟」？